제2판

고령자를 위한

영양관리와 식사케어

신원선 · 박수진 · 김돈규

창지사

머리말

최근 들어 우리는 통계자료, 언론매체, 출간 도서 등에서 거론되고 있는 고령화 사회현상에 대한 심각성과 이에 따라 대처해야 할 것들에 대한 경각심을 가지게 되었습니다. 지역의 문화센터, 복지회관에 등록하는 사람들의 평균 연령이 높아지고, 아파트 우편함에는 고령자를 위한 배달식사의 안내장을 쉽게 볼 수 있습니다. 대형마트에는 신선식품보다 조리식품, 반조리식품, 냉장-냉동 음식 점유율이 점점 늘어나고 있고, 이를 구매하는 연령층도 점점 높아지고 있습니다.

고령자는 모르는 사이에 영양불량이 되기 쉽습니다. 식사의 동반자가 없이 고독한 식사로 인한 식욕 저하가 원인일 수 있고 쉽게 피로를 느끼기 때문에 제대로 된 식사보다 단것에 집중하는 식사 습관도 문제가 됩니다. 하루에 필요한 분량의 음식을 충분히 섭취하지 못하면 가장 먼저 수분공급에 문제가 생기고 신체를 구성하고 움직이는 데 필요한 영양분의 공급이 원활하게 이루어지지 못하기 때문에 쉽게 저영양상태로 빠지게 됩니다. 몇 년 전까지 식사도 잘하고 일상생활을 활기차게 보내던 건강한 노인이 안면마비로 인해 '먹는 것'이 어려워진 것을 경험했습니다. 물이나 음식물을 입에 넣으면 입속에 머금지 못하고 흘러내리고, 저작이 어려워져서 즐기던 식사를 더 이상 할 수 없게 되자 활기차던 일상이 빛을 잃고 "인생의 즐거움이 사라졌다."면서 울먹이던 모습이 선합니다. '맛있는 음식을 입으로 먹고, 활기찬 삶을 영위하는 것'이 '건강수명'을 유지하는 첫 번째 조건입니다. 고령자에게 균형 잡힌 영양으로 구성된 훌륭한 식사를 제공한다 할지라도 편안하게 씹고 삼켜서 소화시킬 수 없다면 몸에 맞지 않은 옷을 입은 것처럼 불편할 수 있습니다. 또한 고령자의 건강을 위해 훌륭한 식사지침을 제공한다고 해도 고령자가 처해 있는 상황에 맞지 않는다면 그 또한 눈높이 지침이 될 수 없습니다.

본서에서는 고령자의 수분섭취와 영양상태를 평가하고 그에 따라 적합한 영양관리의 계획을 세울 수 있도록 가이드를 제시하였습니다. 고령자의 저작, 연하, 소화능력에 따른 식사준비와 식사관리 방안, 식사 환경요건을 구체적으로 제시하였고 가정과 돌봄현장(요양원, 요양병원, 케어센타 등)에서 쉽게 적용할 수 있도록 구성하였습니다. 고령자의 건강증진을 위한 영양관리와 이를 위한 식사케어를 어떻게 하면 가장 효율적으로 수행할 수 있을까를 고려하여, 보건(의사, 치과의사, 간호사, 요양보호사, 작업치료사 등)과 식품영양(관리영양사 및 임상영양사) 분야의 다직종 전문가들뿐만 아니라, 고령자전용 식품을 개발하고자 하는 식품기업들에게도 유용한 정보를 제공함으로써, 섭식에 어려움을 겪는 고령자들이나 돌봄현장에서 일하시는 분들께 실제적인 도움이 되기를 바랍니다.

개정판에는 돌봄현장에서 쉽게 응용할 수 있는 연하도움식사 가이드 및 이지쿠킹레시피를 수록하였습니다. 연하식사용 레시피를 개발하도록 지원해 주신 대상웰라이프와 레시피 작성 및 조리작업에 헌신적인 노력을 해준 한양대학교 조리과학연구실의 최귀정 박사에게 깊이 감사드립니다.

2023년 9월

저자 일동

차 례

Chapter 5

CHAPTER 1

건강수명과 노쇠

2022년 현재, 우리나라 전체 인구 중 65세 이상이 17.5%를 차지하고 있는 고령사회이고, 2025년에 이르면 전 인구의 20.6%를 차지하는 초고령 사회로 진입할 것으로 예상하고 있다(통계청, 2022). 2021년 65세 이상 고령자 10만 명당 사망원인별 사망자 수는 악성신생물(암), 심장질환, 폐렴, 뇌혈관질환, 알츠하이머 순으로 보고되었고, 악성신생물(암), 뇌혈관질환에 의한 사망은 감소하는 추세이나, 알츠하이머병에 의한 사망은 계속 증가하고 있는 것으로 나타났다. 고령자의 사망원인별 사망률이 전체 인구 사망률보다, 악성신생물(암)4.4배, 심장질환 5.1배, 폐렴 5.6배, 뇌혈관질환 5.0배, 알츠하이머병 5.9배 높아 고령세대가 전체 인구대비 약 2.7배 이상 의료비 지출을 하는 것으로 집계되었다.

2020년에 발표한 자료에 따르면 노인의 기대여명은 남성노인 약 84.2세, 여성노인 약 88.6세로 추정하고 있다. 그러나, 기대여명이란 신체적, 정신적, 정서적으로 건강하고 활기찬 일상을 영위하며 생활할 수 있는 건강수명과 반드시 일치하지 않기 때문에, 건강수명의 개념을 좀 더 명확하게 할 필요가 있다. 건강수명이란 기대수명 중 질병이나 사고로 인하여 아프지 않고 활기차게 일상을 영위하면서 생활할 수 있는 기간을 의미한다.

그러면, 건강수명 연장의 영향에 가장 큰 영향을 주는 요인은 무엇인가를 살펴보자. 향후 초고령 사회에서, 건강 수명의 연장이나 돌봄 예방의 관점에서, 후기고령자(75세 이상)가 빠지기 쉬운「영양불균형」,「저영양」,「영양 결핍」의 문제가 크게 대두되고 있다. 질병 예방의 중요성은 말할 필요도 없지만, 75세 이후의 후기 고령자가 돌봄상태나 요양이 필요한 상태가 되는 원인으로서 무시할 수 없는 것으로서「고령에 의한 쇠약」이 있다. "쇠약"이란 노년의학에서 말하는 "노쇠, 허약: frailty"를 포함하고 있으며, 저영양과의 관계가 매우 강하다. 또한 노인의 신체 기능 장애의 위험 인자인 노화에 따른 근력의 감소, 근육량의 감소(이하, 살코페니아)가 노인이 일상에서 넘어지기 쉬운 상태와 이동성 감소로 이어질 수 있기 때문에 노쇠(frailty)는 건강 수명 연장을 실현하기 위해 우선적으로 고려해야 하는 중요한 개념이다. 노쇠는 "나이에 따른 증후군으로서 인체의 내외부를 구성하는 기관의 생리적 기능의 저하, 항상성 저하, 신체 활동성 감소, 다양한 스트레스에 대해 신체 기능장애나 건강장애를 일으키기 쉬운 상태로 정의할 수 있다. 특히, Fried 등은 신체적 노쇠에서 나타나는 의도치 않은 체중 감소, 자각적인 피로감, 근력 저하, 보행 속도 저하, 신체 활동도 저하 등 5개 항목 중 3개 이상이 해당되면 노쇠로 정의하였다. 만일 1개 또는 2개 항목이 해당되면 노쇠전단계(Pre-frail), 해당 없으면 건강군(Robust)으로 분류할 수 있다. 고령자의 의도하지 않은 체중 감소가 지방 조직뿐만 아니라 골격근 및 뼈의 양과 힘을 감소시키고, 근력과 보행 속도의 저하를 초래하고, 거기에서 피로감이 생겨 신체 활동이 감소하는 노쇠도를 평가하는 항목 중 하나이지만 다른 4항목의 원인이 될 수 있는 중요한 의미를 가진다. 또한 노쇠는 사회면이나 정신심리면에서이 될 수 있는 식행동·식환경과도 연관이 있다. 따라서 의도치 않은 체중감소의 주된 원인이 될 수 있는 저영양의 예방 및 대책을 위해서는 신체 기능 저하나 그것을 근거로 한 식사 및 영양상태 평가와 적절한 식사 지도가 필요하다.

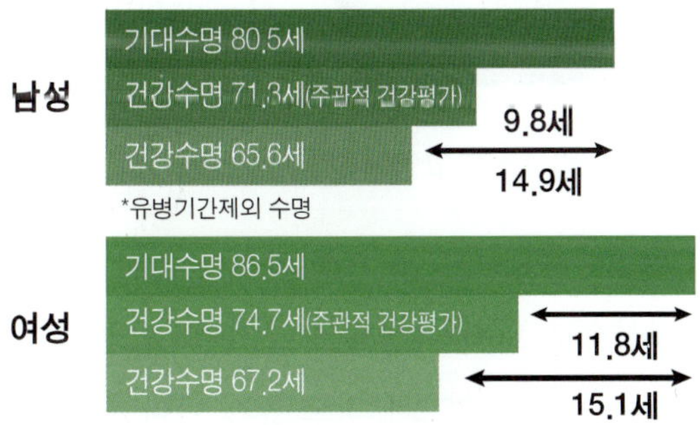

- 기대수명: 정확한 연령 x세의 사람이 앞으로 생존할 것으로 기대되는 생존년수
- 평균수명: 0세의 출생자가 향후 생존할 것으로 기대되는 평균생존년수(0세의 기대수명)
- 건강수명: 기대수명 중 질병이나 사고로 인하여 아프지 않은 기간

[그림 1-1] 한국 노인의 기대수명과 건강수명

고령자가 지니고 있는 노쇠는 단순하게 신체 노화에 따른 노쇠(저영양, 잘 넘어짐, 구강기능 저하 등)뿐만 아니라 사회적 노쇠(고립, 고독감 등)와 정신적 노쇠(의욕 저하, 판단력 저하, 인지기능 저하 및 우울감 등)가 상호연계 되어 있으며 이러한 포괄적인 노쇠가 결국 노년 증후군으로 정의된다.

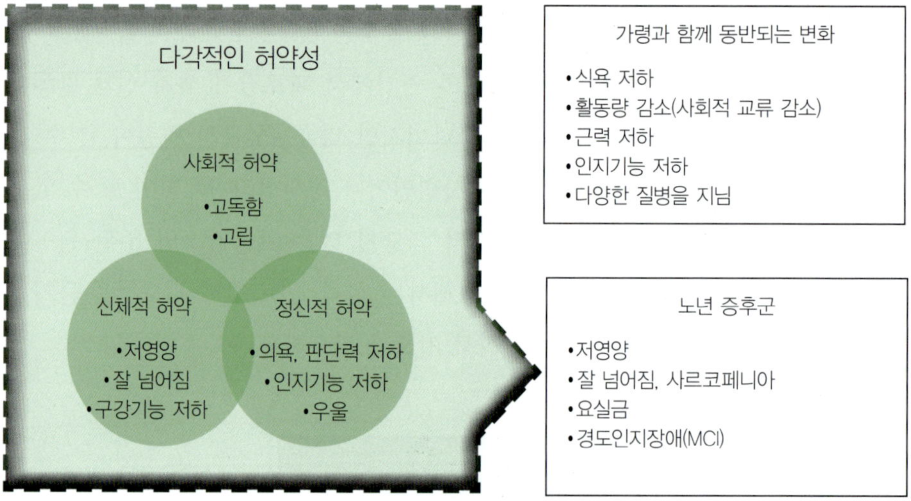

[그림 1-2] 고령자의 노쇠(frailty)

국민건강영양조사 제7기 3차 년도(2018년) 자료에 기반하여 한국인 고령자(65세 이상) 1,268명을 대상으로 노쇠 유병률을 조사한 결과 남성은 9.7%, 여성은 21.9%로서 여성이 남성에 비하여 약 2배 정도 높게 나타났다.

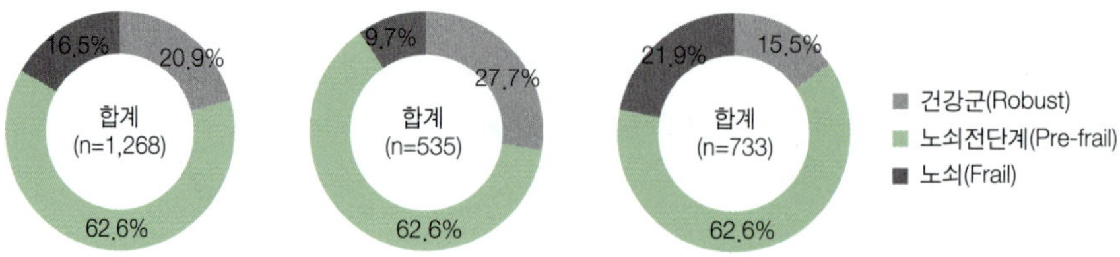

[그림 1-3] 한국인 고령자의 노쇠 유병률: 2018년 국민건강영양조사 자료 기반
출처: 양수현 등(2021).

CHAPTER 2

고령자 건강을 위한 영양관리와 식사케어의 의미

1. 고령자 영양관리와 식사케어의 필요성

고령자의 건강상태를 판단할 때 가장 기본이 되는 것은 '음식을 인지하고 입을 통해 섭취할 수 있는가, 하루에 필요한 식사를 구성하여 적당량을 섭취할 수 있는가, 수분섭취량이 제대로 이루어지고 있는가' 등이다. 그러나 나이가 들면서 평생동안 길들여진 식습관을 고치기가 어렵고 크게 아프지 않으니까 건강한 것으로 믿는 경우가 많으며 본인의 식생활에 대한 확고한 신념이 있어 맞춤형 영양관리 플랜을 바탕으로 만들어진 식사케어 프로그램을 적용하는 것은 쉬운 일이 아니다. 더욱이 고령자들은 개개인이 모두 다른 환경에서 살아온 생(生)의 이력(履歷)이 길기 때문에 같은 연령이라 할지라도 개개인의 건강상태(신체, 구강, 정서, 정신 건강)가 모두 다르고 새로운 정보에 대한 습득의지와 능력도 천차만별이다. 따라서 아무리 건강에 좋은 음식이나 관리 프로그램이라고 하더라도 단순히 기능적으로 접근해서는 소기의 목적을 달성하기가 매우 어렵다. 이에, 고령자의 생활기반(가족과 함께 사는 재택형, 독거형, 데이케어 이용자 등), 식사 준비 여부(스스로 식사 준비와 조리 가능 여부, 복지관 식사 혹은 데이케어 서비스 이용 여부 등), 경제적 지불능력 등에 관한 정보를 충분히 파악하고, 구조화된 평가지를 이용한 영양 및 수분섭취 평가를 수행한 다음, 다직종 전문가 그룹(의사, 치과의사, 영양사, 작업치료사, 복지사, 심리상담가 등)의 의견을 기반으로 한 체계적이고 다각적인 영양관리와 식사케어를 하는 것이 필요하다.

2. 고령자 영양관리와 식사케어의 중요성

질병으로 인해 장애가 발생하거나 활동성이 감소하여 여생을 살아가기 힘든 것을 질병부담(Disability Adjusted Life Years: DALYs)이라고 한다. 한국인에게 질병부담을 주는 위험요인을 분석한 결과 제1의 위험요인은 '식이요인'으로 나타났다〈표 2-1〉.

〈표 2-1〉 한국인 질병부담(DALYs)* 위험요인

순위	전체	남자	여자
1	식이요인	알코올 사용	식이요인
2	알코올 사용	식이요인	고혈압
3	흡연	흡연	고혈당
4	고혈압	고혈압	고 BMI
5	고혈당	고혈당	낮은 신체활동
6	고 BMI	고 BMI	흡연
7	낮은 신체활동	낮은 신체활동	미세먼지 오염
8	미세먼지 오염	미세먼지 오염	알코올 사용
9	직업적 위험	직업적 위험	가까운 파트너 폭력
10	약물 사용	약물 사용	고콜레스테롤
11	고콜레스테롤	고콜레스테롤	직업적 위험
12	납	납	약물 사용
13	가까운 파트너 폭력	철 결핍	납
14	아동기 성적 학대	낮은 골밀도	아동기 성적 학대
15	낮은 골밀도	아동기 성적 학대	낮은 골밀도
16	철 결핍	라돈	철 결핍
17	라돈	아연 결핍	라돈
18	위생	위생	위생
19	아연 결핍	오존	아연 결핍
20	오존	아동기 저체중	오존

출처: 강영호(2013).

고령자의 건강과 수명을 증진시키기 위하여 건강한 생활습관을 유지하고, 질병을 조기에 발견하고 예방하며, 부상을 방지하는 조치는 매우 효과적인 것으로 입증되었다(Bernstein et al., 2012). 인간의 노화과정에서 건강함을 유지하는 데에는 여러 인자가 동시에 그리고 다면적으로 영향을 미친다. 그 가운데에서도 적절한 영양상태는 성공노화를 결정하는 가장 중요한 요소라고 할 수 있다. 유전적 특성이나 물리적인 나이, 그리고 성별에 따른 차이는 노화과정에 일방향으로 영향을 미치는 조절하기 어려운 영향인자이지만, 바람직한 식품을 선택하여 고령자의 영양불량을 예방하고, 적절한 영양상태를 유지할 수 있도록 하는 것은 건강노화와 삶의 질을 유지하는 데 대단히 중요하다[그림 2-1].

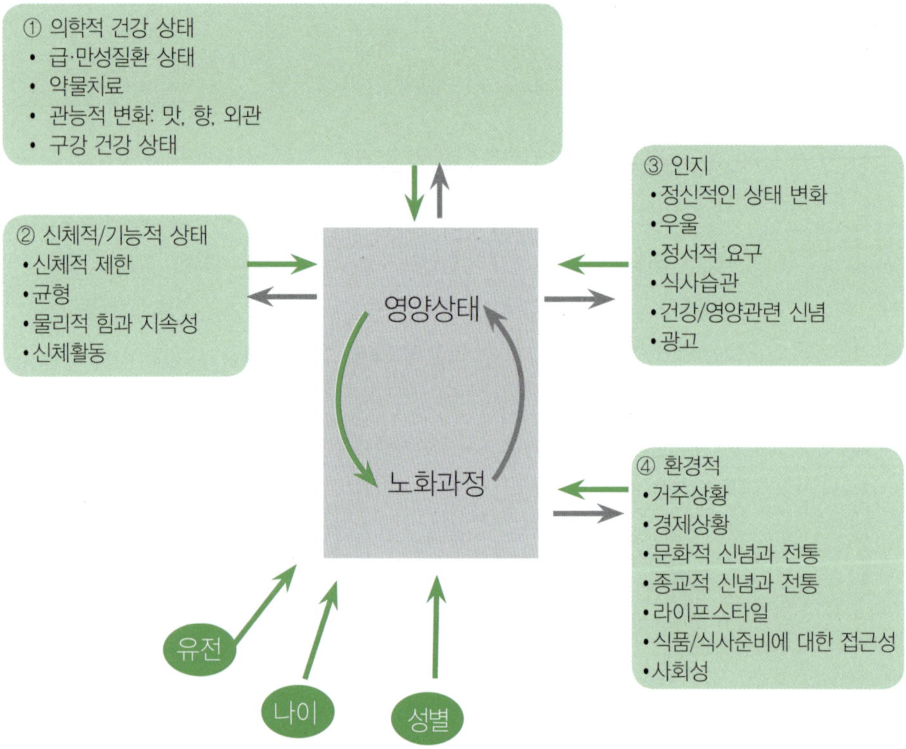

출처: Bernstein et al.(2012).

[그림 2-1] 고령자 삶의 질에 영향을 미치는 주요 인자

이는 첫째, 고령자의 영양상태와 의학적 건강 상태 간에 밀접한 관련이 있기 때문이다. 즉, 고령자에서 감염률을 낮추고, 급·만성 질환이 진행되거나 치료하는 데 있어서 영양상태는 매우 큰 영향을 미친다. 또한 영양상태가 좋지 않으면 여러 가지 감각기능의 민감도에 변화가 생기고, 구강 건강 상태에도 직접적인 영향을 주어 음식을 맛보고, 씹고, 삼키는 과정에 장애가 올 수도 있으므로 고령자의 영양상태는 의학적인 건강 상태 유지에 있어서 상호 간에 중요한 요소이다.

둘째, 고령자의 영양상태는 신체의 정상적인 기능과 신체활동을 할 수 있는 활력을 유지하는 데에 직접적인 영향을 미친다. 마찬가지로 적절한 신체활동은 영양상태를 개선하는 데 도움이 되므로 고령자의 활동량을 가능한 늘리는 것이 바람직하다.

셋째, 고령자의 영양상태는 인지적 퇴화를 예방하고, 감정조절과 정서적 안정을 유지하는 데에도 필수적인 역할을 한다.

넷째, 주거상황이나 경제 수준, 문화·종교적 신념이나 전통적인 관습, 식품을 구하거나 식사 준비의 어려움 또는 사회적으로 교류하고 활동하는 수준 등의 차원에서도 고령자의 영양상태와 삶의 질은 깊은 연관이 있다.

고령자의 노쇠함이나 활력은 '입으로 음식을 먹을 수 있는가'와 매우 밀접한 연관이 있다. 일반적으로 고령자는 치아의 소실과 함께 구강, 인두, 식도 등 저작과 연하에 관련된 근력과 신경소설 능력이 감소하면서 입으로 음식을 섭취하는 과정에 문제가 발생할 수 있다.

고령자는 신체의 자유로움을 잃거나 배우자나 가족을 잃어 혼자서 식사하는 경우가 많아진다. 혼자서 외롭게 식사를 하게 되면 누군가와 함께 대화를 하면서 식사할 때보다 맛을 음미하면서 즐겁게 식사하기 어려우므로 식욕도 감소하고, 소화율이나 흡수율도 저하된다.

고령자는 특정한 맛을 좋아하거나, 그저 먹기 쉽다는 이유 때문에 또는 어쩔 수 없이 일부 음식만을 집중해서 먹는 경우가 있다. 이는 인체에 필수적인 다양한 영양소를 충분히 섭취할 수 있는 기회를 줄이고, 저영양상태가 되거나 영양불량으로 인해 심각한 임상증상이 나타날 뿐만 아니라, 삶의 즐거움을 잃고, 우울함을 유발할 수 있다.

고령자의 일상에서 입으로 식사를 하는 것은 단순히 배고픔을 해결하는 끼니의 차원 그 이상이다. 즉, 고령자에게 적절한 식사는 영양소의 부족과 결핍을 예방하고, 질병을 예방하며, 질병을 관리하거나 회복할 수 있도록 한다.

고령자는 식사를 하는 동안 이루어지는 동작 자체만으로도 근육을 움직이게 되고, 한 자세로 오래 누워 발생하는 욕창을 예방할 수 있다. 또한 식사는 사회적인 관계를 형성하고 사람들과 교류할 수 있게 하는 중요한 역할을 한다. 이와 같이 고령자에게 식사는 삶의 의욕을 일으켜 건강증진과 신체기능을 유지함은 물론 삶의 즐거움과 의미를 찾게 하는 매우 중요한 것이다.

TIP 고령자에게 식사의 의미

1. 식사는 살아갈 의욕을 일으키는 중요한 의미이다.
2. 적절한 식사는 영양부족과 결핍을 예방한다.
3. 적절한 식사는 질병을 예방하며 또한 질병을 관리하고 회복할 수 있도록 한다.
4. 식사를 하는 동작 자체만으로도 근육을 움직이게 되고, 욕창을 예방할 수 있다.
5. 식사는 사람들과 교류할 수 있게 하는 중요한 역할을 한다.

실제로 고령자가 느끼는 일상생활의 불편함 가운데 '식사'는 매우 불편하고[그림 2-2], 서비스와 제품 수요가 매우 높은 분야로 조사되었다[그림 2-3], [그림 2-4].

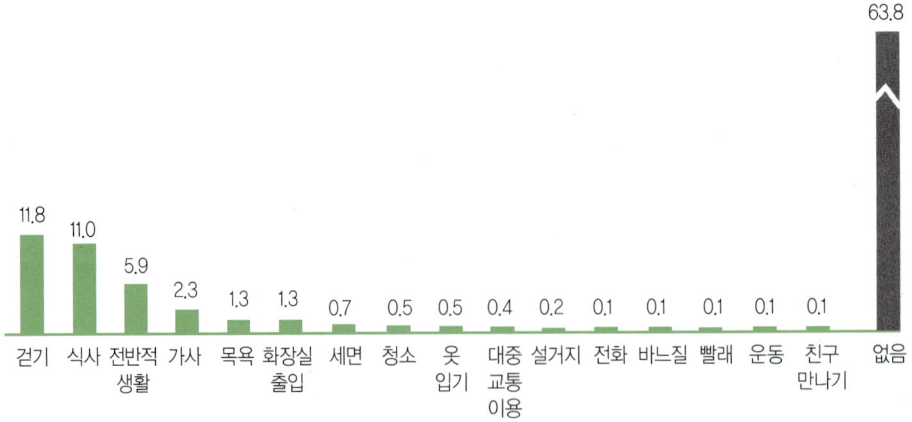

출처: 한국보건산업진흥원(2014).

[그림 2-2] 고령자가 느끼는 일상의 불편함(n=1,200, %)

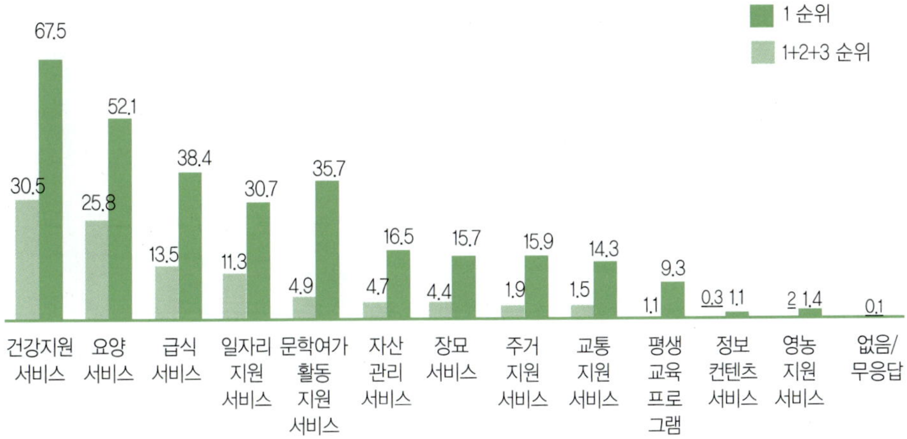

출처: 한국보건산업진흥원(2014).

[그림 2-3] 고령자가 요구하는 일상의 서비스(n=1,200, %)

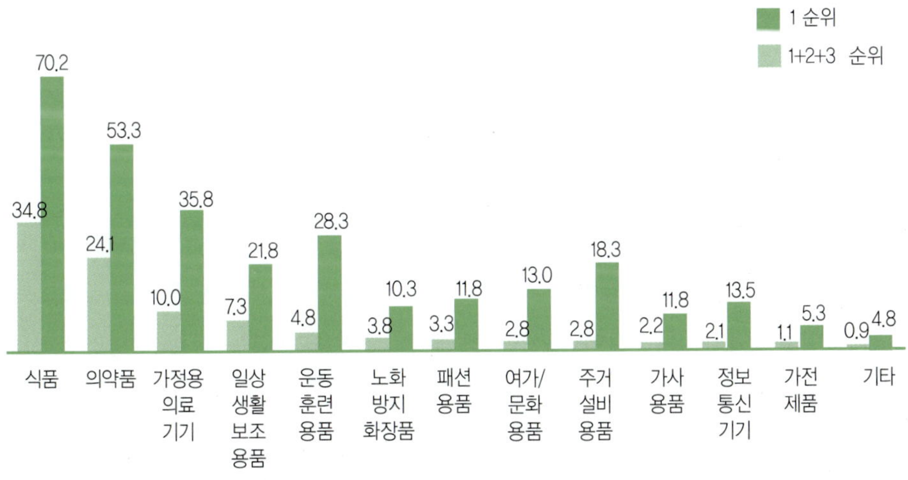

출처: 한국보건산업진흥원(2014).

[그림 2-4] 고령자가 요구하는 제품(n=1,200, %)

고령자가 평소 즐겨 먹는 식품(복수응답)을 조사한 결과 두부류 또는 묵류(78.0%)와 전통/발효식품(76.5%)이 가장 많았다. 또한 가장 선호하는 고령친화식품은 '영양성분이 골고루', '소화가 잘되는', 또는 '저작 편하고 부드러운' 유형으로 조사되었다[그림 2-5].

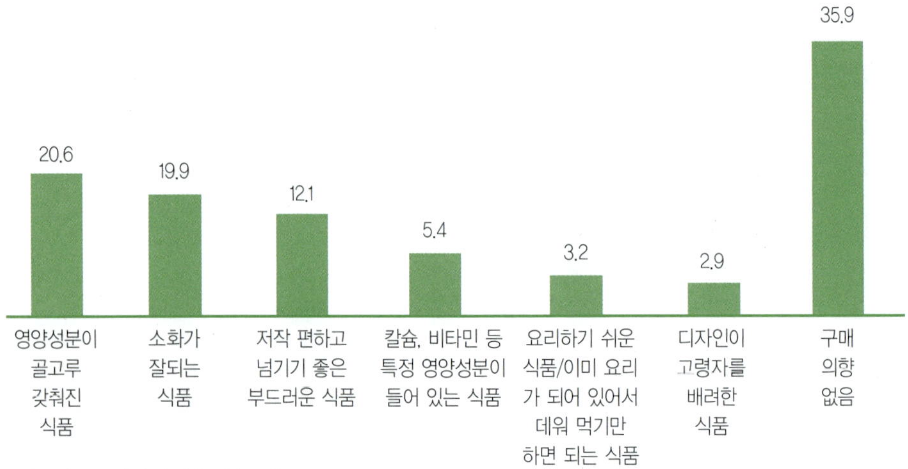

출처: 한국보건산업진흥원(2014).

[그림 2-5] 고령자 구매의향이 높은 식품의 속성(n=1,200, %)

고령자의 노화에 따른 몸과 마음의 변화를 이해하고, 적절한 영양과 식생활을 관리하는 것은 활력 있는 건강노화에 매우 중요하다. 적절한 영양상태는 기초적인 생명현상을 유지하고, 활동에 필요한 에너지를 확보함은 물론 약물과 의학적 치료에 대한 수용도를 높이고 삶의 질을 높여주는 데 필수 요소이다.

나이 듦에도 불구하고 얼마나 적극적으로 노화에 대응하는가에 따라 매우 다른 삶을 누릴 수 있다. 성공적인 노화는 나이 듦에 따라 새로운 역할을 찾고, 독립적인 생활을 유지하는 것이라고 한다. '먹는 즐거움이 있는 적절한 영양관리와 식사케어'는 인간의 원초적인 욕구를 충족하고, 삶의 질을 확보하며, 또 나아가 살아가는 의미가 되므로 그 중요성이 매우 크다고 할 수 있다.

3. 고령자 식사케어의 의미

일반적으로 건강한 성인의 경우 규칙적으로 배고픔과 목마름을 느끼게 되고 적당한 식사를 준비하거나 그에 준하는 음식을 구매하여 식사를 하게 된다. 그러나 나이가 들어감에 따라 건강상태와 노화 정도에 개인차가 커지게 되면서 일상의 식사가 즐거움으로 다가오기도 하고 어려움으로 여겨지기도 한다. 100세의 고령이라도 특별한 보행보조 기구를 사용하지 않고 잘 걸을 수 있고, 구강 기능도 건전하여 음식을 섭취하는 데 어려움이 없으며, 인지능력도 손상되지 않아 젊은 사람 못지않게 활력 있는 생활을 할 수 있다면 단순히 연령만으로 고령자의 건강 상태와 신체 기능을 판단하는 것은 바람직하지 않다. 이렇게 100세 고령에도 일상생활의 어려움 없이 활기찬 생활을 할 수 있는 데에는 규칙적이고 균형 있는 식사와 운동을 하면서 가족이나 이웃과 함께 어울릴 수 있는 환경과 삶에 대한 긍정적인 생각이 중요하다.

4. 고령자 맞춤형 식사케어의 중요성

(1) 고령자 건강수준별 분류

대부분의 고령자들은 고혈압, 고지혈증, 당뇨병, 심장순환계 질환 및 각종 퇴행성 질환 등을 복수로 가지고 있는 경우가 많고 특성 질환이 아니라도 각종 동통, 노안, 백내장, 난청, 치아기능 저하, 연하의 어려움 및 피부가려움 등의 증상들로 복수의 약을 복용하고 있는 경우가 많다. 따라서 고령자를 위한 식사케어는 보편적인 매뉴얼이 아니라 개인차(신체·정신 건강 수준 및 생활습관 등)에 따른 전략을 세우는 것이 매우 중요하며, 개인에 따라 다양한 식환경과 식경험을 지니고 있기 때문에 고령자 전체를 일반화하여 식사케어 전략을 세우는 것은 의미가 없다. 4군으로 명명 고령자의 신체적 건강상태는 신체적 건강과 정신적 건강으로 나누어 액티브실버군, 신체적으로 정신적으로 모두 건강한 고령자는 자신의 의지대로 활발한 외부활동이 가능하며 장보기와 식사준비를 할 수 있고 식욕, 저작, 연하, 소화기능이 원활하여 스스로 식사케어를 할 수 있는 액티브 실버군에 속한다(신체적·정신적으로 건강한 고령자군). 고령자들 중 의식은 또렷하고 자신의 의지대로 생활을 계획하고 영위할 수는 있으나 걷고 움직임이 불편하여 외부 활동이 어렵고 스스로 장보기와 식사 준비를 할 수 없는 경우도 많다. 이런 경우에는 가족이나 요양보호사 등과 같이 타인의 도움으로 식사를 할 수 있으며 활동량이 현저히 줄어 식욕이 저하되고 저작-연하-소화기능도 저하된 경우가 있다(정신건강은 양호하나 신체기능 저하된 고령자군). 이에 비해, 경증 인지저하 상태이지만 일상생활을 영위하는 데 큰 문제가 없으며 스스로 혹은 타인의 도움을 받아 식사준비가 가능하며 음식을 섭취하기 위한 저작-연하-소화기능이 원활한 고령자군이 있다. 이런 경우에는 꾸준한 인지능력 향상 훈련을 통해 신체적으로 활동성을 잃지 않도록 하여 입으로 식사섭취가 가능하게 하는 것이 중요하다[그림 2-6].

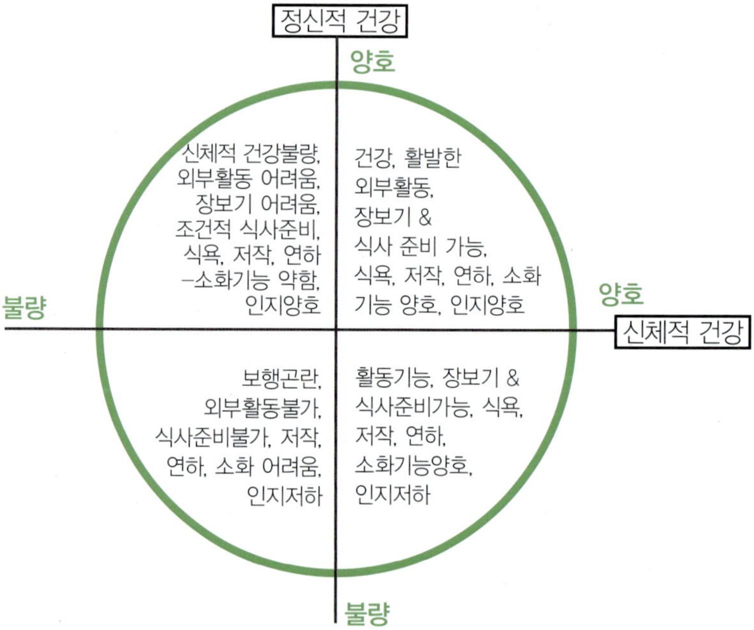

[그림 2-6] 정신적·신체적 건강 상태에 다른 고령자의 분류

(2) 고령자의 식행동 특징 및 문제점

고령자는 중대한 병이 있어도 전형적인 증상이 보이지 않는 경우가 있으며 본인이 지니고 있는 질병의 경·중에 관계없이 '먹어 온 대로'의 식사 방법을 고집하는 경우가 있다. 특히, 나이 들면서 '정서적 회귀현상'이 강해져서 어릴 때 먹던 음식에 대한 향수가 커지고 익숙한 음식을 반복적으로 섭취하는 경향이 있으며,

새로운 음식을 받아들이는 것에 상당한 거부감을 지니고 있다.

많은 고령자가 가족이나 타인에게 의존하지 않고 본인의 생활을 꾸려갈 수 있는 건강하고 활력 있는 삶을 추구한다. 이를 영위하기 위해서는 고령자 개개인의 균형 있고 안정된 식생활이 뒷받침되어야 한다. 앞서 기술한 바와 같이 100세 고령이지만 정신적·신체적으로 건강하고 주도적인 생활을 영위하는 노인이 있는가 하면, 70세 초반이지만 복수의 질환을 지니고 있으면서 정신적으로 신체적으로 의존적인 생활을 하는 경우도 있어서 나이는 단지 숫자에 불과한 경우가 많다. 특별한 질환이 없다고 해도 가령에 의해 퇴행적인 증상이 나타나게 되어 노안으로 시력이 떨어지고 손가락의 움직임이 원활하지 않게 됨으로써 조리도구와 식기의 세척, 조리식품의 보관, 남은 음식의 폐기, 냉장고와 부엌의 위생관리 등이 어려워짐으로써 위생적인 식사케어에 위협을 받을 수도 있다.

명절이 지난 후 '고령자가 떡을 먹다가 질식하였다'는 뉴스를 가끔 접하게 된다. 떡과 같이 밀도가 높고 탄성이 있는 음식물을 먹을 때 충분히 씹지 않고 삼키는 경우 인두로 넘어가면서 목에 걸리게 되는 현상은 특별한 질병이 없는 건강한 고령자에게도 일어날 수 있다. 이는 연하에 어려움(연하곤란)이 있는 것을 본인이나 가족이 눈치채지 못하는 경우가 많기 때문이다. 일반적으로 정도의 차이는 있어도 노화에 의해 연하반사나 기침으로 이물을 내뱉으려고 하는 기침반사가 약해진다고 알려져 있다. 고령자들이 식사하는 도중에 자주 사레들려 기침을 하거나 식사를 하는 시간이 길어지고 식사량이 감소하게 되면 연하에 문제가 있는 것으로 의심할 수 있으므로 식사 형태의 변형(음식의 질감, 크기, 부드러운 정도, 흐름성 등)을 고려해야 한다. 연하곤란 정도의 확실한 진단이 필요로 할 경우 재활의학과의 비디오 내시경 검사를 신청하여야 하고, 치아의 문제, 의치의 불편함, 치주병 등 저작에 관계되는 것은 치과적인 문제로 고려해야 한다.

(3) 고령자 식사케어 방향

이상에서 기술한 바와 같이 고령자의 식사케어를 계획하기 위해서는 재택 고령자의 식사케어를 위해서는 각 분야의 전문가(의사, 간호사, 노인전문 영양사, 요양보호사, 복지사, 작업치료사 및 심리상담가)로 꾸려진 다각적인 접근이 필수불가결하다. 이는 고령자가 건강할 때는 식사와 연결된 건강관리(신체, 정신, 정서)에 크게 문제가 없으나 고령자가 섭식에 문제가 생겼을 경우 이어지는 연쇄적인 문제점(저작·연하장애, 탈수증, 저영양, 활동불가, 면역력 저하 및 욕창)을 다각적으로 해결하기 위해서는 매우 중요하기 때문이다.

우리가 일상적으로 음식을 먹는 것은 단순한 동작이 아니다. '음식물'을 '음식물'이라고 판별하는 능력, 입에 옮겨 씹어서 부수는 능력, 연하운동을 시행하기 위해 반사 등 여러 가지 움직임을 필요로 한다. 예를 들면, 의식상태가 선명하지 않으면 '음식물'을 봐도 식욕이 돋지 않는다. 공복 시에 공복을 느끼기에는 섭식중추가 정상으로 기능을 해야 하며, '음식물'이라고 인식하려면 시각의 움직임뿐만 아니라 대뇌피질의 움직임도 필요하다. 이어서 음식물을 입까지 옮기려면 손가락의 움직임도 필요하고 먹기 쉽도록 적량을 입에 넣으려면 입술이나 치아의 움직임에 따라 조절되지 않으면 안 된다. 음식물을 입 안에 넣어 씹는 과정 중에 침이 분비되어 섞이면서 연하 적당한 형태인 음식물덩어리(식괴, 볼러스, bolus)로 되어 구강 안쪽으로 옮겨지면, 연하반사가 유발되어 인두로 들어가게 되고 인두를 통과하여 식도에 보내져 위에 도달한다. 이렇듯 식사하는 동작에는 저작-연하 과정의 여러 가지 동작을 포함하는데, 이를 음식물을 먹는 데 필요한 다각적인 능력(eating capability)으로 정의하고 있다[그림 2-7].

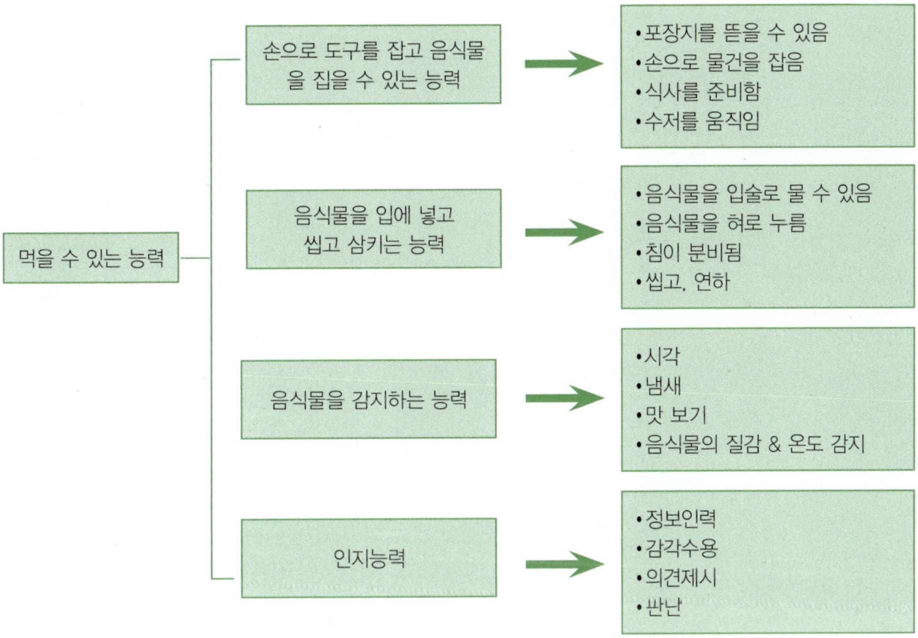

[그림 2-7] 음식을 먹을 수 있는 포괄적인 능력

CHAPTER 3

고령자 영양불량과 주요원인

1. 고령자 식품소비 현황

1) 고령가구의 식품·외식비 지출 감소

가구당 가계 총지출액 중 식료품비에 지출하는 비중을 엥겔계수라고 한다. 통계청 가계동향 조사분석 결과를 토대로 연령대별로 엥겔계수의 변화를 비교한 결과 우리나라 전체 가구의 평균 엥겔계수는 가계지출액 기준 또는 소비지출액 기준으로 각각 20.38%, 26.9%였다. 엥겔계수는 가구주의 연령이 70~74세 군에서 정점에 이르렀으나 75세 이상군에서는 현저히 감소하였다[그림 3-1].

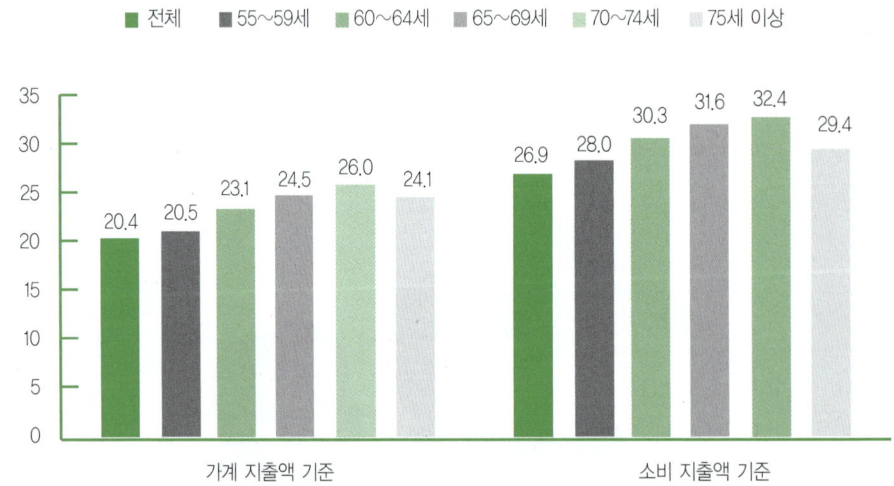

출처: 한국농촌경제연구원(2017).

[그림 3-1] 연령대별 엥겔계수 비교

우리나라 가구당 월평균 식품비(식료품비와 비주류 음료 및 외식비)는 582만 4천 원(전체 소비지출액의 26.9%)으로 조사되었는데, 이 또한 연령대가 증가할수록 감소하는 것으로 나타났다.

소득분위가 높은 군일지라도 연령에 따라 식품비 지출은 감소하였고, 특히, 75세 이상의 소득 4분위군은(4,796천 원) 소득4분위군 전체 평균(8,242천 원)보다 현저히 낮은 것으로 나타났다. 또한 가구유형별로 비교할 때 1인 가구 유형의 식품비 지출액이 상대적으로 적었다.

〈표 3-1〉 가구당 연간 월평균 식품비 지출액

(단위: 천 원, %)

구분		전체	연령					
			54세 이하	55~59세	60~64세	65~69세	70~74세	75세 이상
전체		582.4 (26.9)	679.6 (25.6)	644.8 (28.0)	546.2 (30.3)	431.7 (31.6)	349.9 (32.4)	260.3 (29.4)
성별	남	672.8 (27.0)	736.9 (25.8)	732.1 (28.3)	632.1 (30.2)	520.4 (31.9)	432.9 (33.4)	345.7 (30.4)
	여	380.9 (26.4)	490.2 (24.4)	442.2 (27.0)	375.1 (30.8)	31.3 (31.1)	252.2 (30.5)	187.7 (28.0)
소득분위	1	275.2 (30.2)	363.5 (26.7)	318.1 (30.1)	306.7 (31.4)	266.8 (32.8)	261.8 (33.8)	199.2 (31.7)
	2	510.1 (28.5)	562.9 (27.1)	508.6 (29.9)	460.3 (31.7)	430.2 (31.8)	397.2 (33.6)	38.4 (29.6)
	3	675.8 (27.5)	701.2 (26.4)	661.6 (30.3)	623.2 (30.6)	590.6 (33.6)	517.4 (29.9)	536.0 (30.6)
	4	824.2 (24.8)	841.3 (24.2)	821.4 (26.0)	818.5 (28.8)	703.6 (28.2)	698.8 (27.8)	479.6 (18.0)
가구구성	1인	288.3 (27.7)	361.7 (25.6)	358.3 (29.9)	289.2 (31.4)	260.5 (31.4)	230.7 (29.8)	175.1 (27.3)
	부부	367.7 (29.3)	471.9 (26.5)	440.1 (27.6)	401.7 (31.1)	336.0 (31.0)	290.3 (33.2)	236.6 (31.0)
	기타	395.7 (26.4)	399.1 (25.6)	423.7 (28.0)	396.4 (29.4)	360.7 (32.3)	302.5 (34.5)	269.3 (29.0)
거주지역	동	591.5 (26.9)	679.7 (25.5)	658.5 (28.1)	554.8 (30.4)	431.9 (31.8)	361.0 (32.5)	277.9 (29.0)
	읍·면	531.9 (27.1)	678.8 (25.9)	567.3 (27.8)	498.4 (29.7)	430.6 (30.9)	298.8 (31.6)	204.6 (31.4)

주 1) 소득분위는 균등한 소득 기준 4분위 값이며, 가구구성은 가구원 수의 제곱근으로 균등화.
2) 기타 가구는 1인 가구와 부부 2인 가구를 제외한 나머지 가구유형을 모두 포함.
3) ( ) 안은 전체 소비지출 대비 식품비 지출이 차지하는 비중
출처: 보건복지부(2017).

가구당 월평균 외식비도 60세를 기점으로 연령증가에 따라 크게 감소하였고, 70세 이상 가구주군은 월평균 10만 원 미만을 외식비로 지출하였다[그림 3-2]. 특히, 여성 가구주와 읍·면 지역 가구의 외식 비중은 각각 남성 가구주와 동 단위 지역에 거주하는 가구보다 낮았다.

2) 고령자의 식품섭취량

국민건강영양조사(2010~2015년, 55세 이상) 결과 분석에 의하면, 연령이 증가할수록 모든 식품군에서 1일 평균 식품 섭취량이 감소하는 것으로 나타났다. 75세 이상 고령자가 하루에 섭취하는 평균 식품 섭취량은 약 995g으로, 55~59세의 62.8%에 그치는 것으로 나타났다[그림 3-3].

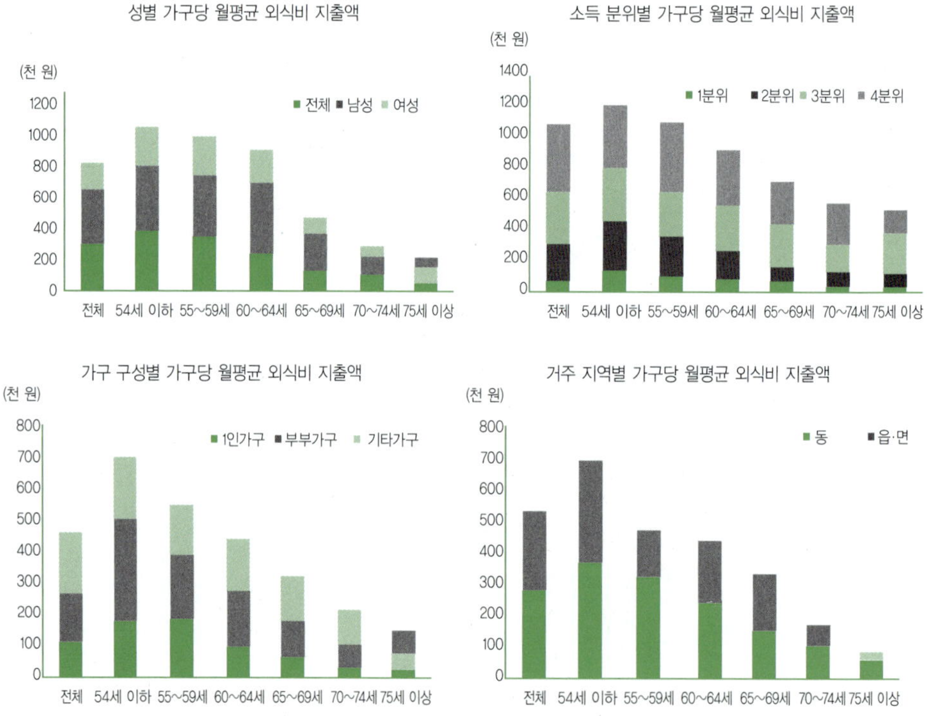

출처: 보건복지부(2017).

[그림 3-2] 가구당 월평균 외식비 지출액 비교

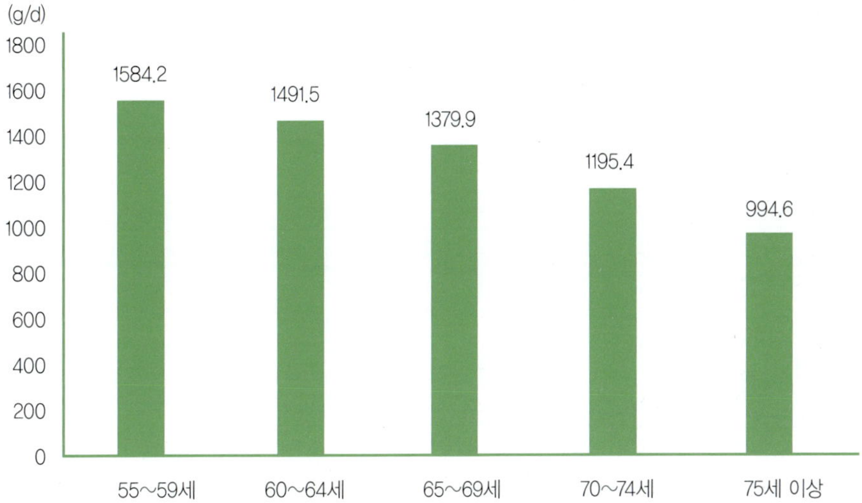

출처: 통계청, 한국농촌경제연구원(2017).

[그림 3-3] 연령대별 1일 식품 섭취량 감소

(1) 연령 증가에 따라 섭취량이 감소하는 식품군

고령자의 연령 증가에 따라 섭취량이 감소하는 대표적인 식품군은 육류로 나타났다. 특히, 육류 섭취량은 65~69세에 크게 감소하기 시작하여 75세 이상이 되면 55~59세의 64.7% 수준으로 섭취량이 크게 감소하였다.

또한 우유군, 음료 및 주류와 같은 액상 식품군의 섭취량도 크게 감소하는데, 65세에 접어들면서 55~59세 군에 비해 각각 약 86%, 57% 정도로 감소하고, 75세 이상의 고령층은 액상 식품군의 1일 평균 섭취량이 55~59세 군의 약 61%, 26%로 현저히 감소하였다. 그 밖에 과일류, 버섯류, 종실류, 당류도 섭취량이 감소하는 식품군이었다〈표 3-2〉.

(2) 연령 증가에 따라 섭취량이 유지되는 식품군

곡류와 두류 및 해조류는 고령자에서 섭취량이 유지되는 식품군으로 나타났다〈표 3-2〉. 고령자의 1일 총식품섭취량이 감소하는 것을 감안할 때, 일부 식품군은 섭취량이 유지되고 일부 식품군은 섭취량이 감소하여 연령증가에 따른 식품 이용의 다양성이 제한되는 것을 알 수 있다.

〈표 3-2〉 연령 증가에 따른 식품 섭취량 변화

(단위: g/day, %)

식품군	55~59세		60~64세		65~69세		70~74세		75세 이상	
	섭취량	비율	섭취량	비율	섭취량	비율	섭취량	비율	섭취량	비율
곡류	306.1	100	306.8	100.2	313.6	102.5	299.7	97.9	274.6	89.7
감자 및 전분류	48.1	100	45.1	93.8	43.8	91.1	34.5	71.7	26.4	54.9
당류	10.3	100	8.6	83.5	8.4	81.6	7.6	73.8	6.8	66.0
두류	42.8	100	41.0	95.8	40.7	95.1	40.9	95.6	40.5	94.6
종실류	11.2	100	11.0	98.2	8.2	73.2	6.8	60.7	3.8	33.9
채소류	371.9	100	372.5	100.2	355.1	95.5	311.1	83.7	265.1	71.3
버섯류	5.8	100	5.0	86.2	4.2	72.4	4.2	72.4	2.3	39.7
과실류	235.0	100	234.3	99.7	205.0	87.2	162.1	69.0	116.4	49.5
육류	76.2	100	64.4	84.5	56.4	74.0	57.5	75.5	49.3	64.7
난류	19.9	100	17.3	86.9	14.1	70.9	11.7	58.8	9.2	46.2
어패류	94.2	100	83.8	89.0	82.3	87.4	67.3	71.4	56.7	60.2
해조류	20.1	100	20.5	102.0	23.6	117.4	17.9	89.1	17.1	85.1
우유류	71.7	100	69.0	96.2	61.7	86.1	44.6	62.2	43.7	60.9
유지류	7.5	100	6.0	80.0	5.5	73.3	4.6	61.3	3.2	42.7
음료 및 주류	224.0	100	172.2	76.9	126.9	56.7	98.1	43.8	57.3	25.6
조미료류	35.6	100	32.5	91.3	29.7	83.4	26.3	73.9	22.1	62.1
기타	3.7	100	1.3	35.1	0.7	18.9	0.5	13.5	0.2	5.4
식품 섭취량	1,584.2	100	1,491.5	94.1	1,379.9	87.1	1,195.4	75.5	994.6	62.8

주: 24시간 회상법을 통한 1일 섭취량 기준.
출처: 질병관리본부(2015).

(3) 연령 증가에 따라 식품 개별 소비 순위의 변화

각 식품 품목별로 연령 증가에 따른 식품 소비량의 변화를 비교한 결과, 1일 소비량이 가장 많은 식품은 백미로 나타났다〈표 3-3〉. 백미는 연령과 상관없이 섭취량 1순위에 해당하였으며, 65세 이상에서 백미의 1일 평균 섭취량은 약 200g 정도로 나타났다.

반면에 연령별로 큰 차이가 있는 식품은 돼지고기, 닭고기, 소고기였다. 즉, 55세 미만에서는 모두 다소비 식품 상위에 있던 돼지고기(41g/d, 6위), 닭고기(31.8g/d, 10위), 소고기(21.7g/d, 15위) 등이었으나, 연령이 증가할수록 이들 식품의 소비량은 크게 감소하였다. 돼지고기는 60~64세군에서 20g/d(18위)으로 절반 수준으로 감소하였고, 65세를 기점으로 모든 육류의 1일 섭취량은 상위 20위 안에 포함되지 않는다는 것을 알 수 있었다.

흥미롭게도 65세 이상에서 멸치육수와 사골국물, 다시마 육수와 같이 면이나 국물 음식을 위한 재료로 사용되는 식품의 소비량이 높은 것으로 나타났는데, 이는 고령자가 씹을 필요 없이 부드럽게 섭취할 수 있는 식품을 주로 이용하는 것으로 추정된다.

우유도 55세와 70세를 기점으로 섭취량이 현저히 감소하는 식품이다. 또한 55세 이후 꾸준히 다소비 식품이었던 사과의 섭취량도 75세 이상에서는 급감하는 것으로 나타났는데, 이는 연령 증가에 따른 여러 가지 신체 기능의 변화에 따라 식품 섭취 용이성이나 소화율에 따른 식품소비 패턴의 변화라고 여겨진다.

〈표 3-3〉 한국인 연령대별 다소비 식품 순위

(단위: g/day)

순위	55세 미만		55~59세		60~64세	
	식품명	섭취량	식품명	섭취량	식품명	섭취량
1	백미	160.7	백미	177.8	백미	185.2
2	우유	85.2	배추김치	76.4	배추김치	75.1
3	맥주	75.7	사과	64.6	사과	62.6
4	배추김치	64.7	소주	47.9	우유	47.1
5	커피	60.2	우유	47.1	소주	38.4

순위	55세 미만		55~59세		60~64세	
	식품명	섭취량	식품명	섭취량	식품명	섭취량
6	돼지고기	41.0	막걸리	42.1	커피	32.2
7	소주	40.8	커피	41.1	막걸리	31.0
8	사과	39.4	맥주	37.2	멸치육수	29.6
9	콜라	33.2	멸치육수	34.7	감	29.4
10	닭고기	31.8	무	29.5	귤	27.8
11	달걀	30.1	감	28.5	맥주	27.4
12	양파	27.7	양파	28.2	토마토	26.8
13	귤	26.0	귤	25.1	무	26.7
14	빵	22.0	돼지고기	24.9	양파	24.6
15	소고기	21.7	떡	24.6	고구마	22.6
16	두부	21.2	고구마	24.2	떡	22.0
17	멸치육수	19.2	토마토	23.8	두부	21.1
18	과일음료	19.0	두부	23.2	돼지고기	20.0
19	수박	18.7	포도	20.5	수박	19.3
20	감자	18.6	수박	19.8	참외	18.9

순위	65~69세		70~74세		75세 이상	
	식품명	섭취량	식품명	섭취량	식품명	섭취량
1	백미	198.8	백미	201.5	백미	194.6
2	배추김치	71.0	배추김치	63.6	배추김치	52.5
3	사과	57.8	사과	42.3	멸치육수	31.2
4	우유	41.8	멸치육수	30.3	우유	27.1
5	멸치육수	35.2	우유	27.9	사과	27.0
6	감	30.7	토마투	24.8	무	25.5
7	막걸리	29.2	무	24.3	감	18.6
8	무	28.4	소주	24.0	두유	17.3
9	소주	27.7	감	23.9	떡	16.3
10	토마토	22.3	양파	20.2	양파	15.8
11	양파	22.0	떡	19.7	사골국물	15.7

<table>
<tr><th rowspan="2">순위</th><th colspan="2">65~69세</th><th colspan="2">70~74세</th><th colspan="2">75세 이상</th></tr>
<tr><th>식품명</th><th>섭취량</th><th>식품명</th><th>섭취량</th><th>식품명</th><th>섭취량</th></tr>
<tr><td>12</td><td>두부</td><td>20.4</td><td>두부</td><td>18.2</td><td>귤</td><td>15.0</td></tr>
<tr><td>13</td><td>커피</td><td>20.2</td><td>귤</td><td>18.0</td><td>두부</td><td>14.4</td></tr>
<tr><td>14</td><td>귤</td><td>19.6</td><td>감자</td><td>18.0</td><td>다시마육수</td><td>13.8</td></tr>
<tr><td>15</td><td>고구마</td><td>19.4</td><td>막걸리</td><td>16.5</td><td>애호박</td><td>13.7</td></tr>
<tr><td>16</td><td>다시마육수</td><td>19.3</td><td>사골국물</td><td>15.6</td><td>토마토</td><td>13.7</td></tr>
<tr><td>17</td><td>감자</td><td>19.3</td><td>커피</td><td>14.8</td><td>고구마</td><td>13.1</td></tr>
<tr><td>18</td><td>배</td><td>18.7</td><td>고구마</td><td>13.9</td><td>소고기</td><td>11.9</td></tr>
<tr><td>19</td><td>떡</td><td>17.9</td><td>참외</td><td>13.7</td><td>소주</td><td>11.7</td></tr>
<tr><td>20</td><td>수박</td><td>16.9</td><td>다시마육수</td><td>13.6</td><td>감자</td><td>11.2</td></tr>
</table>

주: 24시간 회상법을 통한 1일 섭취량 기준.
출처: 질병관리본부(2015), 보건복지부(2017).

(4) 고령자의 인구통계 특성별 식품 섭취량

① 성별 식품 섭취량

연령 증가에 따라 우리나라 여성은 남성보다 식품군별 섭취량의 감소폭이 더 크게 나타났다.

남성의 1일 총식품 섭취량은 중고령층(55~59세)이 1,748g에서 고령층(75세 이상)이 1,181g으로 68% 수준까지 감소하였지만, 여성은 70세를 기점으로 섭취량이 크게 감소하여 중고령층 대비 63% 정도의 섭취량을 보였다〈표 2-4〉.

과실류는 주로 여성이 남성보다 섭취량이 높은 식품군이지만 70세를 기점으로 여성의 섭취량이 크게 감소하면서 남성의 섭취량과 역전되었다. 그대로 75세 이상에서는 성별에 따른 차이가 나타나지 않았다.

연령이 증가할수록 남성은 여성보다 섭취하는 식품의 종류가 매우 제한되는 경향이 뚜렷하며, 여성은 남성보다 식품의 섭취량 감소가 매우 뚜렷하였다.

〈표 3-4〉 한국인 고령자의 성별 식품 섭취량 비교

(단위: g/day, %)

구분	식품군	55~59세		60~64세		65~69세		70~74세		75세 이상	
		섭취량	비율	섭취량	비율	섭취량	비율	섭취량	비율	섭취량	비율
남성	곡류	339.8	100	335.3	98.7	337.8	99.4	330.7	97.3	907.6	90.5
	감자 및 전분류	44.0	100	39.6	90.0	35.0	79.5	34.8	79.1	24.6	55.9
	당류	11.6	100	9.8	84.5	10.7	92.2	9.2	79.3	8.8	75.9
	두류	47.9	100	43.4	90.6	49.9	104.2	45.8	95.6	49.3	102.9
	종실류	8.6	100	11.3	131.4	9.8	114.0	7.6	88.4	4.6	53.5
	채소류	415.9	100	413.7	99.5	396.9	95.4	354.5	85.2	318.7	76.6
	버섯류	5.9	100	3.9	66.1	4.3	72.9	6.2	105.1	3.0	50.8
	과실류	185.6	100	203.5	109.6	188.8	101.7	176.8	95.3	119.9	64.6
	육류	94.2	100	82.1	87.2	70.9	75.3	75.0	79.6	65.9	70.0
	난류	22.1	100	18.8	85.1	16.9	76.5	14.5	65.6	10.6	48.0
	어패류	113.6	100	99.1	87.2	96.8	85.2	76.2	67.1	68.2	60.0
	해조류	16.1	100	19.7	122.4	23.8	147.8	19.5	121.	20.2	125.5
	우유류	61.0	100	60.1	98.5	56.5	92.6	42.7	70.0	46.9	76.9
	유지류	8.9	100	7.0	78.7	6.6	74.2	5.6	62.9	4.0	44.9
	음료 및 주류	323.9	100	262.7	81.1	197.1	60.9	160.8	49.6	101.1	31.2
	조미료류	41.9	100	37.5	89.5	36.1	86.2	32.0	76.4	27.4	65.4
	기타	7.2	100	1.7	23.6	0.9	12.5	0.9	12.5	0.3	4.2
	식품 섭취량	1,748.2	100	1,649.2	94.3	1,539.0	88.0	1,392.8	79.7	1,181.1	67.6
여성	곡류	272.7	100	280	102.7	292.1	107.1	275.5	101.0	256.7	94.1
	감자 및 전분류	52.2	100	50.4	96.6	51.5	98.7	34.2	65.5	27.3	52.3
	당류	8.9	100	7.5	84.3	6.4	71.9	6.2	69.7	5.6	62.9
	두류	37.7	100	38.8	102.9	32.5	86.2	37.2	98.7	35.7	94.7
	종실류	13.8	100	10.7	77.5	6.8	49.3	6.3	45.7	3.4	24.6
	채소류	328.2	100	333.6	101.6	318.1	96.9	277.3	84.5	235.9	71.9

구분	식품군	55~59세		60~64세		65~69세		70~74세		75세 이상	
		섭취량	비율	섭취량	비율	섭취량	비율	섭취량	비율	섭취량	비율
여성	버섯류	5.7	100	6.1	107.0	4.1	71.9	2.7	47.4	1.9	33.3
	과실류	284	100	263.4	92.7	219.4	77.3	150.5	53.0	114.5	40.3
	육류	58.3	100	47.7	81.8	43.6	74.8	43.8	75.1	40.3	69.1
	난류	17.7	100	15.9	89.8	11.6	65.5	9.4	53.1	8.4	47.5
	어패류	75.0	100	69.5	92.7	69.4	92.5	60.4	80.5	50.4	67.2
	해조류	24.0	100	21.3	88.8	23.4	97.5	16.6	69.2	15.4	64.2
	우유류	82.4	100	77.4	93.9	66.3	80.5	46.0	55.8	42.0	51.0
	유지류	6.1	100	5.0	82.0	4.5	73.8	3.8	62.3	2.7	44.3
	음료 및 주류	124.9	100	87.0	69.7	64.7	51.8	49.3	39.5	33.5	26.8
	조미료류	29.3	100	27.9	95.2	24.1	82.3	22.0	75.1	19.2	65.5
	기타	0.2	100	0.8	400.0	0.5	250.0	0.2	100.0	0.1	50.0
	식품 섭취량	1,421.3	100	1,342.9	94.5	1,239.0	87.2	1,041.5	73.3	893.0	62.8

주: 24시간 회상법을 통한 1일 섭취량 기준.
출처: 질병관리본부(2015), 보건복지부(2017).

② 소득수준별 식품 섭취량

소득수준에 따라 소비격차가 큰 식품군은 과일류, 채소류와 우유류로 나타났다〈표 3-5〉. 그러나 연령이 증가함에 따라 소득 수준에 따른 식품 섭취량의 차이는 많이 상쇄되었다. 즉, 소득하위 25%군에서 중고령층(55~59세) 대비 고령층(75세 이상)의 식품 섭취량이 62.8%이지만, 소득상위 25%군에서는 59.3%로 더 낮아졌다. 단, 곡류의 경우 소득 하위군의 섭취비율이 소득 상위군보다 높았다. 고령층에서 소득 하위군은 전체 식품 섭취량에서 곡류 섭취량이 차지하는 비중이 30.8%로 소득 상위군의 25.3%보다 높게 나타났다〈표 3-5〉.

〈표 3-5〉 한국인 고령자의 소득 수준별 식품 섭취량 비교

(단위: g/day, %)

구분	식품군	55~59세		60~64세		65~69세		70~74세		75세 이상	
		섭취량	비율	섭취량	비율	섭취량	비율	섭취량	비율	섭취량	비율
소득 하위 25%	곡류	297.9	100	292.9	98.3	309.2	103.8	310.9	101.3	267.6	89.8
	감자 및 전분류	42.9	100	38.1	88.8	40.2	93.7	34.8	81.1	22.3	52.0
	당류	8.1	100	7.5	92.6	6.6	81.5	5.5	67.9	5.3	65.4
	두류	46.3	100	37.8	81.6	36.0	77.8	37.5	81.0	38.8	83.8
	종실류	6.4	100	10.2	159.4	8.7	135.9	6.9	107.8	2.6	40.6
	채소류	344.3	100	346.7	100.7	316.6	92.0	276.4	80.3	242.2	70.3
	버섯류	5.1	100	3.8	74.5	2.4	47.1	2.6	51.0	1.3	25.5
	과실류	166.2	100	180.5	108.6	148.9	89.6	110.0	66.2	91.2	54.9
	육류	62.3	100	61.3	98.4	54.5	87.5	44.2	70.9	34.3	55.1
	난류	17.4	100	14.7	84.5	9.9	56.9	8.9	51.1	6.1	35.1
	어패류	64.8	100	71.8	110.8	69.4	107.1	63.3	97.7	38.4	59.3
	해조류	16.0	100	17.7	110.6	18.2	113.8	14.3	89.4	8.9	55.6
	우유류	60.0	100	50.0	83.3	44.3	73.8	29.4	49.0	30.7	51.2
	유지류	6.2	100	4.9	79.0	4.1	66.1	3.7	59.7	2.7	43.5
	음료 및 주류	204.2	100	154.4	75.6	109.9	53.8	88.4	43.3	54.7	26.8
	조미료류	31.7	100	29.3	92.4	26.2	82.6	24.7	77.9	20.4	64.4
	식품 섭취량	1,380.8	100	1,322.8	95.8	1,205.5	87.3	1,052.7	76.2	867.9	62.8
소득 상위 25%	곡류	310.9	100	306.5	98.6	318.4	102.4	297.2	95.6	274.9	88.4
	감자 및 전분류	57.6	100	60.0	104.2	45.7	79.3	38.8	67.4	31.7	55.0
	당류	11.1	100	9.8	88.3	10.1	91.0	9.0	81.1	7.6	68.5
	두류	42.0	100	42.3	100.7	47.8	1113.8	45.9	109.3	45.7	108.8
	종실류	15.5	100	14.9	96.1	9.0	58.1	7.0	45.2	4.5	29.0
	채소류	406.5	100	416.8	102.5	385.6	94.9	354.6	87.2	276.8	68.1
	버섯류	6.7	100	5.9	88.1	5.5	82.1	7.0	104.5	3.0	44.8
	과실류	321.2	100	307.1	95.6	276.4	86.1	216.6	67.4	147.9	46.0
	육류	84.2	100	68.6	81.5	61.7	73.3	67.7	80.4	55.7	66.2

구분	식품군	55~59세		60~64세		65~69세		70~74세		75세 이상	
		섭취량	비율	섭취량	비율	섭취량	비율	섭취량	비율	섭취량	비율
소득 상위 25%	난류	22.3	100	19.3	86.5	19.8	88.8	14.2	63.7	12.0	53.8
	어패류	118.8	100	104.7	88.1	111.4	93.8	82.8	69.7	63.4	53.4
	해조류	24.1	100	23.6	97.9	41.5	172.2	30.3	125.7	19.5	80.9
	우유류	90.3	100	95.0	105.2	88.5	98.0	52.7	58.4	57.0	63.1
	유지류	8.4	100	6.7	79.8	6.3	75.0	5.2	61.9	4.3	51.2
	음료 및 주류	275	100	178.3	64.8	137.4	50.0	128.2	46.6	62.3	22.7
	조미료류	38.8	100	40.2	103.6	33.2	85.6	29.0	74.7	22.2	57.2
	식품 섭취량	1,834.5	100	1,700.8	92.7	1,598.9	87.2	1,386.6	75.6	1,088.8	59.3

주: 24시간 회상법을 통한 1일 섭취량 기준.

③ 저작수준별 식품 섭취량

모든 연령대에서 저작 기능에 따라 식품 섭취량은 뚜렷하게 다르게 나타났다. 60세를 기점으로 저작 불편을 호소하는 경우가 많아지므로 식품 섭취량의 차이도 심화되었고 저작불편이 없는 경우와의 격차도 크게 나타났다.

저작 불편이 없는 경우, 고령층(75세 이상)의 식품 섭취량은 중고령층(55~59세) 대비 67.1% 수준이지만, 저작 불편이 있는 경우에는 61.6%에 그쳐 식품 섭취량의 감소가 뚜렷하였다〈표 3-6〉.

〈표 3-6〉 한국인 고령자의 저작 기능별 식품 섭취량 비교

(단위: g/day, %)

구분	식품군	55~59세		60~64세		65~69세		70~74세		75세 이상	
		섭취량	비율	섭취량	비율	섭취량	비율	섭취량	비율	섭취량	비율
저작 양호	곡류	302.7	100	309.0	102.1	315.4	104.2	294.4	97.3	285.0	94.2
	감자 및 전분류	49.8	100	46.8	94.0	45.0	90.4	34.8	69.9	27.5	55.2
	당류	10.0	100	8.8	88.0	8.8	88.0	7.6	76.0	7.4	74.0
	두류	42.9	100	40.7	94.9	41.3	96.3	41.0	95.6	35.2	82.1
	종실류	13.1	100	11.0	84.0	8.4	64.1	7.1	54.2	4.8	36.6

구분	식품군	55~59세		60~64세		65~69세		70~74세		75세 이상	
		섭취량	비율	섭취량	비율	섭취량	비율	섭취량	비율	섭취량	비율
저작 양호	채소류	377.5	100	391.0	103.6	368.6	97.6	332.8	88.2	299.5	79.3
	버섯류	5.9	100	5.8	98.3	4.2	71.2	5.1	86.4	2.6	44.1
	과실류	256.9	100	266.5	103.7	225.1	87.6	183.4	71.4	141.2	55.0
	육류	76.5	100	69.5	90.8	58.8	76.9	60.2	78.7	49.8	65.1
	난류	21.2	100	17.3	81.6	15.9	75.0	13.4	63.2	10.9	51.4
	어패류	97.0	100	91.6	94.4	84.0	86.6	72.1	74.3	62.7	64.6
	해조류	21.6	100	22.8	105.6	22.7	105.1	17.7	81.9	18.7	86.6
	우유류	73.3	100	77.2	105.3	64.0	87.3	44.8	61.1	49.0	66.8
	유지류	7.3	100	6.1	83.6	5.8	79.5	4.9	67.1	3.7	50.7
	음료 및 주류	221.4	100	180.3	81.4	128.5	58.0	112.5	50.8	60.5	27.3
	조미료류	35.1	100	34.9	99.4	31.0	88.3	28.3	80.6	23.5	67.0
	식품 섭취량	1,612.6	100	1,580.2	98.0	1,428.2	88.6	1,260.7	78.2	1,082.1	67.1
저작 불편	곡류	310.7	100	307.3	98.9	312.6	100.6	307.4	98.9	269.3	86.7
	감자 및 전분류	46.7	100	44.5	95.3	40.7	87.2	33.3	71.3	27.5	54.0
	당류	10.7	100	7.9	73.8	8.4	78.5	7.6	71.0	7.4	61.7
	두류	43.2	100	39.6	91.7	40.7	94.2	40.8	94.4	35.2	91.0
	종실류	9.1	100	10.9	119.8	8.0	87.9	6.5	714	4.8	35.2
	채소류	361.9	100	343.0	94.8	344.7	95.2	298.3	82.4	299.5	68.9
	버섯류	5.9	100	4.2	71.2	3.8	64.4	3.8	64.4	2.6	35.6
	과실류	212.5	100	195.7	92.1	189.9	89.4	148.7	70.0	141.2	47.8
	육류	70.1	100	55.9	79.7	52.2	74.5	54.3	77.5	49.8	72.2
	난류	16.5	100	16.8	101.8	12.3	74.5	9.9	60.0	10.9	45.5
	어패류	82.5	100	70.5	85.5	82.0	99.4	61.3	74.3	62.7	64.1
	해조류	17.4	100	15.9	91.4	24.9	143.1	16.4	94.3	18.7	105.7
	우유류	71.8	100	56.8	79.1	62.7	87.3	46.5	64.8	49.0	51.5
	유지류	7.2	100	5.8	80.6	5.3	73.6	4.3	59.7	3.7	41.7
	음료 및 주류	232.4	100	162.2	69.8	126.9	54.6	86.8	37.3	6035	25.0
	조미료류	35.7	100	28.6	80.1	28.0	78.4	25.0	70.0	23.5	62.2
	식품 섭취량	1,535.8	100	1,367.6	89.0	1,344.3	87.5	1,151.7	75.0	1,082.1	61.6

주: 24시간 회상법을 통한 1일 섭취량 기준. 출처: 질병관리본부(2015), 보건복지부(2017).

④ 가구유형별 식품 섭취량

일반적으로 고령층은 1인 가구이거나 부부가구이다. 가구 유형에 따라 식품 섭취량은 연령대별로 55~59세, 70~74세, 75세 이상 군에서 200g 이상으로 상당히 큰 차이가 있었다. 즉, 1인 가구의 경우 식품 섭취량이 부부가구보다 더 취약한 것으로 나타났다. 특히, 1인 가구에서 상대적으로 섭취량이 낮은 식품군은 과일류와 육류였다.

70~74세 1인 가구의 식품섭취량은 부부가구보다 과일류는 60%, 육류는 40% 정도에 그치는 것으로 나타났고, 조미료류의 섭취량도 가구 유형별로 큰 차이가 있었는데 이는 부부가구의 경우 가정식을 중시하는 특징과 관련이 있는 것으로 추정된다〈표 3-7〉.

〈표 3-7〉 한국인 고령자의 가구 형태별 식품 섭취량 비교

(단위: g/day, %)

구분	식품군	55~59세		60~64세		65~69세		70~74세		75세 이상	
		섭취량	비율	섭취량	비율	섭취량	비율	섭취량	비율	섭취량	비율
1인 가구	곡류	254.2	100	301.0	118.6	308.5	121.4	278.1	109.4	269.0	105.8
	감자 및 전분류	32.3	100	33.1	102.5	41.6	128.8	31.1	96.3	22.9	70.9
	당류	9.5	100	9.2	96.8	5.8	61.1	6.4	67.4	4.7	49.5
	두류	34.9	100	49.8	142.7	36.6	104.9	38.2	109.5	33.0	94.6
	종실류	3.6	100	4.0	111.1	3.8	105.6	2.9	80.6	2.1	58.3
	채소류	298.3	100	349.4	117.1	317.0	106.3	258.1	86.5	205.4	68.9
	버섯류	2.8	100	5.2	185.7	2.9	103.6	1.7	60.7	1.6	57.1
	과실류	132.2	100	202.4	153.1	165.5	125.2	98.4	74.4	93.1	70.4
	육류	53.5	100	53.1	99.3	51.0	95.3	27.9	52.1	35.8	66.9
	난류	17.0	100	11.7	68.8	13.2	77.6	6.0	35.3	6.7	39.4
	어패류	57.3	100	69.7	121.6	41.4	72.3	34.7	60.6	27.4	47.8
	해조류	4.5	100	7.2	160.0	3.0	66.7	4.2	93.3	2.0	44.4
	우유류	96.0	100	95.7	99.7	71.3	74.3	48.0	50.0	34.4	35.8
	유지류	7.7	100	7.2	93.5	4.5	58.4	4.6	59.7	2.7	35.1

구분	식품군	55~59세		60~64세		65~69세		70~74세		75세 이상	
		섭취량	비율	섭취량	비율	섭취량	비율	섭취량	비율	섭취량	비율
1인 가구	음료 및 주류	263.3	100	92.5	35.1	81.8	31.1	88.0	33.4	45.0	17.1
	조미료류	28.8	100	32.0	111.1	26.1	90.6	19.5	67.7	18.7	64.9
	식품 섭취량	1,296.0	100	1,323.8	102.2	1,175.8	90.7	947.5	73.1	804.5	62.1
부부 2인 가구	곡류	314.2	100	328.7	104.6	326.5	103.9	327.4	104.2	297.3	94.6
	감자 및 전분류	38.1	100	40.5	106.3	47.5	124.7	32.6	85.6	24.5	64.3
	당류	8.3	100	7.6	91.6	6.3	75.9	6.6	79.5	6.1	73.5
	두류	42.6	100	44.9	105.4	39.4	92.5	41.8	98.1	37.9	89.0
	종실류	7.3	100	7.7	105.5	7.3	100.0	5.6	76.7	3.0	41.1
	채소류	408.2	100	371.0	90.9	331.5	81.2	324.2	79.4	273.0	66.9
	버섯류	5.3	100	3.4	64.2	2.8	52.8	4.6	86.8	2.1	39.6
	과실류	242.4	100	228.1	94.1	199.0	82.1	163.2	67.3	111.4	46.0
	육류	77.7	100	67.9	87.4	57.6	74.1	70.6	90.9	61.9	79.7
	난류	14.4	100	13.3	92.4	9.2	63.9	11.8	81.9	8.2	56.9
	어패류	58.2	100	55.5	95.4	41.1	70.6	45.2	77.7	26.3	45.2
	해조류	5.0	100	4.8	96.0	5.1	102.0	5.3	106.0	3.7	74.0
	우유류	77.2	100	60.8	78.8	52.5	68.0	39.6	51.3	46.2	59.8
	유지류	6.9	100	5.5	79.7	4.7	68.1	4.5	65.2	3.2	46.4
	음료 및 주류	233.9	100	163.3	69.8	132.0	56.4	119.4	51.0	78.6	33.6
	조미료류	43.0	100	33.4	77.7	29.9	69.5	30.1	70.0	26.5	61.6
	식품 섭취량	1,583.1	100	1,436.4	90.7	1,292.6	81.6	1,232.8	77.9	1,009.9	63.8

주: 24시간 회상법을 통한 1일 섭취량 기준.

출처: 질병관리본부(2015), 보건복지부(2017).

2. 고령자 영양불량

1) 고령자에게 섭취량이 부족한 대표적인 영양소

(1) 에너지

일반적으로 인체의 총에너지 요구량은 나이가 들면서 점진적으로 감소한다. 고령자의 에너지 요구량이 감소하는 주된 이유는 신체활동량이 감소하기 때문이다. 더욱이 활동량이 많지 않은 경우 에너지 소비량은 근육량에 비례하므로, 근육량이 감소한 고령자는 에너지 요구량도 감소하게 된다. 우리나라 고령자 가운데 남성의 27.8%, 여성의 37.2%는 에너지 섭취량이 한국인 영양소섭취기준(KDRI)의 필요추정량 미만으로 나타났다. 특히, 여성 고령자의 에너지 섭취 수준은 남성보다 더 낮았다(보건복지부, 2016). 이와 같은 고령자의 에너지 섭취량 부족은 영양불균형을 초래할 수 있으며 나아가 고령자의 건강과 삶의 질에 부정적인 영향을 미칠 수 있다.

〈표 3-8〉 한국인 고령자의 연령별 에너지 섭취량 비교

(단위: kcal/day)

구분		55~59세		60~64세		65~69세		70~74세		75세 이상	
		섭취량	비율	섭취량	비율	섭취량	비율	섭취량	비율	섭취량	비율
전체		2,031.2	100	1,947.0	95.9	1,853.9	91.3	1,692.8	83.3	1,460.1	71.9
성	남성	2,334.3	100	2,218.5	95.0	2,115.6	90.6	1,992.5	85.4	1,711.4	73.3
	여성	1,730.3	100	1,691.2	97.7	1,622.1	93.8	1,459.4	84.3	1,323.2	76.5
소득	하위 25%	1,867.3	100	1,826.7	97.8	1,732.2	92.8	1,609.7	86.2	1,366.4	73.2
	상위 25%	2,199.0	100	2,067.8	94.0	1,986.8	90.4	1,781.4	81.0	1,532.1	69.7
거주	동	2,019.1	100	1,930.0	95.6	1,836.2	90.9	1,671.0	82.8	1,472.4	72.9
	읍 · 면	2,071.3	100	2,006.0	96.8	1,907.9	92.1	1,746.5	84.3	1,437.9	69.4
가구	1인	1,785.0	100	1,830.3	102.5	1,738.3	97.4	1,482.4	83.0	1,349.2	75.6
	부부 2인	2,054.1	100	1,987.1	96.7	1,868.7	91.0	1,828.8	89.0	1,587.1	77.3
저작 기능	불편	2,020.4	100	1,885.0	93.3	1,809.4	89.6	1,689.4	83.6	1,422.0	70.4
	양호	2,032.0	100	1,995.1	98.2	1,896.9	93.4	1,718.3	84.6	1,544.3	76.0

주: 24시간 회상법을 통한 1일 섭취량 기준.
출처: 질병관리본부(2015), 보건복지부(2017).

(2) 다량영양소

탄수화물 섭취량은 연령 증가에 따라 감소폭이 크지 않은 편이다. 이는 고령자의 식품 섭취가 곡류에 의존하는 비율이 큰 것과 관련이 있다. 인구특성별 분석 결과, 탄수화물 섭취량은 읍·면 지역과 소득상위 25%, 부부가구가 상대적으로 감소폭이 더 큰 것으로 나타났다〈표 3-9〉.

〈표 3-9〉 한국인 고령자의 연령별 탄수화물 섭취량 비교

(단위: g/day)

구분		55~59세		60~64세		65~69세		70~74세		75세 이상	
		섭취량	비율	섭취량	비율	섭취량	비율	섭취량	비율	섭취량	비율
전체		329.4	100	327.7	99.5	324.7	98.6	303.2	92.1	269.4	81.8
성	남성	358.1	100	354.9	99.1	352.6	98.5	340.6	95.1	303.9	84.8
	여성	300.8	100	302.1	100.4	299.9	99.7	274.1	91.1	250.6	83.3
소득	하위 25%	309.0	100	310.8	100.6	308.3	99.8	294.3	95.2	258.4	83.6
	상위 25%	348.7	100	341.9	98.1	340.0	97.5	312.9	89.7	276.0	79.1
거주	동	324.6	100	324.2	99.9	319.2	98.3	298.4	91.9	269.5	83.0
	읍·면	345.4	100	340.0	98.4	341.3	98.8	315.2	91.3	269.2	77.9
가구	1인	274.3	100	323.7	118.0	312.3	113.9	315.2	100.9	257.1	93.7
	부부 2인	340.3	100	343.6	101.0	335.7	98.6	328.1	96.4	293.9	86.4
저작기능	불편	328.6	100	322.0	98.0	318.3	96.9	305.6	93.0	263.7	80.2
	양호	330.1	100	334.1	101.2	331.0	100.3	304.3	92.2	283.9	86.0

주: 24시간 회상법을 통한 1일 섭취량 기준.
출처: 질병관리본부(2015), 보건복지부(2017).

단백질은 탄수화물보다 섭취량의 감소폭이 더 큰 편이다. 고령층(75세 이상)의 경우 중고령층(55~59세)에 비해 64.9% 수준으로 섭취하고 있으며, 읍·면지역과 저작불편감이 있는 경우 감소폭이 상대적으로 더 크게 나타났다〈표 3-10〉.

〈표 3-10〉 한국인 고령자의 연령별 단백질 섭취량 비교

(단위: g/day)

구분		55~59세		60~64세		65~69세		70~74세		75세 이상	
		섭취량	비율	섭취량	비율	섭취량	비율	섭취량	비율	섭취량	비율
전체		69.6	100	65.8	94.6	61.0	87.6	54.1	77.8	45.2	64.9
성	남성	80.7	100	75.3	93.2	71.0	87.9	65.7	81.4	54.3	67.3
	여성	58.5	100	56.9	97.2	52.1	89.0	45.1	77.1	40.2	68.7
소득	하위 25%	61.9	100	60.2	97.3	53.8	87.0	48.7	78.7	39.3	63.5
	상위 25%	78.0	100	72.6	93.1	68.3	87.6	60.5	77.6	50.1	64.3
거주	동	70.1	100	65.7	93.7	61.0	87.0	54.1	77.2	46.0	65.7
	읍 · 면	67.9	100	66.2	97.5	60.8	89.5	54.3	80.0	43.7	64.4
가구	1인	60.6	100	66.2	107.4	58.2	96.0	46.0	75.9	40.8	67.3
	부부 2인	72.4	100	68.9	95.2	60.9	84.1	60.5	83.6	49.9	68.9
저작 기능	불편	67.5	100	61.5	91.2	58.7	87.0	52.6	77.9	43.3	64.2
	양호	70.4	100	68.8	97.7	63.4	90.1	56.1	79.7	48.4	68.8

주: 24시간 회상법을 통한 1일 섭취량 기준.
출처: 질병관리본부(2015), 보건복지부(2017).

지방은 3대 영양소 가운데 감소폭이 가장 큰 영양소이다. 고령층(75세 이상)의 경우 55~59세에 비해 50% 내외로 섭취하고 있으며, 소득하위 25%, 읍·면 지역과 저작불편감이 있는 경우 50%에도 미치지 못하는 것으로 나타났다〈표 3-11〉.

〈표 3-11〉 한국인 고령자의 연령별 지방 섭취량 비교

(단위: g/day)

구분		55~59세		60~64세		65~69세		70~74세		75세 이상	
		섭취량	비율	섭취량	비율	섭취량	비율	섭취량	비율	섭취량	비율
전체		38.1	100	33.6	88.3	28.7	75.3	24.1	63.3	18.9	49.6
성	남성	44.5	100	39.0	87.6	34.6	77.8	30.2	68.0	23.8	53.4
	여성	31.6	100	28.5	90.1	23.4	73.9	19.3	60.9	16.2	51.1
소득	하위 25%	32.1	100	29.3	91.3	23.6	73.6	19.9	62.1	15.1	47.1
	상위 25%	44.8	100	39.7	88.7	34.5	77.1	28.4	63.4	22.9	51.1
거주	동	38.9	100	33.9	87.3	29.7	76.3	24.6	63.2	19.9	51.2
	읍 · 면	35.3	100	32.5	92.1	25.7	72.8	22.9	64.9	17.0	48.2
가구	1인	31.9	100	29.3	91.8	25.7	82.8	20.1	63.0	16.3	51.1
	부부 2인	37.1	100	33.2	89.5	27.2	73.3	25.9	69.8	20.2	54.4
저작기능	불편	36.4	100	30.6	84.0	27.2	74.2	22.99	62.9	17.6	48.2
	양호	38.5	100	35.2	91.4	27.1	78.2	25.7	66.9	20.7	53.8

주: 24시간 회상법을 통한 1일 섭취량의 조사기준.
출처: 질병관리본부(2015), 보건복지부(2017).

(3) 미량영양소

① 칼슘

우리 국민 전체의 칼슘(Ca) 섭취량은 불량한 편이다. 특히, 고령자의 칼슘 섭취량은 남성의 74.3%, 여성의 86.3%가 한국인 영양섭취기준 미만으로 섭취하여 매우 부족한 것으로 나타났다. 남성보다 여성의 섭취 부족자 비율이 높으며, 소득이 낮을수록, 읍면지역거주 및 저작기능이 불량할수록 칼슘 섭취가 부족하였다.

② 비타민류

고령자의 약 60% 이상은 비타민 A와 비타민 B_2(리보플라빈) 그리고 비타민 C의 섭취량이 부족한 것으로 나타났다. 고령자의 소득수준과 교육수준이 낮을수록 비타민 영양상태는 열악하였다.

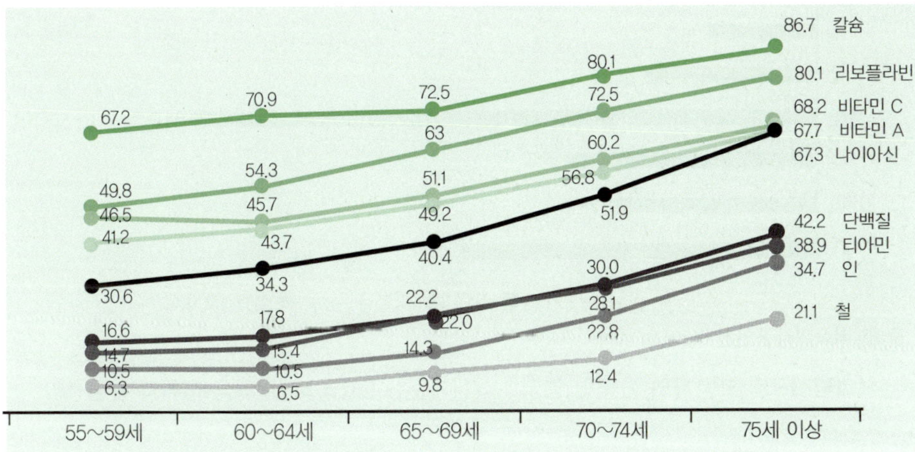

[그림 3-4] 연령증가에 따라 영양소별 평균 필요량 미만 섭취자 비율(%)

2) 고령자에게 섭취량이 과잉된 대표적인 영양소

(1) 나트륨

우리나라 국민의 나트륨 평균 섭취량(4,645mg)은 국제적(WHO/FAO) 목표 수준(2,000mg, 소금 약 5g)보다 약 2배 이상 높다. 특히, 여성보다는 남성이, 그리고 연령이 증가할수록 나트륨 섭취량은 더 높고, 주요 급원식품은 배추김치, 소금, 간장, 된장이다.

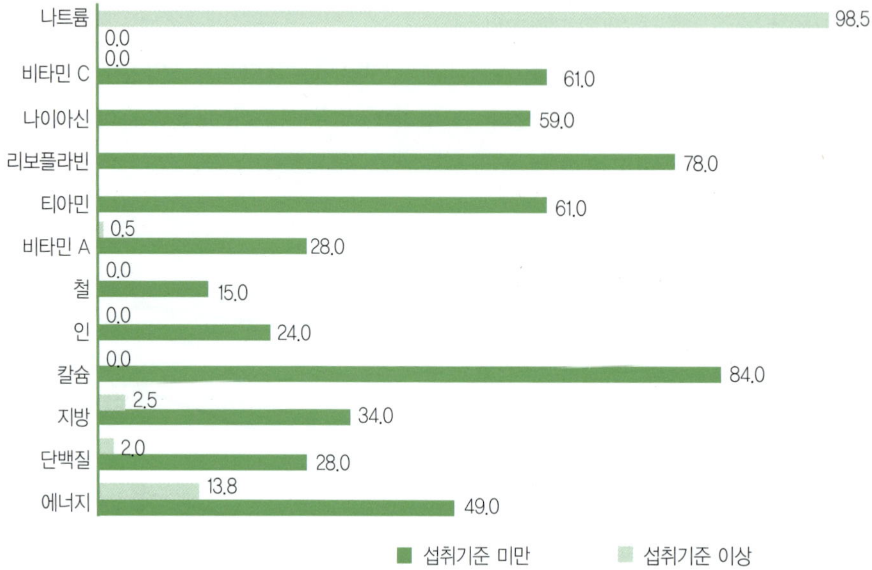

출처: 식품의약품안전처(2014).

[그림 3-5] 고령자의 한국인 영양소섭취기준(KDRI) 미만/이상 섭취자 분율(%)

3. 고령자 영양불량의 주요 원인

1) 식욕부진과 식사량의 부족

고령자는 노화에 따른 감각기능(미각, 후각, 시각 등)의 퇴화로 음식의 맛과 향을 잘 느끼지 못하게 되고 이는 식욕을 감소시키는 원인이 된다. 고령자의 신체 활동량 저하도 식욕부진을 초래하고, 일상생활을 할 수 있는 능력이 감소하면 더욱더 신체활동이 제한되어 입으로 섭취하는 식사량이 감소하게 된다.

국민건강영양조사 제 7기 3차년도(2018년) 자료에 기반하여 한국인 고령자(65세 이상) 1,268명을 대상으로 노쇠도에 따른 영양상태를 분석한 결과, 남성은 노쇠할수록 모든 영양소의 섭취가 유의적으로 낮아지는 경향이었고, 여성은 노쇠할수록 나트륨을 제외한 모든 영양소 섭취가 유의하게 낮았다〈표 3-12〉. 특히,

남녀 모두 노쇠할수록 적게 섭취하는 영양소는 식이섬유와 철이었다. 그 밖에 노쇠할수록 적게 섭취하는 영양소로서 남성은 비타민 B_2, 나이아신, 비타민C로 나타났고, 여성은 에너지, 탄수화물, 단백질, 비타민B_1, 나이아신, 인, 칼륨으로 나타났다. 일일 에너지 섭취량 중 탄수화물, 단백질, 지방의 에너지 구성비는 남성 노쇠군은 70:13:14, 여성 노쇠군은 73:13:13으로서 탄수화물에 편중(적정섭취비율 55 – 65%)되며, 지방섭취비율(적정섭취비율15 – 30%)도 부족한 것을 알 수 있었다.

〈표 3-12〉 한국인 고령자 노쇠도에 따른 영양소 섭취 실태

Variables	Men					Women				
	Robust (n = 135)	Pre-frail (n = 342)	Frail (n = 58)	p-trend[a]		Robust (n = 111)	Pre-frail (n = 457)	Frail (n = 165)	p-trend	
				Crude	Adjusted[b]				Crude	Adjusted
Energy (kcal)	2,122.6 ± 64.1	1,841.8 ± 38.2	1,598.6 ± 63.0	<0.001	0.087	1,790.0 ± 82.3	1,482.3 ± 28.2	1,390.8 ± 53.0	<0.001	0.018
Carbohydrate (g)	332.5 ± 9.7	305.9 ± 6.9	275.7 ± 10.1	<0.001	0.101	318.7 ± 15.0	262.4 ± 5.7	251.3 ± 9.6	<0.001	0.010
Protein (g)	76.8 ± 3.2	63.5 ± 1.5	50.1 ± 2.1	<0.001	0.063	58.6 ± 3.0	49.5 ± 1.1	45.3 ± 2.1	<0.001	0.034
Fat (g)	36.1 ± 2.4	31.7 ± 1.2	25.7 ± 2.8	0.003	0.621	29.6 ± 2.1	25.0 ± 0.9	20.6 ± 1.7	<0.001	0.055
Fiber (g)	32.1 ± 1.6	28.1 ± 1.1	20.5 ± 1.4	<0.001	0.013	28.1 ± 1.6	23.9 ± 0.9	19.7 ± 1.1	<0.001	0.004
Vitamin A (μg RAE)	378.4 ± 25.4	323.1 ± 16.7	278.0 ± 35.4	0.004	0.637	353.8 ± 37.8	286.0 ± 13.0	226.6 ± 19.4	<0.001	0.226
Thiamin (mg)	1.5 ± 0.1	1.3 ± 0.0	1.1 ± 0.1	<0.001	0.114	1.2 ± 0.1	1.0 ± 0.0	1.0 ± 0.0	<0.001	0.033
Riboflavin (mg)	1.7 ± 0.1	1.3 ± 0.0	0.9 ± 0.1	<0.001	0.023	1.3 ± 0.1	1.1 ± 0.0	0.9 ± 0.1	<0.001	0.076
Niacin (mg)	14.2 ± 0.7	11.9 ± 0.3	9.4 ± 0.5	<0.001	0.021	10.8 ± 0.6	9.1 ± 0.2	7.8 ± 0.4	<0.001	0.004
Vitamin C (mg)	74.8 ± 11.4	54.3 ± 3.7	35.5 ± 3.3	<0.001	0.012	62.2 ± 8.3	49.4 ± 2.5	42.6 ± 4.5	0.001	0.068
Calcium (mg)	601.0 ± 38.0	525.3 ± 25.4	405.1 ± 31.6	<0.001	0.171	475.7 ± 34.9	420.3 ± 15.9	347.1 ± 20.5	<0.001	0.056
Phosphorus (mg)	1,227.3 ± 52.1	1,036.0 ± 27.0	801.2 ± 32.8	<0.001	0.051	961.6 ± 47.6	820.4 ± 20.3	712.9 ± 28.1	<0.001	0.018
Potassium (mg)	3,312.8 ± 158.9	2,747.9 ± 74.1	2,318.6 ± 132.1	<0.001	0.357	2,941.1 ± 167.2	2,360.5 ± 68.3	2,002.7 ± 97.8	<0.001	0.005
Fe (mg)	13.9 ± 0.6	13.3 ± 0.6	9.4 ± 0.5	<0.001	0.019	11.3 ± 0.5	10.2 ± 0.3	8.6 ± 0.4	<0.001	0.004
Sodium (mg)	3,776.6 ± 163.3	3,217.4 ± 105.3	2,937.1 ± 257.5	0.010	0.493	2,903.7 ± 228.3	2,395.6 ± 72.2	2,476.3 ± 171.5	0.062	0.198
Carbohydrate (%)[1]	64.4 ± 1.4	67.2 ± 0.7	70.4 ± 1.6	0.005	0.598	71.1 ± 0.9	71.1 ± 0.5	73.1 ± 0.8	0.070	0.999
Protein (%)[1]	14.4 ± 0.4	13.7 ± 0.2	12.7 ± 0.5	0.002	0.420	13.2 ± 0.3	13.4 ± 0.2	13.0 ± 0.3	0.365	0.997
Fat (%)[1]	14.8 ± 0.7	15.1 ± 0.4	13.9 ± 1.3	0.585	0.491	14.8 ± 0.8	14.8 ± 0.5	12.6 ± 0.7	0.009	0.501

– 노쇠도는 건강군: robust (score = 0 of 5), 노쇠전단계군: pre–frail (score = 1–2 of 5), 노쇠군: frail (score = 3 or greater of 5)으로 분류함.

– 평균±표준오차

출처: 양수현 등(2021).

2) 입으로 섭취하는 식사량의 감소

치아소실이나 충치, 잇몸병 등의 구강건강 상태 불량은 고령자의 식사 섭취를 어렵게 하는 첫 번째 요인이다[그림 3–6]. 치아 상태 점검은 고령자에서 가장

중요하게 평가하여야 할 부분으로 치료가 가능한 부분은 반드시 해결해야 한다.

고령자의 저작 기능 변화는 식사 형태를 조정하게 되는데 고령자는 노화로 인하여 감각기능(미각, 후각, 시각 등)이 저하되고, 신체활동량이 감소하여 식욕 저하를 유발하고, 일상생활을 할 수 있는 능력이 감소하면 더욱 더 신체활동이 제한되어 입으로 섭취하는 식사량이 감소하게 된다 [그림 3-6].

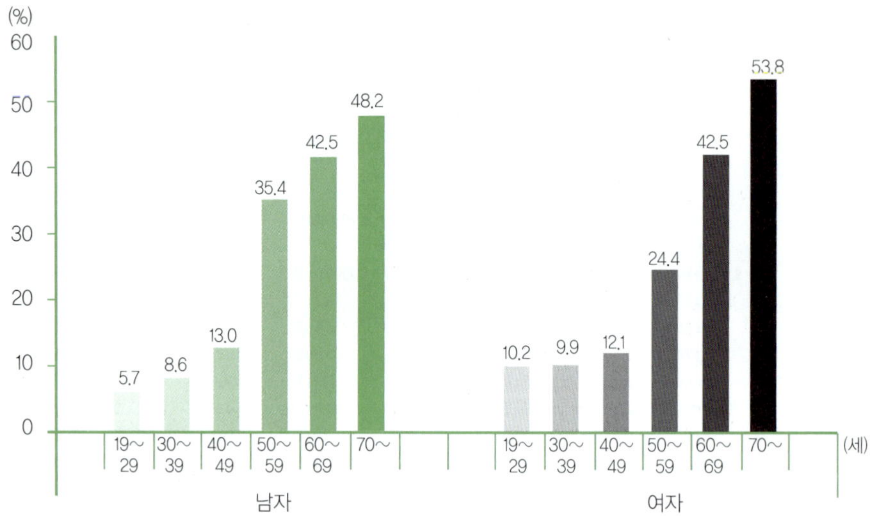

[그림 3-6] 한국인 연령별 구강기능 제한율*(만 19세 이상)

*현재 치아나 틀니, 잇몸 등 입안 문제로 인해 씹거나 발음이 불편함을 느끼는 분율
출처: 통계청(2018).

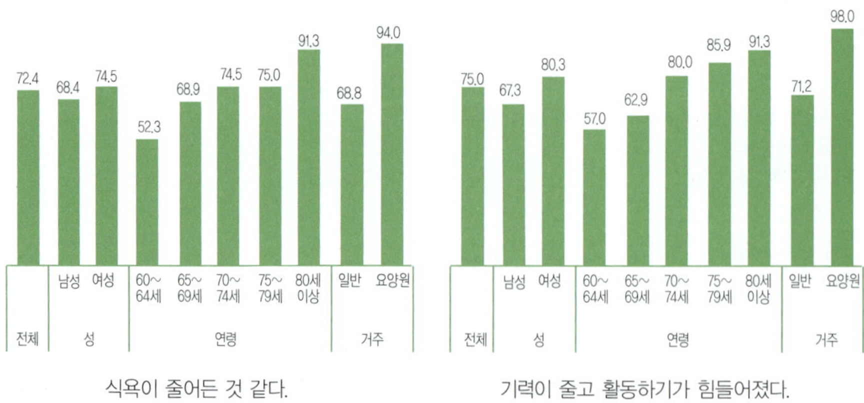

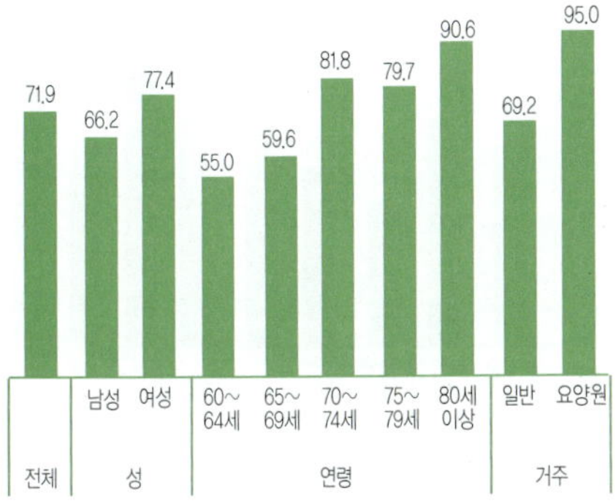

음식을 조리하게 준비하는 것이 힘들다.

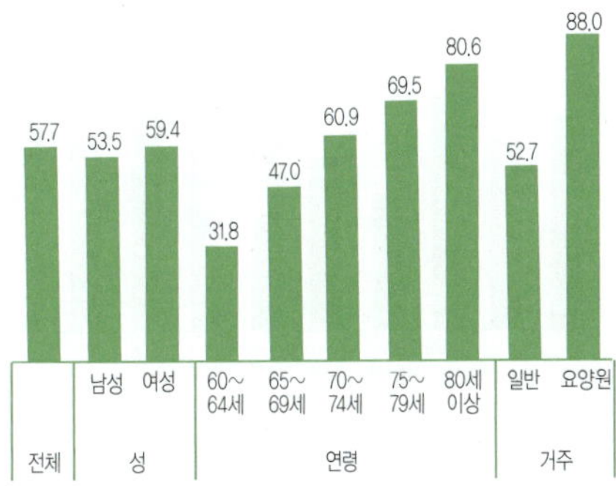

먹고 싶은 것을 살 돈이 부족하다.

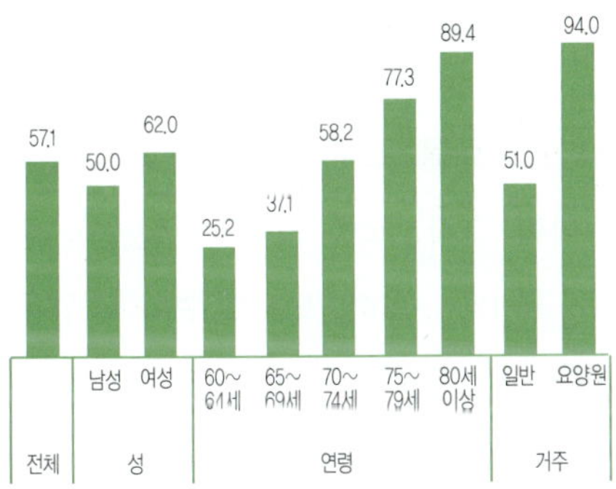

음식을 씹고, 삼키기가 어려워졌다.

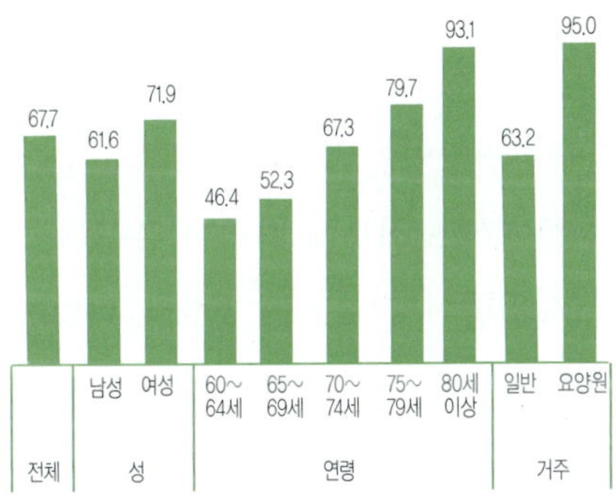

음식물의 소화(위장장애)가 어려워졌다.

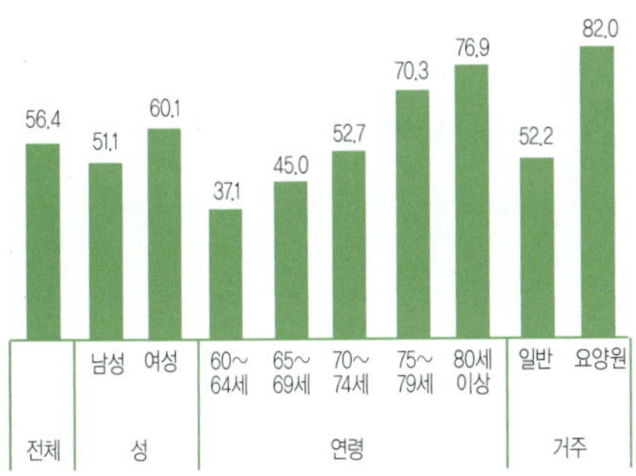

변비가 잦아졌다.

물(수분)을 섭취하기가 불편해졌다.

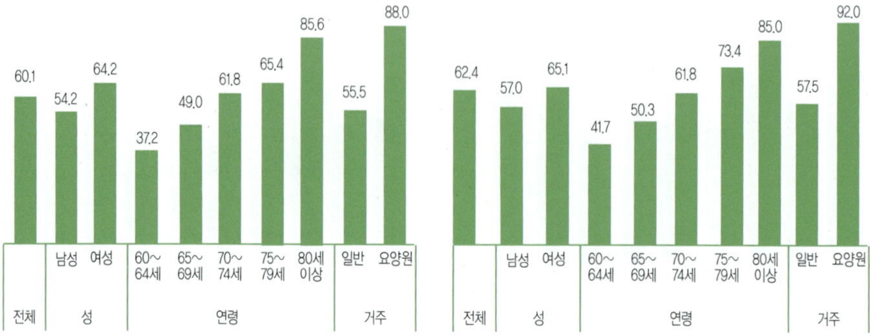

맛을 잘 못 느끼는 것 같다. 맵거나 짠 음식을 먹기가 불편해졌다.

출처: 한국농촌경제연구원(2017).

[그림 3-7] 고령화에 따른 식사 관련 변화율(%)

국민건강영양조사 제 7기 3차년도(2018년) 자료를 토대로 한국인 고령자(65세 이상)에서 노쇠도에 따라 식품섭취량을 분석한 결과, 고령자는 노쇠할수록 총 식품 섭취량이 감소하는 것으로 나타났다〈표 3-13〉. 특히, 노쇠할수록 남성은 어패류와 우유 및 유제품류를 제외한 모든 식품군 섭취량이 감소하였고, 여성은 콩류, 알류, 유지류를 제외한 모든 식품군 섭취량이 감소하는 경향이었다. 그러나 혼란변수(나이, 거주지역, 가구수입, 교육수전, 음주, 신체활동 등)를 보정한 후 고령자 노쇠에 따라 적게 섭취하는 경향을 띠는 식품류는 남성은 과일류, 여성은 곡류, 과일류, 육류, 어패류로 나타났다〈표 3-13〉. 또한, 노쇠도와 식품섭취수준의 상관성을 교차분석한 결과 남성은 과일류 섭취가 여성은 어패류 섭취가 낮은 노쇠위험도와 상관이 있는 것으로 나타났다.

[표 3-13] 한국인 고령자 노쇠도에 따른 식품 섭취 실태

Variables	Men					Women				
	Robust (n = 135)	Pre-frail (n = 342)	Frail (n = 58)	p-trend[1]		Robust (n = 111)	Pre-frail (n = 457)	Frail (n = 165)	p-trend	
				Crude	Adjusted[1]				Crude	Adjusted
Grains and potatoes	348.0 ± 12.6	317.5 ± 9.9	289.0 ± 13.0	0.005	0.250	340.4 ± 20.4	275.9 ± 8.2	281.6 ± 14.0	0.017	0.016
Legumes, nuts and seeds	70.9 ± 8.0	52.1 ± 4.5	76.5 ± 24.2	0.106	0.412	59.4 ± 11.0	48.5 ± 5.2	49.5 ± 8.7	0.494	0.873
Fruits	219.9 ± 33.7	171.7 ± 14.9	81.4 ± 15.3	0.003	0.019	266.1 ± 35.4	196.7 ± 14.6	117.4 ± 13.4	< 0.001	0.006
Vegetables, seaweeds, and mushrooms	430.5 ± 20.3	376.2 ± 15.8	327.5 ± 37.5	0.003	0.166	343.3 ± 21.7	303.5 ± 10.9	272.2 ± 20.0	0.002	0.064
Meats and meat products	77.2 ± 10.0	72.4 ± 7.5	43.9 ± 8.9	0.018	0.105	50.7 ± 7.1	46.0 ± 3.8	47.8 ± 7.7	< 0.001	0.035
Eggs and egg products	25.9 ± 4.1	24.3 ± 2.5	15.8 ± 5.1	0.020	0.465	23.4 ± 3.4	17.8 ± 1.5	18.1 ± 3.1	0.604	0.253
Fish and shellfish	134.8 ± 17.3	103.9 ± 9.6	83.8 + 15.7	0.217	0.222	114.6 ± 22.4	81.7 ± 7.6	66.3 ± 14.7	< 0.001	0.003
Milk and dairy products	79.2 ± 20.1	56.6 ± 7.6	38.2 ± 12.2	0.102	0.907	79.3 ± 19.4	67.8 ± 6.0	48.8 ± 7.7	0.017	0.115
Oils and sugars	12.7 ± 2.0	9.2 ± 1.0	6.2 ± 1.1	0.042	0.414	10.8 ± 1.9	8.2 ± 0.7	6.3 ± 0.7	0.632	0.975
Total food	1,726.8 ± 98.5	1,384.2 ± 43.9	1,065.0 ± 63.9	< 0.001	0.019	1,445.0 ± 85.8	1,144.7 ± 28.6	980.7 ± 42.7	< 0.001	0.007

– 노쇠도는 건강군: robust (score = 0 of 5), 노쇠진단계군: pre-frail (score = 1-2 of 5), 노쇠군: frail (score = 3 or greater of 5)으로 분류함.
– 평균±표준오차
출처: 양수현 등(2021).

3) 소화·흡수 기능 저하 및 영양소의 생체이용률 감소

고령자는 소화기능이 저하되고, 소화관 흡수가 비효율적이며, 영양요구량과 배설량 변화 등으로 오히려 영양소의 생체이용률이 감소하며 영양불량이 된다. 고령자의 위축성 위염은 위산 분비 감소 및 저산증을 유발하고 이는 칼슘, 철분, 엽산, 비타민 B_{12}, 비타민 B_6 등의 흡수율과 생체이용률을 줄인다.

비타민 D의 경우 활성형의 체내합성이 감소하여 부족증을 유발하는 원인이 된다.

4) 항상성 유지능력 저하

고령자는 스트레스에 대한 대처 능력이 떨어지고 항상성을 유지하기 위한 예비력이 감소한다. 고령자가 입원한 경우 급성 스트레스로 인해 중증의 에너지·단백질 부족증이 쉽게 유발된다.

5) 약복용에 따른 식사 관리의 부재

2020년도 노인실태조사에 따르면 만성질병이 없다고 보고한 고령자는 16%에 그친다. 고령자의 과반수 이상이 2개 이상의 만성질병을 지닌 복합 이환자이고, 82%는 만성질병 치료를 위해 약을 복용하고 있다.

〈표 3-14〉 한국인 고령자의 일반특성별 의사처방약 복용(3개월 이상) 실태

(단위: %, 명, 종류)

특성	없음	1~2종류	3~4종류	5종류 이상	계 (명)	평균(종류)
전체[1]	17.8	56.4	21.4	4.3	100.0 (10,097)	1.8
지역						
동부	17.1	57.1	21.7	4.1	100.0 (7,651)	1.8
읍·면부	20.2	54.1	20.7	4.9	100.0 (2,446)	1.8
성						
남자	20.9	58.2	17.7	3.2	100.0 (4,346)	1.6
여자	15.5	55.0	24.3	5.2	100.0 (5,751)	1.9
연령						
65~69세	26.4	57.0	14.9	1.7	100.0 (3,344)	1.4
70~74세	18.3	56.9	20.5	4.3	100.0 (2,342)	1.8
75~79세	11.6	57.4	25.2	5.7	100.0 (2,292)	2.1
80~84세	11.6	54.3	27.2	6.9	100.0 (1,475)	2.2
85세 이상	8.3	52.0	32.6	7.1	100.0 (644)	2.4
배우자 유무						
배우자 있음	20.3	57.3	18.8	3.6	100.0 (6,779)	1.7
배우자 없음	12.8	54.5	26.9	5.9	100.0 (3,318)	2.1
가구형태						
노인독거	13.9	54.0	25.5	6.6	100.0 (1,998)	2.1
노인부부	20.0	57.2	19.1	3.7	100.0 (5,898)	1.7
자녀동거	14.9	57.9	23.2	4.0	100.0 (2,026)	1.9
기타	23.5	38.6	34.4	3.5	100.0 (174)	2.0
교육수준						
무학	10.1	51.9	30.5	7.4	100.0 (1,073)	2.3
초등학교	13.5	55.6	25.5	5.4	100.0 (3,198)	2.0
중학교	18.3	57.1	20.4	4.2	100.0 (2,356)	1.8
고등학교	24.1	59.1	14.7	2.1	100.0 (2,870)	1.5
전문대학 이상	23.1	53.0	19.9	3.9	100.0 (599)	1.6
현취업상태						
취업중	22.8	59.0	16.5	1.7	100.0 (3,564)	1.5
미취업	15.1	55.0	24.1	5.8	100.0 (6,533)	2.0
연가구소득						
제1오분위	13.9	58.1	22.2	5.8	100.0 (2,019)	2.0
제2오분위	17.2	54.7	22.7	5.4	100.0 (2,020)	1.9
제3오분위	19.0	56.6	21.9	2.5	100.0 (2,017)	1.7
제4오분위	18.9	57.2	20.6	3.3	100.0 (2,024)	1.7
제5오분위	20.2	55.4	19.9	4.6	100.0 (2,017)	1.7
중위소득 대비						
50%미만	15.9	56.8	22.2	5.2	100.0 (3,999)	1.9
50%이상~100%미만	17.9	55.8	22.3	4.0	100.0 (3,382)	1.8
100%이상~150%미만	20.5	56.1	20.4	3.0	100.0 (1,647)	1.7
150%이상	20.9	57.4	17.6	4.1	100.0 (1,068)	1.6
기능상태						
제한 없음	19.9	58.0	19.5	2.6	100.0 (8,864)	1.6
제한 있음	3.3	44.6	35.6	16.6	100.0 (1,233)	3.0
2017년도[2]	16.5	23.5	23.0	37.0	100.0 (10,073)	3.92

주: 1) 전체응답자를 대상으로 한 분석결과임. / 2)본인응답자를 대상으로 한 분석결과임.

출처: 한국보건사회연구원, 보건복지부 (2020).

과반수(56%)는 1~2종을 복용하고 있지만 26%는 3종 이상을 복용하고 있다. 식사조절로 관리가 가능한 질환인 경우에도 대부분의 고령자는 약 복용만 하고 있으며, 약을 처방할 때 식사조절에 대한 지도는 이루어지지 않고 있다. 또한, 식사관리의 중요성을 알고 있다고 해도 실제로 지키기가 쉽지 않다. 예를 들면, 고혈압 약을 복용하지만 짜게 먹는 식습관은 고치지 못하고 있는 것이다.

6) 사회·경제적 문제

노화와 연관된 신체적인 문제 외에도 사회적·경제적 문제가 고령자의 영양불량을 악화시키는 원인이 될 수 있다. 경제적 어려움, 배우자와의 사별로 인한 독거와 일상생활 능력의 저하는 노인에게 흔히 동반되는 문제로 장보기와 식사 준비가 어렵게 되고, 동반자 없는 식사는 우울증을 악화시키며, 입맛을 떨어뜨려 식사 섭취량이 감소하는 또 다른 이유가 될 수 있다.

7) 영양불균형을 초래하는 식사 습관

국민건강영양조사자료(2016~2018)를 활용하여 독거하는 고령자의 식사패턴을 분석한 결과 '쌀 중심식'과 '다양한 식품군을 활용한 혼합식'으로 구분할 수 있었다. 다른 연령대에 비해 매우 단조로운 식사패턴을 갖는 것이다. 더욱이 식사패턴과 무관하게 고령자의 영양소 섭취량은 전반적으로 부족하다. 특히, 쌀 중심의 식사패턴을 갖는 경우에는 다양한 식품을 이용하기보다 '김치류'의 섭취량만 유의하게 많았고, 단백질과 지방을 포함한 필수영양소의 섭취는 질적, 양적으로 부족한 것으로 나타났다(윤여진 외 2021).

8) 잘못된 영양정보와 잠재적 영양실조

최근 스마트폰을 포함한 디지털 매체와 미디어, SNS 등을 통하여 식품영양 정보의 전달이 활발해지면서 이들 식품영양정보가 참인지 거짓인지 또는 객관적인 자료에 근거한 것인지 제대로 판단되지 못하는 우려가 있다. 잘못된 영양정보는 적절한 식품선택과 영양관리를 어렵게 할 수 있고, 결과적으로 잠재적인 영양실조와 건강문제를 야기 할 수 있다.

CHAPTER 4

고령자 식사위험 및 영양상태 평가

1. 식사위험 및 영양상태 평가의 목적

고령자의 식사위험을 조사하고 영양상태를 평가하는 궁극적인 목적은 고령자의 건강상태 유지 및 증진과 질병의 진행을 완화하는 데 있다.

구체적인 목표는 다음과 같다.

- 현재의 식사위험도를 파악하여 문제를 식별하고 영양문제가 있는 고령자를 분류한다.
- 영양문제 해결을 위한 영양중재의 방향 설정에 필요한 정보를 얻는다.
- 영양중재 실시에 대한 효과를 평가하고 추후 관리에 필요한 정보를 얻는다.
- 영양서비스와 건강관리 체계의 효율성을 높여 비용을 절감한다.

2. 식사위험 평가방법

1) 노쇠평가

노화, 노쇠, 장애, 사망으로 이어지는 생로병사의 과정에서 노쇠는 신체의 기능감소와 삶의 질을 떨어뜨리는 시작점이다. 노쇠는 스트레스에 대한 생리적 여력(예비능)이 감소했음을 뜻하며 정상적인 노화과정이 아닌 비정상적인 노화과정을 의미한다.

노쇠한 사람은 주로 식욕이 떨어지고, 기운이 없고, 걸음이 느려지고, 쉽게 어지러우며, 기억력이 저하되고 체중이 감소하는 증상이 나타난다. 그러나 고령자의 노쇠 증상은 비특이적이고 모호하여 불편함을 명확하게 느끼지 못하는 경우도 많다. 따라서 평소 불편하더라도 그럭저럭 일상생활을 할 수 있고, 증상이 겉으로 잘 드러나지 않는 경우도 많아 이것이 노화때문인지 노쇠때문인지 질병때문인지 약물에 대한 반응인지 구분하기 어렵다.

노쇠의 진단은 여러 방법이 있으나 일반적으로 근력과 근육량과 같은 신체적 노쇠를 기준으로 진단한다. 노쇠의 중증도와 원인을 판단하기 위해서는 질병의 관리상태, 약물복용, 근감소증, 영양상태, 인지기능장애, 낙상 등을 포괄적으로 평가하는 "노인 포괄 평가(Comprehensive Geriatric Assessment, CGA)" 과정이 필요하다.

〈표 4-1〉 노인 포괄 평가(Comprehensive Geriatric Assessment, CGA)

항목	내용	도구
기능 상태	– 자가관리 (Self-care) – 사회적 관리(Social-care)	– 일상생활수행력(ADL) – 도구적 일상생활 활동력 (Instrumental activities of daily living, IADL)
선행 지침	환자의 의사표시가 불가능할 때를 대비한 환자의 의료적 도움에 대한 선행 의사표시 또는 대리인의 선정	– 연명치료 여부, 특정 치료 거부의사 등
의학적 상태평가		
병명과 치료약제	진단명과 복용약물 목록	복용 약물에 대한 가능한 검사
시력	백내장, 황반변성, 녹내장, 당뇨병성망막증, 시력장애 여부	시력표(Snellen eye chart)
청력	청력소실	속삭임검사, 청력검사
인지기능	인지기능	3항목 회상검사
우울	기분과 정서	노인우울측정도구(GDS)
낙상–균형, 운동력	낙상평가, 보행, 하지근력검사	의자에서 일어나 3미터 걸어서 다시 돌와앉기까지 걸리는 시간(TUG) 10초 내 정상
영양상태	영양부족–체중감소, 알부민, 콜레스테롤 저하	설문지(Mini-Nutritional assessment)
대소변조절기능	요실금, 배변기능(변비,설사,분변매복)	설문지
예방서비스상태	라이프스타일, 예방접종, 스크리닝검사	설문지
비의학적 상태평가		
환경평가	은행왕래, 마트나들이, 사회서비스접근력, 신체환경 안전도, 거주환경과 집안의 안전평가	설문지
사회적 지지	사회적 유대와 지지망	설문지
재정평가	소득, 연금, 의료보험, 보호상태	설문지

출처: 권인순(2014).

TIP

최근 Freid가 제안한 노쇠에 대한 진단기준을 바탕으로 국민건강영양조사 자료(2018)를 활용하여 고령자의 노쇠 평가항목과 판정기준이 제안되었다.

- 노쇠의 평가항목

항목		예	아니오
(1) 의도치 않은 체중 감소량	≥ 3kg/y		
(2) 악력 측정치	남성 < 26kg, 여성 < 18kg		
(3) 느린 보행 속도	– 걷는데 다소 지장이 있음 또는 – 종일 누워 있어야 함		
(4) 평소 스트레스에 대한 탈진 수준(자가 보고)	대단히 많이 느낀다		
(5) 평소 낮은 신체활동 수준	– 중강도 신체활동으로 < 2h /wk 또는 – 고강도 신체활동으로 < 1h /wk		

- 노쇠의 판정

총 5개 항목 중 3개 이상이면 노쇠(Frail)로 진단하고, 1–2개에 해당하면 노쇠전단계(Pre–frail), 0개이면 건강으로 분류할 수 있다.

출처: 양수현 등 (2021)

2) 식사위험평가

식사위험평가는 고령자의 식사문제나 영양상태의 위험 여부를 판단하는 것이다. 조사표의 작성은 누구든, 어디에서든 가능하며, 조사항목에 대하여 '예'에 응답한 경우 '1점'으로 하여 총점을 낸 후 평가한다. 단, 조사할 때에는 질문에 대한 답변을 받아 적어도 되고, 일상의 식생활에 대하여 자연스럽게 이야기하면서 조사자가 기입해도 된다.

〈표 4-2〉 식사위험조사표

1단계: 식사위험 조사표

조사년월일: 년 월 일 조사자 이름:
응답자: 본인, 가족, 기타 ( )
이름: 성별: 남 · 여 연령: 세
주소: 전화 :

질문에 대해 예 또는 아니오 중 해당하는 곳에 O 표시해 주세요.

질문		
1. 식사는 혼자서 먹는 일이 많습니까?	예	아니오
2. 장보기나 식사 준비는 혼자 가능합니까?	예	아니오
3. 하루에 세끼를 제대로 먹습니까?	예	아니오
4. 요즘 먹는 양이 줄었습니까?	예	아니오
5. 요즘 체중이 감소했습니까?	예	아니오
6. 매일 채소를 먹고 있습니까?	예	아니오
7. 매일 술을 마시고 있습니까?	예	아니오
8. 약은 몇 종류를 먹고 있습니까?	3종 이상	2종 이하
9. 먹거나 마실 때 사레가 듭니까?	예	아니오
10. 의치나 치아 교열에 문제가 있습니까?	예	아니오
(음영) 부분에 해당하면 1점으로 하여 합산해 주세요.		
합 계		점

[평가]

점수	평가
0~1점	영양상태가 정상입니다. 정기적으로 확인해 주세요.
2~5점	영양상태 위험도가 중 정도입니다. 관찰이 필요하며 2단계 탈수조사를 진행해 주세요.
6점 이상	영양상태 위험도가 높습니다. 의료기관에서 검진을 받고 정밀한 영양평가를 받아보세요.

출처: 재택케어 의료영양관리연구회(2014).

3) 저작과 연하위험도 평가

고령자의 치아결손에 따른 저작 불편이나 구강건강 문제나 연하 장애는 입으로 하는 식사섭취량에 직접적인 영향을 미치고, 만일 장기화될 경우 고령자의 영양불량을 초래할 수 있다. 〈표 4-3〉는 저작과 연하의 위험을 평가할 수 있는 자기기입식 설문지이다.

〈표 4-3〉 저작과 연하위험도 설문지

번호	문항 항상 그렇다(3), 자주 그렇다(2), 가끔 그렇다(1), 전혀 그렇지 않다(0)	3	2	1	0
1	입안이 마른다.				
2	식사할 때 틀니를 사용해야 한다.				
3	크기가 큰 딱딱한 음식(예: 생밤 등)을 치아를 사용하여 씹어 먹을 수 없다.				
4	크기가 작은 딱딱한 음식(예: 땅콩 등)을 치아를 사용하여 씹어 먹을 수 없다.				
5	씹는 문제로 인하여 딱딱한 것은 피하고 부드러운 음식만 먹는다. (예: 밥 대신 죽)				
6	음식을 씹는 동안 입 밖으로 흘리는 경우가 많다.				
7	음식을 삼킨 후에도 입안에 음식물이 남아 있다.				
8	식사 중에 물이나 음식물이 코로 나온다.				
9	삼킨 후에도 음식이 목에 남아 있는 것 같다.				
10	식사 중이나 식사 후에 탁한 목소리로 변한다.				
11	물을 삼킬 때 사레가 들거나 기침한다.				
12	밥이나 음식물을 삼킬 때 사레가 들거나 기침을 한다.				
13	삼키려고 해도 음식물이 목에 걸려서 안 넘어간다.				
14	특별한 이유 없이 최근 3개월 동안 체중이 줄었다.				
총 합계					

[고령자 저작과 연하위험도 판정]

6점 미만	저작이나 연하 위험 없습니다. 다만, 정기적으로 확인해 주세요.
6점 이상	저작이나 연하 위험이 있습니다. 의료기관에서 검진 받고 정밀한 영양평가를 받아보세요.

출처: 박수진, 윤영(2018).

3. 영양상태 평가방법

1) 탈수위험평가

(1) 사례를 통하여 조사방법 이해하기

거의 매일 데이케어 서비스를 이용하는 고령자 A씨는 과자나 단 음료를 좋아하고, 물이나 녹차와 같이 맛이 없는 것은 거부하는 편이다. 식사도 몰아서 먹는 경향이 있고, 데이케어 서비스 활동을 할 때에도 물은 거의 마시지 않는다.

케어 관리자는 A씨의 수분 부족을 걱정하여 데이케어 서비스 직원과 A씨 본인에게도 당부하여 먹은 음식, 마신 물 등을 기록하도록 하였다. 2단계 탈수 위험조사의 개요를 설명하고 실제 기록한 방법을 다시 확인하여 고령자 A씨의 수분 섭취량을 알 수 있었다〈표 4-4〉.

(2) 작성 전에 확인하기

데이케어 관리자는 A씨가 조사목적을 잘 이해하고 있는지 확인하였다. 아침부터 단 음료만 섭취하고 수분 섭취량이 확실히 적다. 약도 먹지 않기 때문에 물을 마시는 것을 본 적이 없고, 따라서 '탈수위험 추정군'으로 하고 A씨에게 수분 섭취량을 조사하는 의도를 설명하고 조사에 대한 동의서와 함께 양해를 구하였다. 또한 비밀을 지키는 것은 기본이지만, 급한 경우 조사결과는 데이케어 서비스 담당자에게 알릴 수 있다고 이해시켰다. 데이케어 관리자는 A씨 본인이 단것을 많이 먹는다는 것을 알고 있고, 조사에 대하여 협조해 줄 것을 허락받았다. 데이케어 서비스 담당자에게도 알려주고 A씨가 식사할 때 확인하도록 하였다. 2단계 조사표의 우측에 있는 음식과 그 외에 판단할 수 없는 사항을 기입하는 칸에 먹거나 마신 모든 음식과 음료 등을 그대로 기입하였다.

(3) 조사과정 중 발생한 의문과 해결방법 예시

☑ 음식 또는 음료로부터 섭취한 수분량은 어떻게 기록하나요?

[의문 1]

2단계 표에 A씨가 실제로 섭취한 음식과 음료를 어떻게 기록해야 되는지 잘 모르겠다.

[해결 1]

- 수분 섭취량 조사표 작성은 대상자의 평소 수분 섭취량을 빨리 파악하기 위한 것이므로 대략으로 추정해도 문제없다. 글로 기록하거나 또는 그림으로 그려도 좋다.
- 주식은 밥공기 그림에 표시하여 1공기, 1/2공기 등으로 표시해도 된다.
- 빵은 수분량이 변하지 않기 때문에 20mL로 한다.
- 국수는 고령자가 보통 먹는 양으로 수분량이 기입되어 있다. 조금이라도 먹었으면 삼각형으로 표시하고, 1인 분량의 절반인 100mL로 환산할 수 있다.
- 주요 메뉴의 수분환산표 참고치를 활용한다〈표 4-7〉.

☑ 주요 반찬과 기타 반찬 그리고 국 등은 어떻게 기록하나요?

[의문 2]

주요 반찬이라고 하는 것이 무엇인지 잘 모르겠다.

[해결 2]

- 식사할 때 '오늘의 반찬?'으로 떠오르는 것으로 함. 단백질을 주로 공급하는 식품으로 만든 반찬으로 예를 들면, 생선, 고기, 계란 등을 굽거나 찌거나 조림한 반찬 등이 해당된다. 양은 계란프라이 2개를 담은 접시 크기를 기준으로 한다.

- 기타 반찬은 작은 접시에 담은 반찬으로 주로 김치, 깍두기나 채소 볶음류, 무침류, 절임류나 장아찌 등이 해당된다.
- 국 등은 일반적으로 국그릇 부피가 약 250mL(한식) 또는 180mL(일식) 정도이다. 조금 먹어도 삼각형으로 표시하고, 반(125mL 또는 90mL)으로 계산한다.

음료나 과자류 등은 어떻게 기록하나요?

[의문 3]

음료나 과자류에 수분량이 얼마나 되는지 잘 모르겠다.

[해결 3]

- 초콜릿과 같이 단단한 제품은 수분 함량이 적다. 비스킷, 케이크, 쿠키 등 구운 과자류와 ○양갱, 만주 등의 팥앙금이나 크림이 들어 있는 것은 따로 분류한나.
- 아이스크림은 요구르트, 젤리류로 분류하고 전량 먹었으면 수치 그대로, 조금만 먹었으면 해당 수치의 1/2로 기입한다. 만일 틀렸다고 해도 10~20mL 오차 내외이므로 크게 문제될 것은 없다.

〈표 4-4〉 2단계: 식사 수분 섭취량 조사표 기입(예시)

성명			성별		여성 · 남성	키(cm)	
			나이 (만 세)			체중(Kg)	
구분		식사 종류			식사 수분 (mL)	식사 외 수분 (mL)	즉석식품 기타(mL)
아침	주식	밥 90	빵 20	면 · 죽 200	90	물 0잔 커피 1잔 (130) 기타 1잔	개호식 (고기감자조림) 칼피스 200 만주 1개 비스킷 3개 달걀 2개 차 1잔
	주 반찬류	튀김 100	찜, 끓임 120	생채구이 50	120 20		
	부 반찬류	무침 50	찜, 끓임 60	구이 50	60		
	국물류	국 180	발효유 60	절임 15	소계: 290	소계: 330	
점심	주식	밥 90	빵 20	면 · 죽 200	90 100 50 60 180 50	물 0잔 커피 0잔 기타 0잔	[데이케어 센터 식사] 쌀밥 크로켓 무조림 참깨무침 미역된장국 과일
	주 반찬류	튀김 100	찜, 끓임 120	생채구이 50			
	부 반찬류	무침 50	찜, 끓임 60	구이 50			
	국물류	국 180	발효유 60	절임 15	소계: 530	소계: 0	
저녁	주식	밥 90	빵 20	면 · 죽 200	45	물 0잔 커피 0잔 기타 1잔	
	주 반찬류	튀김 100	찜, 끓임 120	생채구이 50	50		
	부 반찬류	무침 50	찜, 끓임 60	구이 50	50		
	국물류	국 180	발효유 60	절임 15	180 20 소계: 345	소계: 120	
간식	드링크류	우유 150	주스 130	유산균 음료 60		물 0잔 커피 0잔 기타 0잔	
	과일류	수박 130	기타 과일 50	양갱류 팥빵류 40			
	과자류	초콜릿 0	케이크류 20	푸딩 · 젤리 70	소계: 40	소계: 0	
1일 합계					1,205	450	1,655

〈표 4-5〉 2단계: 식사 수분 섭취량 조사표

	수분량(mL)		소계(mL)	1일 총수분 섭취량(mL)
아침	주식	약 100	약 320	1,530
	부식	약 220		
점심	주식	약 100	약 340	
	부식	약 240		
저녁	주식	약 100	약 340	
	부식	약 240		
간식	약 80		약 80	
식후 차 · 물	약 450		약 450	

1) 주식은 밥, 빵, 국수류 등 부식은 반찬, 국, 탕, 찌개류 등
2) 주식을 1인 분량의 1/2, 부식을 1/4 정도밖에 먹지 않은 경우 수분량은 15mL로 계산함
3) 간식의 경우 케이크와 함께 마시는 우유 등을 포함
4) 아이스크림은 요구르트, 젤리류로 분류함
5) 커피, 차, 물은 식사에 관계없이 섭취하는 것을 뜻함
6) 만일 틀렸다고 해도 10~20mL 오차 내외이므로 크게 문제될 것 없음
출처: 재택케어 의료영양관리연구회(2014).

(4) 사례를 통한 2단계 조사결과 평가 및 제언

① 2단계 탈수 위험 조사사례에 대한 결과

먹은 음식 내용과 중량에 대해서 데이케어 서비스 활동 시간 내에 문답했으므로 쉽게 진행되었다. 마신 것에 대해서도 같은 시간대에 기록되었고, 마시는 것을 좋아하지 않았다. 달콤한 음료 이외에는 입에 대지 않으려 하고 식사에 나온 차나 간식으로 제공한 마실 것에도 그다지 손을 대지 않았다.

② 2단계: 탈수 위험 조사사례에 대한 결과 평가하기

- 조사결과: 수분 섭취 상태

A씨는 물은 적게 마시고, 칼피스나 커피 등을 마시고 있다. 특히, 데이케어 서비스에 참가한 날은 단것을 많이 먹고 식사량이 적다. 하루 수분 섭취량은 음식

으로부터 800mL, 음료로부터 400mL로 음료로부터 섭취한 수분량이 적은 것으로 나타났다.

③ 조사사례에 대한 결과 활용: 탈수 위험 발견

A씨는 생리적으로 필요한 최소량의 수분량(1,000mL 이하)을 섭취하는 날이 일주일에 3일이라 탈수 위험이 있으며 이를 예방하기 위한 대책이 필요하다. 데이케어 서비스에 참가하지 않는 날에는 김밥, 라면 등과 같이 먹기 쉬운 음식과 과자로만 지내기 때문에 음료로부터 섭취하는 수분량이 너무 적을 뿐 아니라 음식으로부터 섭취하는 수분량이 적다. 따라서 A씨는 탈수 위험 경계군으로 분류한다.

④ 2단계 탈수 위험 조사결과에 따른 권고 및 제안하기

데이케어 서비스의 식사가 건강유지에 중요한 것을 이해시키고, 반드시 참가하도록 유도하였다. 데이케어 서비스를 쉬는 경우는, 반드시 계란 2개, 생선통조림, 두부, 유제품을 늘리는 것이 바람직하다고 제안하였다. 당분이 많은 음료를 줄이고, 물과 영양보조식품 활용을 제안하였다.

(5) 요양시설에서 수분 섭취량 기록하는 방법

고령자가 일상에서 섭취한다고 생각되는 식사의 수분량은 〈표 4-7〉을 참고한다. 요양시설에 제공하는 메뉴를 바탕으로 수분 섭취량을 가늠한다. 케어 서비스 담당자는 대상자의 수분 섭취량을 기록하고, 식사와 평소 마시는 음료에 함유된 1일 총수분 섭취량을 매일 기록한다. 일반적으로 시설에서 제공하는 3식의 수분량은 약 1,000mL 정도이다.

〈표 4-6〉 2단계: 1일 식사 수분 섭취량 기록표(예시)

<table>
<tr><th rowspan="3">날짜</th><th colspan="6">식사를 통한 수분 섭취량 (mL)</th><th rowspan="3">식사 외 수분 섭취량 (mL)</th><th rowspan="3">1일 총수분 섭취량 (mL)</th></tr>
<tr><th colspan="2">아침</th><th colspan="2">점심</th><th colspan="2">저녁</th></tr>
<tr><th>주식</th><th>부식</th><th>주식</th><th>부식</th><th>주식</th><th>부식</th></tr>
<tr><td rowspan="2"></td><td></td><td></td><td></td><td></td><td></td><td></td><td></td><td></td></tr>
<tr><td colspan="6"></td><td></td><td></td></tr>
<tr><td rowspan="2"></td><td></td><td></td><td></td><td></td><td></td><td></td><td></td><td></td></tr>
<tr><td colspan="6"></td><td></td><td></td></tr>
<tr><td rowspan="2"></td><td></td><td></td><td></td><td></td><td></td><td></td><td></td><td></td></tr>
<tr><td colspan="6"></td><td></td><td></td></tr>
<tr><td rowspan="2"></td><td></td><td></td><td></td><td></td><td></td><td></td><td></td><td></td></tr>
<tr><td colspan="6"></td><td></td><td></td></tr>
<tr><td rowspan="2"></td><td></td><td></td><td></td><td></td><td></td><td></td><td></td><td></td></tr>
<tr><td colspan="6"></td><td></td><td></td></tr>
</table>

출처: 재택케어 의료영양관리연구회(2014).

〈표 4-7〉 주요 메뉴 1인 분량의 수분함량(참고)

주식류		국, 탕, 찌개류		부식류		간식류	
식품명	수분량 (mL)	식품명	수분량 (mL)	식품명	수분량 (mL)	식품명	수분량 (mL)
백미밥	170	콩나물 해장국	233	배추김치	37	수박	177
현미밥	148	어묵국	223	열무김치	32	사과	115
잡곡밥*	158	사골국	291	깍두기	31	귤	136
비빔밥	510	순댓국	343	나박김치	97	바나나	42
카레 라이스	317	소고기 육개장	270	소(돼지) 불고기**	94	황도복숭아 ***	174
소고기 버섯죽	166	삼계탕	324	생선구이	35	요구르트 (액상)	58
잣죽	186	추어탕	360	생선회	55	요구르트 (호상)	100
팥죽	198	곰탕	258	두부 (일반)	36	우유, 두유	174
호박죽	246	갈비탕	598	연두부	79	토마토 주스	185
전복죽	164	된장찌개	114	순두부	81	사과주스	167
우동	200	청국장 찌개	172	계란찜	90	대추차	148
칼국수	492	동태찌개	225	도토리묵	62	가래떡	39
만둣국	464	김치찌개	176	나물류	47	인절미	23
떡만둣국	395	순두부 찌개	252	야채조림	50	카스텔라	17

* 즉석밥, ** 생것, *** 통조림

출처: 국가영양성분표자료 9차 개정판(2016), 재택케어 의료영양관리연구회(2014).

2) 식사평가

(1) 식사섭취조사

식사섭취조사는 영양사가 수행할 경우 식품성분표 데이터베이스 및 영양분석 프로그램을 이용하여 보다 정확하고 구체적으로 영양상태를 판정할 수 있다. 만일, 고령자의 인지기능이 양호하여 전날 섭취한 식사를 잘 기억할 수 있다면 24시간 회상법(24h recall)을 적용할 수 있다. 즉, 면담 전날 하루 동안 섭취한 모든 음식과 식품에 대한 정보를 조사하여 식품 섭취수준과 영양소 섭취상태를 평가하는 방법이다.

훈련된 조사자는 심층면담방식으로 조사지나 웹 기반 입력방법으로 아침, 점심, 저녁, 간식으로 섭취한 음식명과 섭취량, 식재료명과 분량을 기입한다. 식사시간, 식사장소, 같이 식사한 사람, 조리법, 제품명 등을 질문하여 조사대상자의 기억에 도움을 준다.

섭취한 음식량을 추정하기 위하여 가정에서 사용하는 공기, 대접, 토막 등의 목측량 단위로 조사한 후 실제 섭취량을 정량적으로 환산한다. 조사된 음식과 음식의 원재료 식품의 각 영양성분으로 환산하기 위하여 식품성분 분석표 등의 데이터베이스를 활용하고 영양가 분석 프로그램(예: Can-pro 5.0)을 이용하여 식사를 통하여 섭취한 영양소를 분석한다.

하루 동안 섭취한 식사의 영양소 분석자료를 바탕으로 고령자의 1일 영양소 섭취기준(KDRI)을 참고하여 양적·질적으로 영양상태를 평가한다〈표 4-8〉. 만일 전문영양사에 의한 식사조사와 영양상태 평가가 어렵다면 간이영양평가(Mini Nutrition Assessment: MNA)나 노인 영양지수 등을 활용하여 영양위험군을 선별할 수 있다.

〈표 4-8〉 24시간 회상법 식사섭취조사지 예

<table>
<tr><th colspan="7">24시간 회상법 설문지</th></tr>
<tr><td>ID</td><td colspan="3"></td><td colspan="2">조사일</td><td>년 월 일</td></tr>
<tr><td>성명</td><td colspan="3"></td><td colspan="2">조사자</td><td></td></tr>
<tr><td>연락처</td><td colspan="3"></td><td colspan="2">전화조사 예약일</td><td>월 일 요일 시</td></tr>
<tr><td colspan="7">▶ 식사기록을 작성하시는 날이 평상시와 다르게 식사를 한 날인가요? (□ 예 □ 아니오)
※ 식사 구분은 간식, 아침, 점심, 저녁으로 표시하여 주십시오.</td></tr>
<tr><th>식사구분</th><th>시간</th><th>장소</th><th>음식명</th><th>재료명</th><th>제품명(제조회사)</th><th>섭취분량(눈대중량)</th></tr>
<tr><td></td><td></td><td></td><td></td><td></td><td></td><td></td></tr>
</table>

출처: 영양판정, 창지사(2021)

3) 간이영양평가(Mini-Nutritional Assessment: MNA)

간이 영양평가(Mini-Nutritional Assessment: MNA) 조사지를 이용하면 보다 간단하게 영양불량 위험이 있는 고령자를 선별할 수 있다〈표 4-9〉.

〈표 4-9〉 간이영양평가(MNA-SF) 방법을 이용한 고령자 영양판정

문항	점수
1. 지난 3개월간 식욕이 줄거나 소화불량, 또는 씹거나 연하 어려워 식사섭취량이 줄었습니까? 0=식사섭취량이 매우 줄었다 1=식사섭취량이 약간 줄었다 2=식사섭취량이 전혀 줄지 않았다	□______
2. 지난 3개월간 체중이 감소했습니까? 0=체중이 3 kg 이상 줄었다 1=잘 모르겠다 2=체중 감소가 1~3kg 정도 줄었다. 3=아니오	□______
3. 활동정도 0=침대에 눕거나 의자에 앉아 있다. 1=침대나 의자를 벗어날 수 있지만 외출은 할 수 없다. 2=외출할 수 있다.	□______
4. 지난 3개월간 정신적인 스트레스나 급성질환이 있었습니까? 0=예　　2=아니오	□______
5. 신경 정신적 문제가 있습니까? 0=심각한 치매나 우울 1=중등도 치매 2=없음	□______
6. BMI(=체중kg/키m^2)은 얼마입니까? 0=19 미만 1=19~21 미만 2=21~23 미만 3=23 이상	□______
문항 6에 대하여 답변이 가능하다면 6-1은 무시하고, 답할 수 없다면 6-1에 답하세요.	
6-1. 종아리둘레는 얼마입니까? 0=31 미만 1=31 이상	□______
합계	점

[간이영양평가를 이용한 고령자 영양판정]

점수	판정
12~14점	정상
8~11점	영양불량 위험이 있음
0~7점	영양부족

출처: Nestle Nutrition Institute(www.mna-eldelry.com).

4) 노인영양지수평가

노인 영양지수(Nutrition Quotient for Elderly, NQ−E)는 우리나라 만 65세 이상 고령자를 대상으로 식사의 질과 영양상태를 평가하고 영양문제를 가진 대상자를 초기에 파악할 수 있도록 개발된 설문지이다〈표 4−10〉. 고령자의 식생활과 영양상태를 '식행동', '절제', '균형', '다양성'등을 영역별로 평가하여 가중치를 적용하여 점수화한다. '식행동' 영역은 노인의 식행동에 영향을 미치는 요인을 조사한다. 즉, 음식을 씹는 데 불편한 정도, 우울 정도, 건강에 대한 자각, 건강에 좋은 식생활을 하려는 노력, 식사 전 손 씻기, 하루 운동시간 등의 6개 문항이 포함된다.

각 식품군에 따라 '균형' 영역과 '다양' 영역으로 구분되어 있는데, '균형' 영역에는 우유 및 유제품, 과일, 간식, 물 섭취 빈도의 4개 항목, '다양' 영역에는 달걀, 생선이나 조개류, 채소류, 콩이나 콩 제품 섭취 빈도, 하루 중 식사 횟수, 혼자 식사하는 빈도 등의 6개 항목으로 구성되어 있다. '절제' 영역에는 노인이 과잉으로 섭취하기 쉬운 식품으로 달거나 기름진 빵, 가당 음료, 라면류 섭취 빈도의 3개 항목으로 구성되어 있다.

영양지수의 산출은 [노인 영양지수 설문지]의 17개 문항을 조사한 후 [엑셀프로그램 사용법] 시트의 설명문을 참고하여 활용할 수 있다.

〈표 4-10〉 노인 영양지수 설문지

▶본 조사는 귀하의 영양상태와 식행동을 간단하게 평가하기 위한 영양지수 계산에 사용될 것입니다. 가정에서는 물론, 단체 급식이나 외식에서 드시는 것도 모두 포함해서 답해 주시기 바랍니다.

1 귀하는 **과일**을 얼마나 자주 드십니까?	2 귀하는 **우유 또는 유제품(치즈, 요구르트 등)**을 얼마나 자주 드십니까?
① 2주일에 1번 이하 ② 일주일에 1~3번 ③ 일주일에 4~6번 ④ 하루에 1번 ⑤ 하루에 2번 이상	① 2주일에 1번 이하 ② 일주일에 1~3번 ③ 일주일에 4~6번 ④ 하루에 1번 ⑤ 하루에 2번 이상
3 귀하는 생선이나 **조개류(오징어, 굴, 새우 등 포함)**를 얼마나 자주 드십니까?	4 귀하는 **달걀(메추리알 등)**을 얼마나 자주 드십니까?
① 거의 먹지 않는다 ② 2주일에 1번 ③ 일주일에 1~3번 ④ 일주일에 4~6번 ⑤ 하루에 1번 이상	① 거의 먹지 않는다 ② 2주일에 1번 ③ 일주일에 1~3번 ④ 일주일에 4~6번 ⑤ 하루에 1번 이상
5 귀하는 **콩이나 두부(두유 포함)**를 얼마나 자주 드십니까?	6 귀하는 **견과류(호두, 잣, 아몬드 등)**를 얼마나 자주 드십니까?
① 2주일에 1번 ② 일주일에 1~3번 ③ 일주일에 4~6번 ④ 하루에 1번 ⑤ 하루에 2번 이상	① 거의 먹지 않는다 ② 2주일에 1번 ③ 일주일에 1~3번 ④ 일주일에 4~6번 ⑤ 하루에 1번 이상
7 귀하는 **전곡이나 잡곡류(현미밥, 잡곡밥, 통밀빵 등)**를 얼마나 자주 드십니까?	8 귀하는 하루에 **물**을 얼마나 자주 마십니까?
① 거의 먹지 않는다 ② 일주일에 1~3번 ③ 일주일에 4~6번 ④ 하루에 1번 ⑤ 하루에 2번 이상	① 거의 마시지 않는다 ② 하루에 1~2잔 ③ 하루에 3~4잔 ④ 하루에 5~6잔 ⑤ 하루에 7~8잔 이상
9 귀하는 **믹스커피, 가당음료, 강정, 사탕 등 설탕이 많이 들어있는 간식**을 얼마나 자주 드십니까?	10 귀하는 **기름진 땅(꽈배기, 생크림빵 등)이나 스낵 과자류(감자칩, 고구마칩 등)**를 얼마나 자주 드십니까?
① 거의 먹지 않는다 ② 일주일에 1~3번 ③ 일주일에 4~6번 ④ 하루에 1~2번 ⑤ 하루에 3번 이상	① 거의 먹지 않는다 ② 2주일에 1번 ③ 일주일에 1~3번 ④ 일주일에 4~6번 ⑤ 하루에 1번 이상

출처: 한국영양학회. http://www.kns.or.kr

11 귀하는 평소에 **건강에 좋은 식생활**을 하려고 노력하십니까?	12 귀하는 (가공)식품을 구입할 때 **유통기한이나 영양표시**를 확인하십니까?
① 전혀 노력하지 않는다 ② 노력하지 않는 편이다 ③ 보통이다 ④ 노력하는 편이다 ⑤ 매우 노력한다	① 전혀 확인하지 않는다 ② 확인하지 않는 편이다 ③ 보통이다 ④ 확인하는 편이다 ⑤ 항상 확인한다
13 귀하는 **음식을 먹기 전에 손을** 씻으십니까?	14 귀하는 현재 치아나 틀니, 잇몸 등의 문제로 **음식을 씹는 것이 어느 정도 불편**하십니까?
① 전혀 씻지 않는다 ② 씻지 않는 편이다 ③ 보통이다 ④ 씻는 편이다 ⑤ 항상 씻는다	① 매우 불편하다 ② 불편한 편이다 ③ 그저 그렇다 ④ 별로 불편하지 않다 ⑤ 전혀 불편하지 않다.
15 귀하는 평소에 **우울함**을 어느 정도로 느끼십니까?	16 귀하는 **잠**을 잘 주무시는 편입니까?
① 항상 느낀다 ② 느끼는 편이다 ③ 보통이다 ④ 느끼지 않는 편이다 ⑤ 전혀 느끼지 않는다	① 매우 못 잔다 ② 못 자는 편이다 ③ 보통이다 ④ 잘 자는 편이다 ⑤ 매우 잘 잔다
17 귀하는 본인이 생각하기에 얼마나 **건강하다고 생각**하십니까?	18 귀하는 한 번 **식사할 때 김치를 제외한 채소류**를 몇 가지나 드십니까?
① 전혀 건강하지 않다 ② 건강하지 않은 편이다 ③ 보통이다 ④ 건강한 편이다 ⑤ 매우 건강하다	① 거의 먹지 않는다 ② 1가지 ③ 2가지 ④ 3가지 ⑤ 4가지 이상
19 귀하는 맵고 짠 국물음식(**라면, 찌개류, 탕류, 국물 떡볶이 등**)을 얼마나 자주 드십니까?	20 하루에 **30분 이상의 운동**을 얼마나 자주 하십니까?
① 2주일에 1번 이하 ② 일주일에 1~3번 ③ 일주일에 4~6번 ④ 하루에 1번 ⑤ 하루에 2번 이상	① 거의 하지 않는다 ② 일주일에 1~2번 ③ 일주일에 3~4번 ④ 일주일에 5~6번 ⑤ 매일

*18, 19, 20번은 참고용 문항

※참고용 문항이란? 영양지수 평가문항에 포함되지 않으나, 영양교육이나 상담 시 참고할 수 있는 문항입니다.

▶ 일반 사항

1 성별은?	2 만 나이는?
① 남자 ② 여자	만 ________세
3 키는?	4 몸무게는?
________cm	________kg

노인 영양지수 판정 기준 (개정된 영양지수의 판정 기준임)

대상연령	영역	하등급	'중'등급	'상'등급
		(0–24.9%)	(25.0–74.9%)	(75–100%)
노인	균형	0~34.187	34.188~54.649	54.650~100
	절제	0~30.799	30.800~74.999'	75.000~100
	실천	0~53.524	53.525~71.224	71.225~100
	영양지수	0~44.723	44.724~58.545	58.546~100

* 노인 영양지수 교육자료 동영상 URL
- 균형편 : https://youtu.be/Umm7GGk8w5o
- 절제편 : https://youtu.be/opuroPjMiQk
- 실천편 : https://youtu.be/YFgqyAm2PAA

출처 1. 정민재 외(2018).
출처 2. 임영숙 외(2022).

4. 영양문제 진단과 식사처방

고령자의 영양문제는 포괄적인 노쇠도에 대한 이해를 바탕으로 신체계측조사, 생화학조사, 임상조사, 식사섭취 조사를 통하여 종합적으로 진단할 수 있다.

고령자의 영양위험 지표는 〈표 4-10〉과 같다.

〈표 4-11〉 고령자 영양위험 지표

주요 지표	보조지표
• 5kg 이하의 체중감소 • 저체중이나 과체중 또는 비만증 • 혈청 알부민 농도 • 상완둘레 10백분위수 미만 • 영양 관련 질환이 있을 때 • 골다공증 또는 골연화증이 있을 때 • 엽산 결핍증 • 비타민 B_{12} 결핍증	• 알코올 중독증 • 인지기능 손상 • 만성신부전 • 약물복용(다중) • 흡수불량증 • 식욕부진, 구토, 연하장애, 배변습관 • 피로, 무기력, 기억력 저하 • 구강건강 불량 • 탈수증 • 상처치유 지연 • 피하지방 또는 근육량 손실 • 수분보유로 인한 부종 • 철분, 비타민 C, 아연 저하

출처: 박수진 외(2021).

그럼에도 불구하고 고령자는 개별적인 상태에 따라 적절한 영양평가 방법을 선택해야 하는 제한점이 있다. 따라서 고령자 본인은 물론 고령자를 돌보는 전문 간호, 영양, 사회복지, 의료진들의 원활한 소통과 관찰은 식사처방을 위해 매우 중요한 전제가 된다. 고령자의 적절한 식사와 영양케어를 위한 관리체계는 [그림 4-1]과 같다.

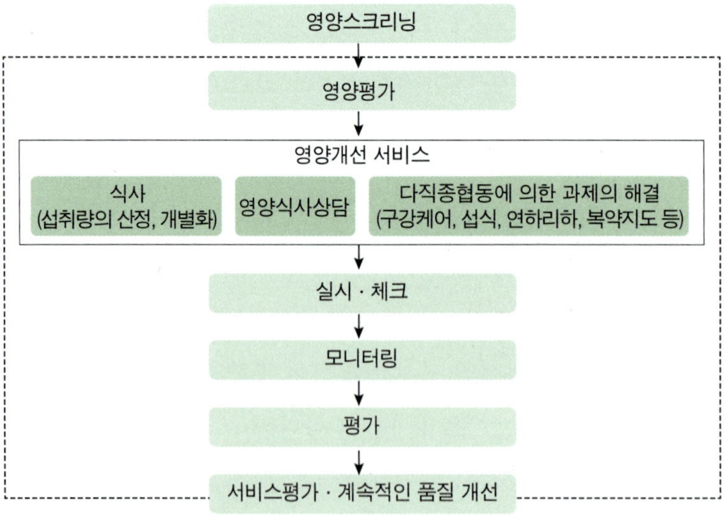

출처 1: 일본 후생성(1997).
출처 2: 김초일(2016).

[그림 4-1] 고령자 영양케어의 구성요소

CHAPTER 5

고령자 건강증진을 위한 영양관리와 식사설계

1. 고령자의 영양소 필요량 정하기

'무엇을', '언제', '얼마나' 먹을까? 하는 식사 계획을 세우는 것은 매우 중요하다. 전 세계 국가마다 부적절한 식사로부터 질병을 예방하고 건강을 증진하기 위해 국민이 섭취해야 하는 이들 영양소의 섭취기준을 제시하고 있다.

2020년 개정된 한국인 영양소섭취기준(Korea Dietary Reference Intake: KDRI)은 건강한 고령자 인구집단의 체위기준〈표 5-1〉과 영양필요량에 기초하여 총 40종의 영양소에 대해 설정되었다. 한국인의 영양소 섭취부족을 예방하기 위한 평균필요량, 권장섭취량과 충분섭취량은 물론 과잉섭취로 인한 건강문제를 예방하기 위한 상한섭취량과 만성질환위험감소섭취량을 각각 제정하였다.

개인에 대한 체위 정보가 부족할 때 한국인 영양소 섭취기준은 식사계획에 참고치가 된다. 특히, 고령세대는 다른 생애주기 세대보다 상대적으로 연령 범위가 넓고, 식습관과 환경에 있어서 개인별 차이가 크다. 따라서 개인의 영양소 필요량을 결정할 때에는 한국인 영양소 섭취기준을 감안하되 가급적 대상자의 체위와 비만도, 질환상태 등 개인의 특성에 맞는 고려가 필요하다.

개인의 식사계획을 위하여 한국인 영양소섭취기준의 권장섭취량 또는 충분섭취량을 기준으로 하며, 상한섭취량은 초과하지 않도록 한다.

〈표 5-1〉 2020 한국인영양소섭취기준의 체위기준

연령(세)	키(cm)		체중(kg)		BMI(Kg/m^2)	
	남	여	남	여	남	여
50–64	168.9	156.6	64.5	52.5	22.6	21.4
65–74	166.2	152.9	62.4	50.0	22.6	21.4
≥75	163.1	146.7	60.1	46.1	22.6	21.4

출처: 보건복지부, 한국영양학회(2020).

1) 에너지 필요량

에너지 필요량은 에너지 소비량을 통해 추정하며, 에너지 필요 추정량 공식 〈표 5-2〉와 고령자의 키와 몸무게 및 활동 수준을 고려하여 평균 에너지 필요량을 설정한다. 단, 고령기에는 성인기보다 근육량이 감소하므로 기초대사율도 감소하고, 신체 활동량도 줄기 때문에 성인기보다 에너지 필요량이 감소하는 것을 고려한다.

2) 다량영양소 필요량

다량영양소의 에너지 적정 섭취비율은 심혈관계질환 위험요인과 혈당에 대한 비율을 분석하여 탄수화물 55~65%, 총지방 15~30%, 단백질 7~20%이다(보건복지부, 한국영양학회, 2020)

(1) 단백질

고령기의 단백질 부족은 근감소증, 뼈의 약화, 면역력 저하와 밀접한 관련이 있다. 고령자는 체내에서 단백질을 이용하는 효율이 감소하지만, 체중당 근육량이 감소하므로 필요량은 젊은 성인과 동일하다.

KDRI에서 단백질 필요량은 질소평형 유지를 위한 1일 체중 kg당 0.825g을 기준으로 한다. 2020 기준에서는 65-74세 남성의 평균체중이 증가하여 2015년 기준보다 평균필요량과 권장섭취량이 각 5g씩 증가하였다. 여성의 경우 평균필요량은 변화가 없었으나 권장섭취량이 5g 증가하였다. 75세 이상 고령기에도 단백질 섭취기준은 연령에 따른 차이는 없다〈표5-1〉.

한편, 한국인 고령자의 노쇠 및 근감소증 예방을 위해 65세 이상 노인의 단백질 섭취기준을 상향조정하는 것에 대한 필요성이 대두되고 있다. 단백질을 평균필요량 미만으로 섭취하는 고령자는 여성이 남성보다 많았고, 75세 이상이 65~74세보다 더 많은 것으로 조사되었다. 고령기에는 충분한 단백질 섭취가 필요하지만 동시에 개별 상황에 따른 주의도 요구된다.

최근 대한가정의학회는 고령기의 단백질 섭취기준을 에너지 섭취량의 14~16%, 1.13g/kg로 권장하였다. 특히, 고령자에게 급성질환이 동반될 경우 1.2~1.5g/kg의 섭취가 필요하다고 제시하였다. 신장질환을 가지고 있지 않는 한, 충분한 단백질 섭취로 노인의 근감소증을 적극적으로 예방할 필요가 있다. 그럼에도 불구하고 고령자의 개별 상황에 따른 단백질 필요량의 확인이 필요하다.

(2) 탄수화물

우리나라 고령세대는 탄수화물 중심의 식사를 하는 한편 지방 섭취 비율은 낮은 것으로 나타났다. 고령기 탄수화물의 평균필요량은 성인기와 같이 두뇌에서 사용되는 포도당량을 기준으로 성인과 동일한 100g/d이고, 권장섭취량은 130g/d이다.

한편, 식이섬유는 대부분의 고령자에서 나타나는 변비를 해소하는 데 큰 도움이 되므로 성인과 마찬가지로 섬유소의 충분섭취량 기준은 일일 남자 25g, 여자 20g이다. 다만 지나친 섬유소 섭취는 비타민, 무기질과 같은 미량 영양소의 흡수를 방해할 수 있다는 것을 주의해야 한다.

(3) 지질

고령기 1일 에너지섭취량 대비 총 지방의 권장섭취 비율은 성인기와 동일하게 15~30%이다. 다만 에스트로겐 분비가 감소한 여자는 인슐린 민감성이 감소하고 체지방이 축적되므로 지질섭취는 주의가 필요하다. n−6계 지방산은 4~10%, n−3계 지방산은 1% 내외, 포화지방산은 7% 이하 섭취를 권장한다.

3) 수분 필요량

고령자에서 체내 수분함량은 점차 감소하고 갈증반응이 둔화되면서 필요한 수분의 섭취가 이루어지지 않는 경우가 많다. 특히, 도움 없이 물을 마실 수 없거나, 요실금으로 인해 수분 섭취를 피하는 경우 또는 항이뇨호르몬 감소로 인해 소변 농축 기능이 감소한 경우라면 많은 양의 수분이 소변으로 배설된다.

또한 우울증 환자나 이뇨제를 복용하는 경우도 탈수 위험이 높다. 따라서 고령자의 수분 섭취는 매우 중요하며 가능한 한 일정한 간격으로 기상 후, 매끼 30분 전, 식후 2시간, 잠들기 전에 한 컵씩 약 7~8컵의 수분 섭취가 필요하다. 2020KDRI에서는 건강한 고령자의 수분 섭취기준은 충분섭취량으로 남자 2,100mL, 여자 1,800mL를 권장한다. 고령기 수분섭취는 갈증을 해소하는 외에도 틈틈이 섭취하도록 유의해야 한다.

수분 필요량을 계산할 때에는 땀, 누공, 소변, 설사 등으로 손실되는 수분량을 고려한다. 특히, 화상, 누공, 혈액량 감소, 고열일 때는 체내 요구량이 증가하고, 심부전, 복수, 급성신부전, 혈액량 증가일 때에는 체내 수분요구량이 감소할 때이다.

(1) 체중에 따른 1일 수분 필요량 계산법

체중 20kg까지: 1,500ml

체중 20kg이상: 1,500ml+초과 체중 kg당 20mL 추가

(2) 연령에 따른 1일 수분필요량 계산법

55~65세: 30ml×체중(kg)

〉65세: 25ml×체중(kg)

(3) 에너지 섭취량에 따른 1일 수분 필요량 계산법

섭취 에너지 1kcal×1mL

〈표 5-2〉 고령자의 다량영양소 섭취기준

성별	연령(세)	에너지 (Kcal/d)	단백질 (g/d)		식이섬유 (g/d)	수분 (ml/d)
		필요추정량	평균필요량	권장섭취량	충분섭취량	충분섭취량(액체)
남	65–74	2,000	50	60	25	2,100(1,000)
	≥75	1,900	50	60	25	2,100(1,100)
여	65–74	1,600	40	50	20	1,800(900)
	≥75	1,500	40	50	20	1,800(900)

출처: 보건복지부, 한국영양학회(2020).

4) 미량영양소 필요량

일부 비타민을 제외하고 고령자의 비타민 필요량은 성인기와 거의 동일하거나 다소 감소한다. 단, 고령세대에서 필요량이 증가하는 유일한 비타민은 지용성 비타민 D이다.

(1) 비타민 D와 칼슘 필요량

고령자는 활동량이 감소하여 자외선 노출량이 줄어 피부에서 전구체 합성률이 감소하고, 신장에서 활성형 비타민 D로 전환율도 낮아지고, 장에서 흡수율도 떨어지므로 비타민 D 부족증이 되기 쉽다. 전 세계적으로 폐경 후 여성의 약 64%가 비타민 D 부족으로 나타났다(Lips, 2006).

고령자에서 비타민 D는 낮은 골밀도와 대퇴골근위부 골절 위험 인자로 골절 예방을 위해 성인기부터 충분한 섭취가 필요하다. 65세 이상은 모두 충분섭취량 15μg, 상한섭취량은 100μg이다.

폐경 이후 및 노인기에는 체내에서 뼈 용출량이 뼈 축적량보다 많기 때문에 골질량은 상당히 감소한다. 또한 칼슘 흡수율도 줄어들어 남성은 30%, 여성은 25%로 간주하여 1일 평균 필요량을 남성 570mg, 여성 560mg으로 설정하였고, 1일 권장 섭취량은 남자 700mg, 여자 800mg이다. 또한 인은 칼슘과의 섭취비율이 중요 요인으로 알려져 있으나 노인기에는 큰 의미가 없는 것으로 알려졌다. 따라서 혈청 무기인산 농도와 흡수율을 고려해 남녀 모두 1일 평균필요량은 580mg, 권장섭취량은 700mg이다.

(2) 비타민 A 필요량

비타민 A의 1일 평균필요량은 비타민 A 보유량(pool)을 유지하는 데 필요한 양을 기초로 고령자는 성인보다 다소 감소한 남자 500μg RAE, 여자 410μg RAE이다.

(3) 비타민 E 필요량

비타민 E 섭취량은 연령이 증가할수록 매우 낮아지고 있는 것으로 나타났다. 고령세대의 비타민 E 섭취 부족은 식사량이나 지방 섭취 부족 때문으로 1일 충분 섭취량은 남녀 모두 12mg α−TE이다.

(4) 비타민 K 필요량

고령자는 담즙산과 췌액의 분비량 감소, 식사 시 지방 섭취량 감소, 항생제 투여, 만성질환 등으로 인해 비타민 K 흡수량이 낮아질 수 있다. 50세 이후 남녀의 비타민 K의 1일 충분섭취량은 65μg으로 동일하다.

(5) 비타민 B_6 필요량

수용성 비타민이지만 인체 내 상당량 저장되어 있는 것으로 알려져 있다. 비타민 B_6의 조효소 형태인 피리독살−5−인산(PLP)은 아미노산대사에서 매우 중요한 기능을 갖고 있다. 혈장 PLP 농도를 고려해 고령자의 1일 평균필요량은 남자 1.3mg, 여자 1.2mg, 1일 권장섭취량은 평균 필요량의 120% 수준인 남자 1.5mg, 여자 1.4mg이다.

(6) 비타민 B_{12} 필요량

악성 빈혈 환자가 정상 범위를 유지하기 위한 필요량에 식품으로부터 섭취한 비타민 B_{12}의 흡수율 50%를 적용한다. 1일 평균필요량은 남녀 모두 성인과 동일하게 2μg이다.

(7) 엽산 필요량

최근 노화와 관련된 인지 기능 저하, 청력 저하, 알츠하이머, 우울증, 암, 뼈 건강악화 등과 관련이 있다고 보고되었지만 노화가 진행되어도 흡수나 이용의 감소가 없다. 성인과 동일하게 1일 평균 필요량은 남녀 모두 320μg DFE, 1일 권장

섭취량은 평균 필요량의 120%인 400μg DFE이다.

(8) 티아민 필요량

티아민은 에너지대사에서 중요한 역할을 한다. 고령자의 1일 평균필요량은 티아민 소변 배설량 또는 적혈구 티아민 농도를 적정 수준으로 유지하거나 결핍으로 인한 임상증세를 나타내지 않는 최소한의 양으로 성인과 동일하다. 남자 1.0mg, 여자 0.9mg이고, 1일 권장섭취량은 평균 필요량의 120%인 남성 1.2mg, 여성 1.1mg이다.

(9) 리보플라빈 필요량

리보플라빈의 소변 배설량은 단백질 섭취량, 질소 평형과 관련이 있다. 따라서 성인과 동일하게 고령자에서도 질소평형을 유지하기 위해 1일 평균필요량은 남자 1.3mg, 여자 1.0mg이고, 1일 권장섭취량은 평균필요량의 120% 수준인 남성 1.5mg, 여성 1.2mg이다.

(10) 나이아신 필요량

니아신 결핍증인 펠라그라 증세를 나타내지 않는 양으로서, 1일 평균필요량은

성인과 동일하게 고령자에서도 남자 12mgNE, 여자 11mgNE, 1일 권장섭취량은 평균 필요량의 130%로 남자 16mgNE, 여자 14mgNE이다.

(11) 비타민 C 필요량

비타민 C는 백혈구(호중구, 림프구, 단핵구)에서 항산화 기능을 하여 중요하다. 평균필요량은 소변 배설 없이 충분하게 체내 항산화 보호효과를 만족시키는 양으로서, 성인과 동일하게 고령자에서도 남녀 모두 75mg/d, 권장섭취량은 평균 필요량의 130% 수준인 100mg/d이다.

(12) 나트륨과 칼륨 필요량

국민건강영양조사에서 남녀의 에너지 섭취량 중앙값에 근거해 성인의 1일 충분 섭취량으로부터 도출한 65~74세 남녀의 1일 나트륨 충분섭취량은 1,300mg/d, 75세 이상 남녀 1,100mg/d이다.

칼륨은 나트륨과의 섭취비율이 혈압조절과 관련성이 높아 고혈압 예방을 위하여 칼륨의 1일 충분섭취량은 3,500mg이다.

(13) 아연과 마그네슘 필요량

고령자는 젊은 성인에 비해 식품으로부터 섭취한 아연과 마그네슘 흡수율이 낮다. 특히 아연 결핍은 고령자의 식욕과 맛에 대한 감각 저하, 상처 회복 지연과 관계가 있다. 아연의 1일 평균 필요량은 남자 7mg, 여자 6mg이다.

마그네슘은 가령에 따라 계속적인 신장 기능 감소와 폐경으로 인한 결핍을 고려해 30세 이상 성인과 동일하게 남성 305mg, 여성 235mg이고, 권장섭취량으로 남성 370mg, 여성 280mg이다.

(14) 철과 구리 필요량

철은 식물성 식품을 위주로 하는 고령자의 식습관이나 육류 섭취 감소, 소화관 흡수 저하로 인해 남자는 성인기와 동일한 양을 권장한다. 단, 고령기 여자의 철 요구량은 폐경으로 인해 성인기보다 감소한다. 철의 1일 평균필요량은 기본 철 손실량을 고려하고 체중당 필요량으로 환산하여 남자는 7mg, 여자는 65~74세 6mg, 75세 이상은 5mg이다.

구리의 1일 평균 필요량은 혈장 구리 농도, 혈청 세룰로플라스민 농도, 적혈구 SOD 활성도가 변함이 없는 양으로서 남녀 모두 600μg이다. 구리의 만성적인 과다 섭취는 간 손상을 유발하므로 1일 상한 섭취량은 10,000μg이다.

〈표 5-3〉 고령자의 미량영양소 섭취기준

구분	연령 \ 성별	남자		여자	
		65~74(세)	≥75(세)	65~74(세)	≥75(세)
지용성 비타민	비타민 A(μg RAE)	700	700	550	550
	비타민 D(μg)	15	15	15	15
	비타민 E(mg)	12	12	12	12
	비타민 K(μg)	75	75	65	65
수용성 비타민	비타민 C(mg)	100	100	100	100
	비타민 B_1(mg)	1.2	1.2	1.1	1.1
	비타민 B_2(mg)	1.5	1.5	1.2	1.2
	니아신(mgNE)	16	16	14	14
	비타민 B_6(mg)	1.5	1.5	1.4	1.4
	엽산(μg)	400	400	400	400
	비타민 B_{12}(mg)	2.4	2.4	2.4	2.4
무기질	칼슘(mg)	700	700	800	800
	인(mg)	700	700	700	700
	철(mg)	9	9	8	7
	아연(mg)	9	9	7	7

* 충분섭취량 그 외 권장섭취량.
출처: 보건복지부, 한국영양학회(2020).

2. 고령자의 건강한 식생활 실천 포인트

우리나라 고령자의 식사 실태 조사 결과를 바탕으로 균형 있는 식생활을 위한 고령자 식생활 관리의 주의할 점과 실천사항을 정리하면 다음과 같다.

(1) 다양한 식품을 고르게 이용한다

① 매일 고기, 생선, 계란, 콩 가운데 하나 이상을 먹는다. 고령자에게 부족하기 쉬운 단백질을 확보할 수 있다. 가능한 한 한 번에 몰아서 먹지 말고 끼니마다 나누어 먹는다.

② 매일 여러 가지 우유제품 또는 두유를 먹는다. 간식으로 우유, 두유, 요구르트, 치즈를 이용하거나 이들을 이용한 식단으로 칼슘과 단백질 등의 영양소를 섭취한다.
③ 매일 신선한 과일을 먹는다. 맛과 영양은 물론 오감을 자극하여 기분을 좋게 한다.
④ 매끼 다양한 채소반찬을 먹는다. 씹는 습관을 유지하고, 변비예방을 위한 섬유소를 섭취할 수 있다.
⑤ 다양한 색의 식품을 골고루 먹는다. 빨강, 노랑, 파랑, 초록, 보라, 검정, 흰색 등 식품 고유의 색소는 생리기능을 돕는 기능성분이다.

(2) 짠 음식은 피하고, 싱겁게 먹는다.

① 조리할 때 소금이나 액젓 사용량을 줄인다.
② 국과 찌개, 김칫국물 등과 같은 국물은 되도록 적게 먹고 건더기 위주로 먹는다.
③ 반찬으로 젓갈, 장아찌, 통조림, 소시지, 햄류 등을 이용하는 횟수는 줄인다.
④ 면과 빵, 케이크류는 나트륨이 많이 함유되어 있으므로 가급적 먹는 횟수를 줄인다.
⑤ 싱거운 음식의 맛을 보완할 수 있는 다양한 맛(새콤달콤한 맛, 감칠맛, 고소한 맛)이나 향신재료(계피, 생강 등)를 이용한다.

(3) 식사는 규칙적으로 천천히 하고, 위생과 안전을 생각한다.

① 끼니는 일정한 시간에 하여 생체 리듬을 갖는다.
② 조리한 지 오래되었거나 신선도가 떨어진 음식은 먹지 않는다.
③ 입으로 하는 식사를 우선으로 하고, 건강기능식품의 이용은 신중하게 한다.

(4) 물은 많이, 술은 적게 섭취한다.

① 고령자는 갈증을 느끼는 민감도가 떨어질 수 있으므로 목이 마르지 않더라도 일정한 간격으로 물을 자주 충분히 마신다.

② 술은 하루 1잔을 넘지 않도록 한다.

③ 술은 다른 음식과 함께 먹는다.

(5) 활동량을 늘리고, 건강한 체중을 갖도록 한다.

① 앉거나 눕는 시간을 줄이고, 가능한 한 많이 움직이도록 한다.

② 나의 건강 체중을 알고, 지키도록 노력한다.

③ 매일 최소 30분 이상 숨이 찰 정도의 운동을 한다.

④ 일주일에 최소 2회, 20분 이상 힘이 드는 정도의 근력운동을 한다.

출처: 보건복지부, 한국영양학회(2015).

[그림 5-1] 식품구성자전거

3. 고령자를 위한 메뉴 선택과 식사 설계를 위한 고려 사항

1) 고령자의 특성 이해하기

(1) 고령자의 에너지 필요량은 개인별 상황에 따라 다를 수 있다. 일반적으로 고령자는 기초대사량이나 활동량이 감소하여 에너지 필요량도 줄어들기 때문에 고령자의 개별 표준체중을 유지할 수 있도록 에너지 섭취량을 계획한다.

(2) 고령자는 한 번에 많은 양을 소화하기 어려운 경우가 발생하므로 하루 섭취량을 세끼 외에도 간식으로 나누어 제공한다. 특히, 고령자에게 간식은 중요한 식사가 될 수 있다.

(3) 씹고 삼키는 어려움 때문에 부드러운 질감의 식품만 제공하다 보면 지루하고 식욕을 잃기 쉬우므로 때로는 아삭하거나 바삭한 질감도 활용할 수 있도록 한다.

(4) 고령자는 감각(미각, 후각 등)이 둔화되어 더 짜고, 달게 먹을 가능성이 높다는 것을 고려하여 식사를 계획한다.

(5) 가능한 한 다양한 식재료를 이용하고, 한 끼에 주재료, 조리법, 양념이 중복되지 않도록 배려한다.

(6) 식욕을 증진시킬 수 있도록 식재료의 씹는 소리, 질감, 색, 모양, 향 등에 변화를 준다.

(7) 고령자에게 편리한 식기류와 식사도구, 식사하는 환경(조명, 분위기, 음악 등)도 식욕을 증진시키는 배려가 된다.

(8) 고령자는 변비가 되기 쉬우므로 섬유소가 풍부한 잡곡이나 채소를 이용한다.

(9) 고령자의 근육량을 확보할 수 있도록 단백질 흡수율이 좋은 생선, 두부, 살코기 등의 단백질 식품을 이용한다. 단, 콜레스테롤이나 동물성 포화지방 함량이 높은 식품을 제한하여 사용한다〈표 5-4〉.

〈표 5-4〉 콜레스테롤이나 동물성 포화지방 함량이 높은 식품

콜레스테롤이 많은 식품	동물성 포화지방이 많은 식품
간, 곱창, 삼겹살, 갈비, 오리고기, 오징어, 새우, 명란젓, 계란 노른자	삼겹살, 갈비, 꽃등심, 닭껍질

출처: 식품의약품안전처(2015).

(10) 컬러푸드(검은콩, 시금치, 당근, 파프리카, 토마토, 양파 등)는 항산화 물질과 피토케미컬이 풍부하고, 색감을 통한 식욕을 증진시킬 수 있는 요소가 된다.

(11) 절기음식이나 계절식품 및 지역별 향토음식은 고령자에게 위안이 되고 식욕을 높일 수 있는 방안이 된다.

〈표 5-5〉 대표 절기음식

절기	활용 음식
설날(음력 1월 1일)	떡국, 동태전, 산적, 수정과, 식혜
정월 대보름(음력 1월 15일)	오곡밥, 묵은 나물, 부럼
삼복(초복, 중복, 말복)	육개장, 삼계탕
추석(음력 8월 15일)	송편, 토란탕, 누름적
동지(양력 12월 22일)	팥죽, 동치미, 경단

출처: 식품의약품안전처(2015).

(12) 건강에 도움이 되는 영양소 함유에 대한 정보제공은 고령자의 식욕을 증진 시킬 수 있다.

2) 식품알레르기, 식습관 및 기호도 확인

식품알레르기는 식품 섭취 후 나타나는 면역기전의 이상 반응을 뜻한다. 모든 식품은 면역 반응을 유발하는 항원(알레르겐)이 될 수 있으나 특히, 단백질 성분의 항원성이 가장 강하다. 우리나라 식품위생법상 시판 식품 중 주요 알레르기

유발 식품에는 난류, 우유, 메밀, 호두, 땅콩, 잣, 대두, 밀, 고등어, 게, 새우, 돼지고기, 복숭아, 토마토, 닭고기, 소고기, 오징어, 조개류, 아황산류(최종제품에 SO2로 10mg/kg 이상 함유 제품)를 함유하거나 그 성분이 함유된 식품이 있다.

식품 알레르기는 크게 Ig E 매개성과 Ig E 비매개성으로 구분한다. Ig E 매개성 식품 알레르기는 특정 식품 섭취 후 수분에서 2시간 이내에 나타나는 특이 Ig E 항체에 의한 제 1형 즉시형 과민반응이다. 경미한 증상부터 아나필락시스와 같은 심각한 증상까지 범위가 넓다. 주요 증상으로 두드러기, 혈관부종, 발진, 입안 가려움증, 입술 부종 등이 있다. 반면에 Ig E 비매개성 식품 알레르기는 특이 Ig E 항체반응과 함께 세포면역 관련 반응이 혼합되어 나타나는 아토피 피부염이나 호산구성 식도염이 해당된다. 순수 T 세포 면역반응만 관련되는 식품 단백질 유발성 장염 증후군이나 알레르기 직결장염이 해당된다.

식품 알레르기의 발생 위험요인으로는 미성숙한 섬박넌헉세, 유진직으로 졈막투과성이 높은 경우, Ig A가 부족하거나 생성이 늦는 경우, 유전적으로 Th2 림프구 반응 편향성을 갖는 경우이거나 위장관 감염 등이 있다.

식품 알레르기 관리에서 가장 중요한 것은 대상자에게 알레르기를 유발하는 식품을 사전에 알고 피하는 것이다. 만일 모르고 섭취했다면 일어날 수 있는 알레르기 반응에 대한 응급처치법을 준비하는 것이 필요하다.

잘 알려진 알레르기 항원식품과 그 대체식품은 〈표 5-6〉와 같다. 고령자를 위한 식사 준비시 특정 알레르기 식품을 확인하는 것은 매우 중요하다. 특히, 가공식품의 경우 제조과정에서 함유되는 알레르기 유발 식품을 확인하기 위해 식품 표시의 원재료명을 확인하고, 외식 시에도 음식을 만드는 과정에서 알레르기 유발 식품의 교차오염을 확인하는 것이 필요하다.

식사케어를 받는 고령자의 평소 식습관〈표 5-7〉과 음식에 대한 기호도〈표 5-8〉를 확인하여 식사준비에 참고하는 것이 중요하다. 고령자의 건강 유지를 위한 균형 있는 식생활을 영위하기 위해서는 하루 식사량, 간식 종류, 메뉴 구성 등에 대한 전문적인 도움이 필요하고, 무리한 메뉴 구성으로 인해 식사준비가 부담되지 않도록 주의를 기울여야 한다.

〈표 5-6〉 알레르기 항원식품과 대체식품의 예시

주요 알레르기 항원식품	피해야 할 식품	대체식품
우유	치즈, 아이스크림, 요구르트, 크림수프, 버터	두유, 우유를 대체한 가공식품
달걀	커스터드, 푸딩, 마요네즈, 기타 달걀 함유식품	달걀을 사용하지 않은 가공식품 마요네즈 대체 소스나 드레싱
밀	빵, 크래커, 마카로니, 파스타, 스파게티, 국수 등	밀 대체 빵과 가공식품, 옥수수, 감자, 쌀, 고구마
두류	콩가루, 두유, 콩기름, 콩소스	두류 이외 견과류 활용한 가공식품
옥수수	팝콘, 옥수수기름, 콘시럽	밀, 고구마, 쌀
소고기	소고기 스프, 소고기 육수, 소스류	소고기 외의 육류
돼지고기	베이컨, 소시지, 소스류	돼지고기 외의 육류

출처: 한성림 외(2021) 중 저자 수정

〈표 5-7〉 식습관 체크 항목

항목	내용
식사 시간	아침식사, 늦은 아침 시간, 점심식사, 늦은 점심 시간, 저녁식사, 늦은 저녁식사
식사 횟수	식사 1, 2, 3, 4회, 간식 1, 2, 3, 4회
물 마시는 횟수 (복수응답) (차, 커피 포함)	식전, 식후(아침, 점심, 저녁), 취침 전
식욕	1. 왕성, 2. 보통, 3. 부진
외식 상황	1. 매일, 2. 주 2~3회, 3. 거의 없음
조리 · 가공식품 섭취상황	1. 매일 먹음, 2. 2~3회, 3. 거의 먹지 않음
알코올 음료	1. 매일 마심, 2. 주 2~3회, 3. 마시지 않음
간식 상황 (복수응답)	1. 매일 먹음, 2. 가끔 먹음, 3. 식사 대신 먹음, 4. 먹고 없으면 좋아하는 과자는 반드시 사옴(없으면 허전함), 5. 어떤 과자를 좋아하는가(　　)

출처: 한성림 외(2021) 중 저자 수정

〈표 5-8〉 음식기호도 조사표

※ 좋아하는 것에 ○표, 싫어하는 것에 ×를 표시하시오.

콩제품	두부, 두유, 유부, 부침두부, 검은콩자반, 강낭콩조림, 된장, 청국장, 콩국 등
어패류(생선조림, 구이, 조개 등)	꽁치, 갈치, 고등어, 가자미, 연어, 오징어, 대합, 바지락 등
난류	계란프라이, 삶은 계란(완숙, 반숙, 수란 등), 계란말이, 계란찜 등
육류	불고기, 샤부샤부 전골, 삼겹살 구이, 돈육볶음, 닭볶음, 삼계탕, 스테이크, 햄버거스테이크 등
우유류	우유, 요구르트, 치즈, 우유를 넣은 음식들(수프류, 스튜류 등)
채소류	생채류, 겉절이, 샐러드류, 야채 볶음, 감자 볶음, 감자 조림, 시금치나물, 시래기나물, 각종 나물류 등

출처: 한성림 외(2021) 중 저자 수정

3) 식품·영양소와 약의 상호작용

고령자는 만성질병의 치료 및 조절을 위해 여러 가지 약을 복용하는 사례가 흔하다. 약은 안전성과 유효성을 보장하기 위하여 적절하게 이용해야 하는데, 특정 식이 성분이나 영양소를 약과 함께 섭취 할 경우 이들은 상호 영향을 미칠 수 있다. 이를 식품·영양소와 약의 상호작용이라고 한다. 예를 들면, 특정 식품이나 영양소가 약의 활성을 증가시키거나 감소 또는 변경할 수 있다. 또는 반대로 특정 약의 섭취는 영양소의 흡수나 생체이용률에 영향을 미칠 수 있다. 이와 같은 상호작용은 생리활성이 높은 일부 허브류를 포함하는 천연물 추출물과 약간에도 발생할 수 있다. 천연물의 배합, 추출, 가공, 조리 및 저장상태와 농도 등은 약의 흡수, 분포 및 대사에 영향을 미친다.

더욱이 고령자는 질병과 인지기능 저하, 내분비 기능 저하, 제한된 식사로 인해 영양상태가 매우 불량할 수 있기 때문에 식품·영양소와 약간의 상호작용 위험도가 높다. 노화에 따라 나타나는 근육량 감소, 체지방 비율 증가, 혈류 감소, 신장기능 저하 등은 약의 흡수, 분포 및 대사와 배설에 영향을 미친다.

식품·영양소와 약의 상호작용은 복잡한 주제이다. 선행연구에 따르면 식품·영양소와 약의 상호작용 위험은 항혈전제, 항우울제 및 항당뇨병제와 진정제 등을 사용할 때 특히, 주의가 필요하다. 약을 섭취할 때 주의해야 할 일반 식품으로는 우유, 크랜베리쥬스, 자몽쥬스, 허브류 가운데 마늘(garlic), 인삼(ginseng), 쥐오줌풀(valerian), 카바(kava), 은행나무잎(Gingko biloba), St Jojn's wort, 쏘팔메토(Saw palmetto), 달맞이꽃종자(evening primrose), 생강(ginger) 등이 알려져 있다(Björn Viðar Aðalbjörnsson, 2021).

〈표 5-9〉 식품·영양소와 약물간의 상호작용과 약물복용시 유의점

약물	약품명	식품영양소-약물간 상호작용	약물복용시 유의점
항생제	Ciprofloxacin(Cipro) Tetracyclin (Achromycn-V)	칼슘, 마그네슘, 아연, 철, 알루미늄과 불용성 복합체를 형성함	• 항생제 복용중에는 가능하면 무기질 보충제는 섭취하지 말것 • 무기질 보충제를 섭취해야 한다면 항생제 복용 2시간 전 또는 6시간 후에 섭취할 것
항히스타민제	Fexofanadine(Allegra) Terfenadine(Seldane) Astemizole (Histamanal)	자몽주스, 오렌지주스, 사과주스와 같은 과일주스는 위액 산도에 영향을 주어 약물의 흡수를 방해함	• 주스와 함께 복용하지 말고 물과 함께 복용
골다공증 치료제	Alendrinate(Fosamax) Risedrinate(Actonel) Ibandronate(Boniva)	식품과 함께 복용 시 흡수율이 크게 감소함	• 공복 또는 식사 전 30~60분 전에 물과 복용
철 보충제	-	일부 식품은 철과 함께 섭취하면 위장관내에서 철의 흡수율 감소함	• 공복에 복용 • 밀기울, 달걀, 피틴산 함량이 높은 식품, 식이섬유 보충제, 차, 커피, 유제품 등은 피함
파킨슨 치료제	Entacapone(Comtan)	철분에 킬레이트됨	• 철 보충제는 약물복용 1시간 전 또는 2시간 후에 섭취

출처: Pronsky ZM(2015).

〈표 5-10〉 약물 복용시 자몽 섭취를 피해야 하는 경우

질환	약물	약품명
정신질환	항불안제 (벤조디아제핀계)	알프라졸람 alprazolam(Xanax) 디아제팜 diazepam(Valium) 클로바잠 clobazam(Librium) 미다졸람 midazolam(Versed)
	조울증 치료제	카르바마제핀 carbamazepine
	항우울제	클로미프라민 clomipramine(Anafranil)
심혈관계 질환	칼슘채널차단제 (혈압강하제)	니페디핀 nifedipine(Procardia) 암로디핀 amlodipine(Norvasc) 딜티아젬 diltiazem(Cardizem) 베라파밀 verapamil(Calan)
	콜레스테롤 저하제	로바스타틴 lovastatin(Mevacor) 프라바스타틴 pravastatin(Pravachol) 심바스타틴 simvastatin(Zocor) 아트로바스타틴 atrovastatin(Lipitor) 세리바스타틴 cerivastatin(Baycol)
감염증	항진균제	이미다졸계 케토코나졸 ketoconazole
장기이식	면역억제제	에버로리머스 everolimus(Afinitor, Zortress) 시로리머스 sirolimus(Rapamune) 타크로리머스 tacrolimus(Prograf) 사이클로스포린 cyclosporine(Neoral)

출처1: Pronsky ZM(2015).
출처2: 식품의약품안전평가원, 식품의약품안전처(2016)

〈표 5-11〉 영양소 흡수에 영향을 주는 약물

약물 또는 약품명	영양소-약물간 상호작용	
치아지드계(thiazide) 이뇨제, 코르티코스테로이드, 하제, 진균제(amphoterin B), 강심이뇨제	무기질·비타민	칼륨 손실
코티졸, 디옥시코르티코스테론, 알도스테론, 에스트로겐-프로게스테론 경구피임제, 소염제(phenybutazone)		나트륨과 물의 축적, 부종
혈당저하제(sulfonylurea), 소염제(phenylbutazone), 코발트, 리튬		요오드의 흡수와 방출 손상
경구피임제, 결핵약(ethambutol), 진균제(amphoterin B)		혈장 아연 감소, 구리 증가
코르티코스테로이드, 골다공증치료제(biphosphonates)		칼슘 손실
H_2 수용체 길항제, 수소이온펌프 저해제		철 흡수 감소
심혈관계약물(안지오텐신 전환 효소 저해제)		아연흡수 감소
소염진통제(Salicylates)		Fe, K, Na, 비타민 C, 엽산 흡수 감소
간질치료제(phenobarbital, phenytoin), carbamazepine		엽산, 비타민 D와 K의 대사 증가
이소니아지드(Isoniazid), 하이드랄라진(hydralazine)		피리독신과 니아신 길항제
Pyrimethamine, sulfadoxine, methotrexate, metformin, 경구피임제		비타민 B_{12}, 엽산 길항제
해열제(aspirin)		비타민 C 흡수 감소
페니실린계 항생제 (Penicillins)		비타민 B_1, B_2, B_3, B_6, B_{12}, K, Ca, Mg, Fe 흡수 감소
경구당뇨약, 혈당강하제 (Metformin)		비타민 B_{12} 흡수 감소
코르티코스테로이드 (Cortisone)		엽산 흡수 감소
신경정신계 약물(Tricyclic 항우울제)		코엔자임Q10, 비타민 B_2 흡수 감소
항경련제(Barbiturates)		Ca, 엽산, 비타민 D, 비타민 K 흡수 감소
제산제		비타민 B_{12}, Fe, 엽산흡수 감소
이뇨제		비타민 B_6, Zn, Mg, Ca, Cu 흡수 감소
배변완화제		Ca, 비타민 A, D, E, K, 비타민 B_2, B_{12}흡수 감소
고지혈증 약제(Lipid binding resins)		비타민 A, 비타민 D, 비타민 E, 비타민 K 흡수 감소
경구피임제, 세로토닌 재흡수 저해제, trazodone	아미노산	트립토판 대사 변화
Metprolol, chlorpromazine	혈당	혈당 증가
니아신		혈당 감소

출처1: Pronsky ZM(2015).

〈표 5-12〉 영양소 배설에 영향을 주는 약물

약물 또는 약품명	식품영양소-약물간 상호작용
이뇨제(loop diuretics)	• 나트륨, 칼륨, 염소, 마그네슘, 칼슘 배설 증가
치아지드계 이뇨제	• 대부분의 전해질 배설 증가
진균제	• 칼륨 배설 증가
칼륨보존성 이뇨제	• 칼륨 배설 감소
비스테로이드 항염증제(NSAIDs)	• 칼륨 배설 증가
카페인	• 나트륨 배설 증가
칼시토닌	• 인, 마그네슘, 칼륨, 염소, 나트륨배설 증가 • 칼슘 배설은 증가 또는 감소
고지혈증 치료제	• 칼슘과 마그네슘 배설 증가
항암제	• 마그네슘, 칼슘, 칼륨, 아연, 구리의 배설 증가
혈압강하제(clonidine)	• 나트륨과 염소의 배설 감소
코르티코스테로이드	• 나트륨 배설 감소 • 칼륨, 칼슘, 질소, 아연 배설 증가
조직이식거부반응억제제(cyclosporine)	• 마그네슘 배설 증가 • 칼륨 배설 감소
강심제(digitalis)	• 마그네슘 배설 증가
비스테로이드 항염증제(NSAIDs)	• 비타민 C 배설 증가
코르티코스테로이드	• 비타민 C 배설 증가
항생제(tetracyclin)	• 리보플라빈, 엽산의 소변 배설 증가
비스테로이드 항염증제(NSAIDs)	• 단백질 배설 증가
칼시트리올	• 알부민 배설 증가
항암제	• 아미노산 배설 증가

출처1: Pronsky ZM(2015).
출처2: 식품의약품안전평가원, 식품의약품안전처(2016).

〈표 5-13〉 미각과 식욕에 영향을 미치는 약물

<table>
<tr><th colspan="2">약품명(상품명)</th><th colspan="2">미각과 식욕에 미치는 영향</th></tr>
<tr><td>항고혈압제</td><td>captopril(Capoten)</td><td>금속성, 짠맛을 유발하고 맛의 지각 손실</td><td rowspan="7">미각 변화</td></tr>
<tr><td>수면제</td><td>eszopiclone(Lunesta)</td><td>불쾌한 금속성 맛으로 미각에 영향</td></tr>
<tr><td>항생제</td><td>clarithromycin(Biaxin)</td><td>약 자체의 쓴맛이 구강에 잔류하며 미각에 영향</td></tr>
<tr><td>항발작제</td><td>phenytoin(Dilantin)</td><td>미각 변화</td></tr>
<tr><td>항우울제</td><td>amitriptyline(Elavil)</td><td rowspan="3">타액 분비를 감소시켜 맛의 감지를 어렵게 함</td></tr>
<tr><td>항히스타민제</td><td>diphenhydramine(Benadryl)</td></tr>
<tr><td>항콜린제</td><td>oxybutynin(Ditropan)</td></tr>
<tr><td>항암제</td><td>cisplastin(Platinol-AQ)
paclitaxel(Taxol)
carboplatin(Paraplatin)</td><td>점막염증을 유발하여 음식의 섭취를 어렵게 함</td><td>점막 염증 유발</td></tr>
<tr><td>항우울제</td><td>clomipramine(Anafranil)
phenelzine(Nardil)</td><td rowspan="4">식욕을 증진시켜 체중 증가가 일어날 수 있음</td><td rowspan="4">식욕 증진 유발</td></tr>
<tr><td>항간질제</td><td>divalproex(Depakote)
gabapentin(Neurontin)</td></tr>
<tr><td>호르몬제</td><td>prednisone(Daltasone)
testosterone(Androderm)</td></tr>
<tr><td>항정신병약</td><td>olanzapine(Zyprexa)
quetiapine(Seroquel)
haloperidol(Haldol)</td></tr>
<tr><td>항암제</td><td>fluorouracil(5-FU)
imatinib(Gleevec)
bleomycin(Blenoxane)</td><td rowspan="2">식욕저하로 인해 체중 감소가 일어날 수 있음</td><td rowspan="2">식욕 저하 유발</td></tr>
<tr><td>기관지확장제</td><td>albuterol(Proventil)
theophylline(Theo-24)</td></tr>
</table>

출처1: Pronsky ZM(2015).

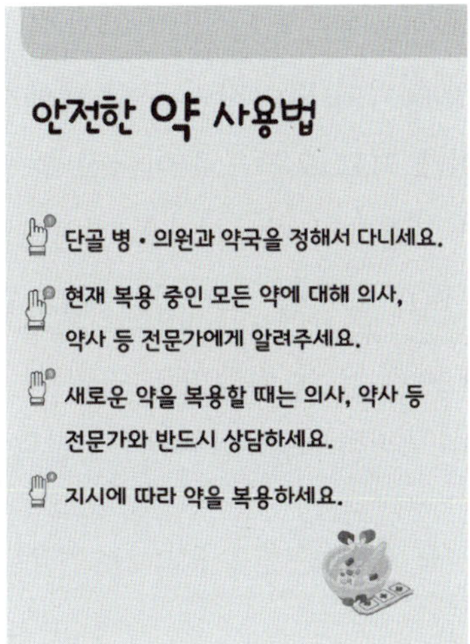

출처: 한국의약품안전관리원

4) 식사의 성상과 유형 선택의 포인트

고령자의 케어식사 형태는 고령자가 먹을 수 있는 기능을 파악하여 디자인하는 것이 가장 중요하다. 음식물을 집어 입으로 옮겨 위까지 이르게 하기 위해서는 음식물의 크기, 단단함, 뭉쳐지는 정도, 매끄러움 등 4가지 조건이 필요하다. 입술을 열고 닫는 능력이 저하되면 음식물을 집어 입으로 가져가서 입을 열고 음식물을 입속으로 넣은 후 입술을 닫는 것이 어려워지므로, 음식물이 입술 밖으로 흐르거나 씹는 과정 중에 흘리게 되며 연하 어려운 현상이 생긴다. 입안에서 이로 음식을 자르고 갈아 부서진 음식물을 혀로 둥글리며 씹는 능력이 결국 삼키는 능력으로 이어지는데 저작능력은 치아의 상태, 혀의 건전성 및 저작근육이 결정한다.

저작능력이 떨어지면 타액 분비가 줄어들고 음식물덩어리 형성이 어려워진다. 그 결과 연하 어려워지고 인두에 쌓이거나 오연이 일어나기 쉬워진다. 고령자가 음식물을 입속에 넣고 오물오물한다고 해서 씹는 것이 아니므로 제대로 씹고 있는 지 관찰하여 파악하는 것이 중요하다. 따라서 음식물을 제대로 씹고 안전하게 연하 위해서는 분비되는 침의 양과 질, 혀와 뺨의 움직임이 중요하다. 음식물덩어리 형성 능력이 떨어지면 구강 내에서 음식물이 흩어져서 연하 어려워지고 인두에 모이게 되고 오연으로 이어질 수 있다.

따라서 고령자의 케어식사를 준비하기 위해서는 고령자의 쥐는 힘(악력), 입술 무는 힘, 혀의 움직임, 치아상태, 연하능력 등의 다각적인 기능을 고려하여 디자인하여야 하며, 이를 위해서는 식재료의 선택, 전처리, 조리법, 식사형태, 식사 제공량 등을 구체적으로 계획하여야 한다.

TIP 저작 및 연하곤란을 유발하는 건강문제

저작곤란을 유발하는 건강문제	치아손실, 지추질환, 구강통증, 구강건조증
연하곤란을 유발하는 건강문제	노화, 신경계질환, 뇌혈관질환, 척수손상, 근질환, 두경부종양, 심인성질환, 뇌졸중, 뇌손상, 소아마비, 루게릭병, 파킨슨병, 치매 등

출처: 식품의약품안전처 (2019).

TIP 연하곤란 기능척도(Functional Outcome Swallowing Scale, FOSS)

단계	상태
0	정상적인 기능, 무증상
1	일시적 또는 일일 연하장애 증상이 있지만 정상적인 기능 상태
2	체중감소나 흡인은 없지만, 식사중재가 필요함, 식사시간 지연상태를 보이는 비정상적인 기능 상태
3	식사동안 연하곤란, 기침, 구역, 흡인으로 인해 6개월 동안 체중의 10% 이하 감소상태가 동반된 비정상적인 기능 상태
4	연하곤란, 폐기관 합병증 동반으로 심한 흡인, 비경구영양섭취로 인해 6개월 동안 체중의 10% 이상이 감소된 중증의 기능부전 상태
5	비경구적 영양공급상태

출처: 식품의약품안전처 (2019)

TIP 연하곤란 환자의 식사지침

① 연하능력 정도의 평가결과에 맞추어 음식의 점도를 조절한다.
② 부드러운 음식을 공급한다.
③ 특정 음식에 제한되지 않도록 가급적 다양한 식품을 선택한다.
④ 한번에 먹는 식사량이 적을 경우, 1일 5-6회 정도로 나누어 섭취하도록 한다.
⑤ 입안에서 흩어지지 않고, 덩어리(볼루스)가 잘 만들어지는 음식을 선택한다.

4. 고령자 건강증진을 위한 식단을 계획하는 순서

1) 한국인 에너지 섭취기준 확인

한국인 영양소섭취기준(KDRI)에서 정한 고령자의 1일 에너지 필요추정량을 기준으로 하루 세 끼 식사를 계획할 수 있다〈표 5-14〉. 만일, 점심 식사만 제공하는 경우라면 에너지 필요추정량의 1/3을 기준으로 할 수 있다. 그러나 이는 〈표 5-14〉의 성별, 연령별 체위기준에 준한 것이며, 만일 고령자의 체위가 기준 체위에서 크게 벗어날 경우 개별 체위에 따라 조정이 필요하다.

〈표 5-14〉 고령자의 1일 에너지 필요추정량

성별	연령(세)	에너지 필요추정량 (Kcal/d)
남	65-74	2,000
	≥75	1,900
여	65-74	1,600
	≥75	1,500

출처: 보건복지부, 한국영양학회(2020)

2) 식품군별 권장 섭취횟수 확인

기준 에너지를 다양한 식품으로부터 섭취할 수 있도록 식사를 계획하려면 6대 식품군별 1일 권장섭취 횟수 기준〈표 5-15〉을 확인한다.

만일, 점심 식사만 계획하는 경우라면, 에너지 제공량을 기준 에너지의 1/3로 하되, 과일류나 우유·유제품류를 후식으로 이용한다.

〈표 5-15〉 식품군별 1일 권장 섭취 횟수 기준

식품군	남자(2,000kcal)	여자(1,600kcal)
곡류	3.5	3
고기 · 생선 · 달걀 · 콩류	4	2.5
채소류	7	5
과일류	1	1
우유 · 유제품류	1	1
유지류 · 당류	4	3

출처: 보건복지부, 한국영양학회(2020).

3) 주요 식품의 1인 1회 분량 확인

식품군별 주요식품의 1인 1회 분량은 〈표 5-16〉을 참고한다.

〈표 5-16〉 식품군별 주요식품의 1인 1회 분량

식품군						
곡류 및 전분류 I (300kcal)	밥 1공기 (210g)	국수 1대접 (건면, 210g)	식빵 2~3쪽 (70g)			
곡류 및 전분류 II	떡 (떡국떡 150g)	묵 (200g)	고구마 (140g)	밤(대) 3개 (100g)	시리얼 1접시 (30g)	
고기, 생선, 계란, 콩류 (80kcal)	살코기(소, 돼지, 닭, 오리고기) (60g)	육가공품(햄, 소시지(30g)	생선 1토막 (60g)	콩 (20g)	두부 2조각 (80g)	달걀 1개 (60g)
채소류 (15kcal)	콩나물 1접시 (생 70g)	시금치나물 1접시 (생 70g)	배추김치 1접시 (40g)	오이소박이 1접시 (60g)	버섯 1접시 (30g)	물미역 1접시 (생 30g)
과일류 (50kcal)	생과일주스 (100g)	사과(중) 1/2개 (100g)	귤(중) 1개 (100g)	딸기 10개 (200g)	포도(중) 15알 (100g)	
우유 및 유제품 (125kcal)	우유 1컵 (200g)	치즈 1장 (20g)	요구르트(호상) 1/2컵 (100g)	요구르트(액상) 3/4컵 (150g)	아이스크림 1/2컵 (100g)	
유지, 견과 및 당류 (45kcal)	식용유 1작은술 (5g)	버터 1작은술 (5g)	마요네즈 1작은술 (5g)	견과류(땅콩 15알 정도)(10g)	설탕 1큰술 (10g)	

4) 식품군 이용순서 및 횟수 결정

계획한 식사구성에 필요한 식품을 선정하고, 식품군별 1일 권장섭취 횟수 기준을 참고한다.

(1) 곡류는 주식으로 우선 이용하되, 감자, 고구마, 옥수수, 묵 등은 부식으로 제공할 수 있다. 일반적으로 남자는 1일 3.5회, 여자 3회로 권장한다.

(2) 다음으로 고기, 생선, 계란, 콩류의 1일 권장 횟수는 남자 4회, 여자 2.5회인데, 단백질 급원식품이므로 가능한 한 어느 한 끼니에 편중되지 않도록 나누어 이용한다.

(3) 채소류는 미량영양소와 섬유소의 급원이 되므로 주식에 혼합하거나 부식으로 다양하게 이용하고 1일 남자 7회, 여자 5회 권장한다.

(4) 과일류는 고령자의 질환에 따라 당도를 고려하여 그 종류를 선택하고, 1일 권장 섭취 횟수는 1회이다.

(5) 일부 고령자는 유당불내증이 있을 수 있으나 단백질과 칼슘 등 고령자에게 중요한 영양소를 함유하므로 소화가 잘되는 유제품을 이용하고, 음료 외에도 다양한 식재료로 활용방안을 모색한다. 우유 · 유제품류의 1일 권장 횟수는 각각 1회이다.

(6) 유지류 및 당류는 에너지 밀도가 높은 식품군이므로 가능하면 음식의 맛을 내는 정도(조미료)로 최소한으로 이용한다. 특히, 유지류는 가능한 한 식물성 지방의 사용을 권한다.

5) 상차림 유형 및 구성 결정

(1) 상차림을 밥상, 죽상의 유형으로 할지 또는 국수류나 한 그릇 음식, 빵 중심으로 할지 결정한다. 단, 모든 식사유형에서 각 식품군을 모두 포함하도록 계획한다.

〈표 5-17〉 식사유형별 상차림 구성요소

식사유형	구성요소
밥(죽) 중심	밥(죽), 국/탕, 주반찬(볶음, 전, 튀김), 부반찬(숙채), 생채 또는 김치
	밥(죽), 국/탕, 주반찬(찜, 조림, 구이), 부반찬(볶음, 전, 튀김), 생채 또는 김치
	밥(죽), 채소류 찌개, 주반찬(볶음, 전, 튀김), 부반찬(숙채), 생채 또는 김치
	밥(죽), 고기, 생선, 계란, 콩류 찌개, 주반찬(찜, 조림, 구이), 부반찬(볶음, 전, 튀김), 생채 또는 김치
한 그릇 음식 중심	일품요리, 국/탕, 생채 또는 김치
	일품요리, 주반찬(찜, 조림, 구이), 부반찬(숙채)이나 생채나 김치 중 2가지
빵 중심	빵, 수프(우유나 두유), 주반찬, 부반찬(숙채), 샐러드
	샌드위치(햄버거), 수프(우유나 두유)

출처: 식품의약품안전처(2015).

TIP 식사구성 결정에 참고하기

1. 주반찬과 부반찬은 한 가지 이상으로 할 수 있으며, 반찬 수가 늘어날 경우 1회 분량을 줄여서 식품군별 횟수 기준에 맞게 한다.
2. 과일류나 우유·유제품류는 모든 식사 유형에서 후식으로 제공할 수 있다.
3. 계절을 느낄 수 있는 식재료를 활용하면 식단의 변화를 주는 데 도움이 된다.
   (예: 비빔밥이라도 여름에는 열무를, 겨울에는 시금치를 사용한다.)
4. 음식명은 주재료에 따라 변화를 주어 제시할 수 있다.
   (예: 덮밥의 버섯이 주재료면 버섯덮밥, 소고기가 주재료면 소고기덮밥 등)

(2) 주식 결정

① 식사유형에 따라 주식을 밥, 죽, 면 중 무엇으로 할지와 식재료를 결정한다.

② 고령자의 섭식 기능을 우선 고려하고 기호와 고령자의 특성을 최대한 반영하여 주식을 결정한다.

(3) 주반찬 결정

① 주반찬을 무엇으로 할지 결정한다. 고기, 생선, 계란, 콩류의 섭취 횟수, 계

절식품, 조리 방법 등을 고려하여 결정한다. 단, 일품요리는 주반찬이 별도로 제공되지 않을 수 있다.

② 주반찬은 전체 음식의 만족도에 큰 영향을 주므로 고령자의 기호를 고려한다.

(4) 국·탕·찌개류 결정

① 주반찬에 고기, 생선, 계란, 콩류가 적게 사용된 경우 국에도 고기, 생선, 계란, 콩류를 사용할 수 있다.

② 생채나 나물반찬을 먹기 쉽지 않은 경우에는 한입 크기를 작게 하여 배려하거나 국, 찌개의 건더기로서 채소류 섭취 횟수를 맞출 수도 있다.

③ 일품요리이고, 주반찬에 약간의 국물이 있다면 국, 찌개류는 제공하지 않아도 된다.

(5) 부반찬·김치류 결정

① 부반찬과 김치류를 결정한다. 주식, 주반찬, 국, 탕, 찌개와의 조화를 고려하여 김치류 포함 2~3가지 정도로 하고, 식재료를 결정한다.

② 부반찬도 고령자의 기호를 고려하여 선택한다.

6) 최종 식단 평가와 조정

일단 결정된 식단은 여러 가지 평가항목을 고려하여 전체적으로 검토하고, 수정·보완하는 과정이 반드시 필요하다. 식단의 평가항목은 영양성, 기호성, 경제성, 위생, 능률, 환경보존 측면에서 실시할 수 있으며, 〈표 5-18〉에 참조하고 각 급식의 특성에 따라 조정할 수 있다.

〈표 5-18〉 식단의 평가 항목(예시)

평가 항목	예	아니오
1. 식품군별 필요 횟수를 만족한다.		
2. 식단의 주재료가 각 식품군에 골고루 포함되었다.		
3. 주요 영양소 함량이 높은 식품을 고려하였다.		
4. 소화되기 쉬운 재료와 조리방법으로 구성되었다.		
5. 연하 쉬운 음식으로 구성되었다.		
6. 식이섬유가 풍부한 재료가 포함되어 있다.		
7. 녹황색 채소 등 피토케미컬이 풍부한 재료가 포함되어 있다.		
8. 계절 식품이 사용되었다.		
9. 대상자 기호에 맞는 음식이 1가지 이상 포함되어 있다.		
10. 절기 음식이나 계절 음식을 사용하였다.		
11. 맛의 조화를 고려하였다.		
12. 다양한 조리법을 사용하였다.		
13. 가능한 한 다양한 식재료를 사용하였다.		
14. 소금을 적게 사용하여도 되는 음식으로 구성하였다.		
15. 동물성 포화지방이나 콜레스테롤이 많은 식품을 중복하여 사용하지 않았다.		

출처: 식품의약품안전처(2015).

5. 고령자 건강증진을 위한 식생활 관리

건강하게 자립생활이 가능한 고령자라 할지라도 양질의 식사를 하는 것이 곤란한 경우가 많다. 신체적, 정신적, 심리적으로 건강하게 보이는 고령자라고 해도 오랫동안 걷기가 어렵다거나, 무거운 물건을 들고 다니는 것이 어려울 수도 있고, 이전에 구입해 놓은 식품에 대한 기억이 없어 같은 품목을 반복해서 사는 경우도 있다. 이와 같이 가정 내에서 일상적인 생활에 큰 불편함이 없이 지낸다고 해도 식사 준비를 위해 장을 보러 나가거나 무거운 물건을 들고 오는 것이 어려워서 구입하기 쉽고 먹기 편한 조리식품 혹은 가공식품에 의존하는 경우가 있다. 인지능력이 떨어지는 경우 늘 해왔던 조리방법을 잊어버리는 등 식사 준비에 어려움을 겪기도 한다. 또한 의치를 끼는 고령자들 중에서 교합이 잘 맞지 않아 음식물을 씹을 때 불편할 경우 씹거나 삼키는 데 어려움이 생긴다. 특히, 섬유질이 많은 음식(김치, 나물 등)이나 단단한 음식을 피하게 되고 음식 먹는 속도가 느려져 결국 식사량이 부족하게 된다. 이런 경우 하루 필요량의 영양분을 섭취하지 못할 뿐 아니라 변비가 생기거나 수분 부족으로 스스로 감지하지 못하는 사이에 탈수에 이를 수도 있다. 또한 고령자가 일상적으로 사용하는 전기밥솥이나 전자레인지 등의 업그레이드된 기능에 익숙하지 않아 사용에 두려움을 느끼는 경우가 있다. 가전제품의 작동기능에 쓰여 있는 글자가 너무 작아 고령자가 사용하기 불편한 경우도 있어 식사를 준비할 때 심리적 부담감을 느낄 수 있고 이로 인해 조리하지 않고 편하게 먹을 수 있는 빵, 과자, 인스턴트커피 등으로 식사를 대신하기도 한다. 특히, 혼자 생활하는 남성 고령자는 조리가 간편하고 쉽게 배부른 간편식을 선호하기 때문에 비의도적으로 전분과 염분섭취량이 지나치게 많아질 수 있으며, 하루의 식사를 복지관이나 배달식에 의존하는 고령자의 경우에는 한 끼의 식사를 과량으로 먹고 나머지 식사를 거르는 등의 치우친 식사를 하게 되고 이로 인해 하루 필요량의 영양섭취량이 절대적으로 부족하게 된다.

1) 균형잡힌 식사의 중요성

고령자는 하루 활동량이 줄어들기 때문에 에너지 필요량이 적어지게 되고 필요한 에너지는 성별, 연령, 신장, 체중, 활동량에 따라 개개인의 차이가 있다. 그러나 에너지 필요량이 줄어든다고 해도 단백질, 미네랄, 비타민 등의 1일 필요량은 크게 줄어들지 않는다. 열량과 영양소의 필요량은 어디까지나 이론적인 수치에 불과한 것이므로, 실제로 식사를 생각해 볼 때 '식품의 구성, 섭취하는 식사량'에 초점을 맞추는 것이 바람직하다. 여기에 고령자 건강관리에 가장 기본적인 요소인 저영양을 예방하는 차원에서 하루에 식사에서 얻는 열량인 1,600kcal를 기준으로 '식사 균형가이드'를 생각해 볼 필요가 있다. 그러나 여기에서 강조하는 식사량은 단지 대략의 양이므로 '식사의 균형'을 주요한 요소로 두는 것이 바람직하다. 고령자는 특히 좋아하는 음식이나 익숙한 음식만 먹으려 하는 경향이 있어 영양소 섭취에 균형을 이루기 어렵기 때문에 식사에서 영양균형을 맞추는 것에 신경을 써야 한다. 1일 단위로 6군의 기초식품을 골고루 넣어 30종류의 식품을 섭취할 수 있도록 목표를 두는 것이 바람직하지만, 식사에 지불할 수 있는 재정상황, 준비의 편이성 등을 고려하여 하루에 20품목의 식품을 먹을 수 있도록 한다.

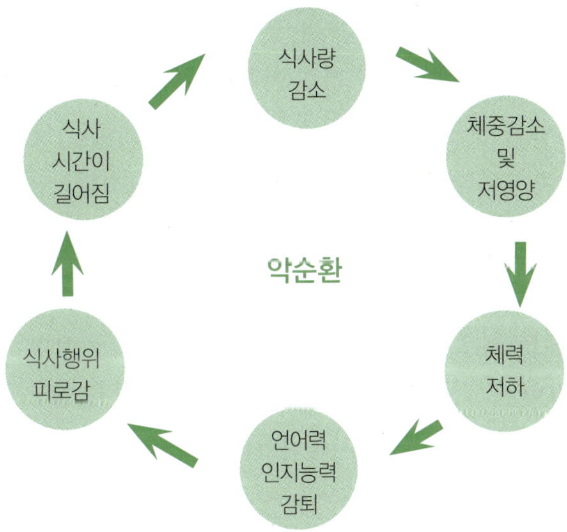

출처: 吉田丘眞天(2018).

[그림 5-1] 식사량 감소에 따른 고령자의 건강상태 악순환

2) 바람직한 식사지도

(1) 적절한 영양관리를 위한 식사지도의 기본

고령자를 위한 식사지도의 기본은 음식에 대한 호불호 없이 탄수화물, 단백질, 지방질 음식을 섭취할 때 편중되지 않게 하고, 가급적이면 싱싱한 채소와 섭취하도록 유도한다. 일부 과일은 당 함량이 높으므로 고령자의 건강조건에 따라 섭취량을 조절하도록 지도해야 하며 알코올음료, 염분, 설탕 섭취를 줄이도록 유도한

다. 식사를 할 때는 약 80% 정도 포만감을 유지하도록 하며, 먹는 양이 적은 고령자에게는 식사를 거르지 않고 소량이라도 세끼를 규칙적으로 식사할 수 있도록 지도한다. 또한 대사증후군을 지니고 있거나 취약한 고령자에게는 늦은 시간에 음식을 먹지 않도록 지도하며, 매일 산보나 운동을 하여 신체리듬을 고르게 하고 스트레스를 풀도록 하여 밤에 양질의 수면을 취할 수 있도록 지도한다.

(2) 재택고령자, 병원 및 요양원에 입소 중인 고령자를 위한 식사지도

아무리 좋은 식사지도 계획안을 마련한다고 할지라도 고령자의 눈높이(음식에 대한 이해, 처해 있는 생활에 대한 이해, 고령자의 일반적인 식습관, 고령자 개개인의 식습관 등)에 맞추어 이해시키는 것이 가장 중요하다. 일부 고령자는 고집이 세고, 익숙한 생활습관을 바꾸려 하지 않으며 음식에 대한 그릇된 신념이 있어 타인의 제안을 받아들이지 않으려는 경향이 있다. 따라서 고령자를 위한 식사지도를 계획할 때는 고령자가 받아들이기 쉬운 용어와 구체적인 실천방법을 제시하는 것이 중요하며, 가족, 요양보호사 등에게도 고령자 영양관리 방안과 식사에 대한 지식을 이해하도록 하여 지속적이고 실천 가능한 식사지도가 이루어질 수 있도록 해야 한다.

(3) 고령자 식사지도 계획과 진행과정

고령자를 위한 효율적인 식사지도는 개인보다 소수그룹으로 수행하는 것이 바람직하다. 교육 및 면담을 진행할 때 손으로 만질 수 있는 모형을 이용하여 식품에 대한 이해를 돕도록 하는 것이 좋으며, 한 끼에 먹을 한 상차림에 대한 실제 모형을 소꿉놀이하듯이 제시하는 것도 좋은 방법이다.

① 식품을 적색, 황색, 녹색(3종류)의 식품군으로 나눈다.

② 적색 식품군은 접시 색을 단백질과 철분의 표시로 단백질 식품군인 육류, 어패류, 대두 및 대두제품, 계란 및 계란제품, 우유 및 유제품 등을 올려놓는다.

③ 녹색 식품군은 황록색 비타민, 미네랄의 주요 공급원이고 섬유소를 섭취할 수 있는 식품군으로 녹황색 야채, 해조류, 과일 등을 올려놓는다.

④ 황색 식품군은 에너지원을 상징하는 식품군으로 탄수화물, 지질이 이에 포함되고 곡류, 서류, 당류, 유지류 등을 올려놓는다

⑤ 이상의 3색 식품군을 분류하여 각각의 식품군에 대한 기능을 설명하고 1회 식사에 필요한 양을 제시한다.

<table>
<tr><th>식품군</th><th colspan="2">1인 1회 분량</th></tr>
<tr><td>유지, 견과 및 당류</td><td colspan="2">식용유 1작은술(5g), 버터 1작은술(5g), 마요네즈 1작은술(5g), 땅콩(10g), 설탕 1큰술(10g)</td></tr>
<tr><td>우유 및 유제품류</td><td colspan="2">우유 1컵(200g), 치즈 1장(20g), 호상 요구르트 1/2컵(110g), 액상 요구르트(150g), 아이스크림 1/2컵(100g)</td></tr>
<tr><td>고기, 생선, 계란, 콩류</td><td colspan="2">육류 1접시(생 60g), 닭고기 1조각(생 60g), 생선 1토막(생 50g), 달걀 1개(50g), 두부 2조각(80g), 콩(20g)</td></tr>
<tr><td>과일류</td><td colspan="2">사과(중) 1/2개(100g), 귤(중) 1개(100g), 참외(중) 1/2개(200g), 포도(중) 15알(100g), 오렌지주스 1/2컵(100g)</td></tr>
<tr><td>채소류</td><td colspan="2">콩나물 1접시(생 70g), 시금치나물 1접시(생 70g), 배추김치 1접시(40g), 오이소박이 1접시(60g), 버섯 1접시(생 30g), 물미역 1접시(생 30g)</td></tr>
<tr><td rowspan="2">곡류</td><td>곡류 I(300kal)</td><td>밥 1공기(210g), 국수 1대접(건면 100g), 식빵(대) 2쪽(100g)</td></tr>
<tr><td>곡류 II(100kal)</td><td>떡 2편(절편 50g), 밤(대) 3개(60g), 시리얼 1접시(30g)</td></tr>
</table>

⑥ 3색의 식품군에 배열한 식품의 모형을 이용하여 고령자의 한끼 식사를 위한 가상의 상차림을 수행한다. 주식(황색)+주찬(적색)+부찬 1(녹색)+부찬 2(녹색)로 구성하도록 하고 4종류의 식품군을 매끼 식탁에 올리는 것이 중요하다고 강조한다.

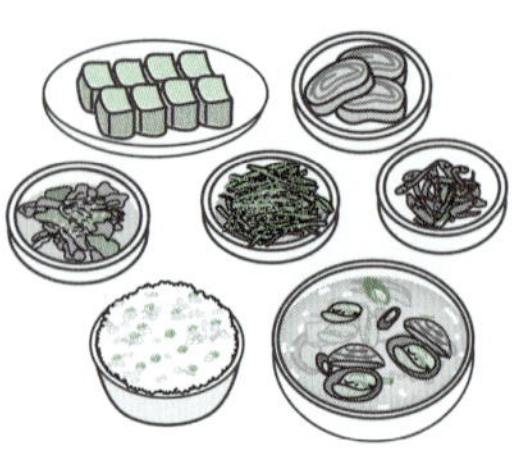

⑦ 각 식품군에 대한 충분한 이해가 이루어지면, 참가한 고령자(스스로 식사 준비가 가능한 고령자), 가족, 요양보호사 등으로 하여금 본인에게 적합한(혹은 돌봄 대상의 고령자) 식사의 메뉴를 구성하도록 한다. 구성한 메뉴를 기반으로 음식 모형을 이용하여 한상 차리기를 만들어 보도록 하고 부족하거나 과다한 식품군이 있으면 수정하여 영양균형에 맞는 한상 차림을 할 수 있도록 지도한다.

⑧ 모형으로 메뉴를 구성하는 지도단계가 끝나면, 구체적인 요리 예를 제시하는 단계로 본인 혹인 돌봄 대상의 고령자의 건강 수준(대사증후군, 치아건강, 연하건강 등)을 고려하여 맛있는 음식을 만들어 보도록 한다. 이 단계에서는 고령자 대상의 식사관리와 연계된 조리실습이 필요하므로 고령자가 거주하는 가정, 지역의 복지관, 그룹홈의 키친 등을 활용하여 진행할 수 있도록 체계적인 프로그램을 구성하는 것이 중요하다. 만일 음식 만들기가 어려운 경우에는 조리 시 주의점, 식재료의 안전한 취급, 쉽게 씹고 삼킬 수 있는 조리법 등을 설명한다. 또한 식사를 거를 경우 간식으로 보충할 수 있도록 하며 식사에서 부족하기 쉬운 비타민이나 미네랄 등을 섭취하도록 제안한다.

CHAPTER 6

고령자 식사케어를 위한 식단작성, 식사형태 및 조리전략

고령자를 위한 케어식사를 준비하기 위해서는 개개인의 신체상황(저작, 연하 등의 구강기능, 소화기능 및 신체 움직임 등)에 맞는 식사형태와 식욕을 증진시킬 수 있는 맛과 풍미를 고려하여 가능하면 구강을 통해 식사를 할 수 있도록 배려해야 한다. 이것을 실현시키기 위해서는 다음과 같은 개념을 기반으로 한 조리법이 필요하다.

(1) 먹을 수 있는 기능을 살려 식재료 특성을 최대한 고려하여 조리한다.

잘게 다지거나 믹서에 가는 등의 조리에서는 식사형태를 조정하는 것이 어렵고, 먹는 중에도 어떤 재료를 사용했는지 무슨 요리인지 인식하기가 어렵다. 구강기능(저작, 연하), 소화기능을 최대한 살려 식재료의 특성을 고려한 식사 형태를 만드는 것이 중요하다.

(2) 눈으로 보기에 맛있어 보이는 음식을 제공한다.

가령에 따라 식욕이 떨어지고 음식에 대한 흥미를 잃게 된다. 특히 치매노인에게는 음식에 대한 인식이 남아 있지 않은 경우도 많아 음식을 볼 때 기억에 남아 있는 익숙한 모양과 냄새를 제공하는 것이 중요하다.

(3) 개개인의 기호를 존중하고 신체상황에 맞추어 준비한다.

음식은 맛, 풍미, 모양 등 본연으로 가지고 있는 물리적인 기능보다 음식 속에 깃들여 있는 이야기에 따라 개개인에게 음식 이상의 큰 의미를 지닐 때가 있다. 따라서 노인이 오래전에 성장하는 과정에서 먹었던 음식(어머니의 음식, 향토 음식 등)에 대한 기호도가 크기 때문에 이전의 음식에 대한 식문화 배경을 고려하는 것이 중요하다.

(4) 잘 삼킬 수 있고 맛있는 음식으로 준비한다.

고령자는 치아가 부실하고 부분 틀니나 전체 틀니를 하고 있는 경우가 많아 단단하고 질긴 음식은 저작이 어렵고 입속에서 흩어지는 음식물로 인해 사레들기 쉽다. 또한 치매노인의 경우 입속에 음식물을 넣고도 음식이라고 인식하지 못하는 경우가 있어 삼키지 않고 입속에 머금고 있는 경우가 있다. 따라서 연하운동에 연결할 수 있도록 비강을 자극할 수 있는 냄새가 중요하므로 이는 성장기에 먹었던 익숙한 맛이나 풍미를 제공하는 것이 좋다. 따라서 개개인의 기호나 식습관을 파악하여 조리한 음식을 제공하여, 음식에 대한 흥미를 느끼게 하고 식욕을 촉진하여 저작과 연하기능을 증진시켜 준다.

(5) 식사중에 흡인과 질식을 방지할 수 있는 음식으로 준비한다.

고령자는 연하기능에 관여하는 인두의 근육이 약해지므로 사레들기 쉽다. 또한 치매노인의 경우 입속에 있는 음식물을 인지하지 못하여 씹어서 삼키는 연결동작을 잊는 경우가 많다. 따라서 저작과 연하의 타이밍을 놓치게 되어 음식물이 인두로 흘러들어 가게 되는 오연과 질식이 일어나기가 쉽기 때문에 안전한 식사형태를 고려하는 것이 필요하다.

(6) 단백질과 수분 섭취가 가능한 음식을 제공하도록 준비한다.

저작, 연하기능이 떨어진 고령자가 섭취 가능한 형태로 조리하면 일상식과 비교해서 영양 손실이 있어 영양균형이 깨질 수 있다. 특히 연하기능이 떨어진 고령자, 파킨슨과 치매가 진행된 고령자인 경우 적정량의 음식 섭취와 수분섭취가 어렵게 되고 이로 인해 영양불균형과 근육손실로 이어지기 쉽다. 따라서 개개인의 먹을 수 있는 능력과 영양평가를 통하여 단백질과 수분 보충을 할 수 있도록 한다.

(7) 경관급식을 하는 고령자의 경우 단기간에 경구이행이 가능하도록 한다.

입으로 섭식이 어려운 중증 연하장애 환자나 치매노인의 경우 경관 영양으로 오랜 기간(약 3주간) 영양보급을 하게 되면 입으로 음식을 섭취하는 것이 어렵게 되므로 하루빨리 경구식으로 이행할 수 있도록 구강 섭식을 위한 재활을 하는 것이 바람직하다.

(8) 애정 어린 관심과 대접하는 마음을 가진다.

고령자 개개인의 신체건강 조건에 맞게 식사 형태를 디자인하고 효율적인 식사를 제공하기 위해서는 식사케어 담당자의 애정 어린 관찰이 매우 필요하다. 치매노인의 경우 신체의 감각이 떨어져 있기 때문에 자신의 의지를 전달할 수 없으며 치매 진행 상태에 따라 식사행동이 다르게 나타날 뿐만 아니라, 저작, 연하기능이 악화된다는 것을 고려하여 이를 배려한 식사 도움이 필요하다.

(9) 음식을 먹을 수 있는 구강 환경을 만들어 준다.

신체에 마비가 있거나 병상에 누워지내는 고령자 혹은 치매증상이 있는 고령자의 경우 치과 치료가 거의 불가능하기 때문에 고령자는 정기적인 치과 검진을 통해 식사를 할 수 있는 구강 환경을 만들어 주는 것이 매우 중요하다. 특히 치매환자는 만복감이나 공복감, 신체의 통증 등을 인식하지 못하며, 음식을 지나치게 많이 먹거나 음식을 거부하는 것, 몰래 훔쳐먹는 것, 음식이 아닌 것을 주워 먹는 것, 여기저기를 배회하는 등의 특이한 증상을 보이는 경우가 있어 이를 배려한 식사케어와 영양관리 서비스를 실시해야 한다.

(10) 케어식사에 대응한 균형 있는 영양소를 제공할 수 있도록 준비한다.

저작, 연하기능이 현저히 떨어져 있는 고령자가 편하게 식사할 수 있도록 음식을 조리하여 제공할 경우 영양소의 손실(특히, 단백질과 비타민 C의 손실률 50~70%)이 크다. 이 손실률은 식재료나 식사형태가 어떤가에 따라 다르기 때문에 식사를 파악하여 부족분을 보충하도록 한다. 아울러 시판되고 있는 영양보충 식품을 이용하여 균형 있게 영양보급을 하도록 한다

1. 고령자 식사케어용 식단 작성

1) 고령자 케어식단 작성 시 고려할 사항

고령자가 하루에 20~25품목의 식품을 골고루 섭취할 수 있다면 최상이지만 식사로 제공할 수 있는 품목 수가 그에 미치지 못한다 할지라도 각 식품군을 적절하게 배치하여 식단을 작성하도록 한다. 그러나 이론적으로 적절한 식단을 작성했다고 할지라도 고령자의 기호에 맞지 않는 식재료를 선택하거나 먹기 불편한 레시피라면 그 의미를 잃어버리게 된다. 따라서 고령자용 식사를 위한 식단작성에 앞서 다음과 같은 점을 반드시 고려해야 한다.

- 고령자를 위한 '식단'은 단순히 음식을 영양적·합리적으로 배치하여 제공하는 것 이상으로 생각해야 한다. 고령자의 건강 수준(구강 건강, 소화 능력 및 대사증후군 등), 정서적으로 편안하고 익숙한 음식, 식사환경, 경제적인 여유 등을 고려해야 하고, 재택고령자를 위한 간단한 조리법 등을 적용할 수 있는 식단구성이 되어야 한다.
- 고령자 식사의 기본은 영양가 있는 음식을 먹기 쉽게 조리하여 제공하는 것이다. 나이가 들면서 씹고 삼키는 능력이 저하되므로 우선적으로 씹고 연하 쉬운 음식물을 선택하게 되고 균형 있는 음식물에 대한 관심은 미루게 된다. 그러나 고령자 식사는 식재료의 선택으로부터 조리 방법을 충분히 고려하여 먹기 쉽고 영양이 골고루 된 균형 있는 식사를 할 수 있도록 많은 노력과 관심을 기울여야 한다.

(1) 고령자 개개인의 기호를 존중한다

가능하면 한 사람의 기호를 존중하는 노력이 중요하다. 고령자는 살아온 시간 동안 식 경험이 축적되어 있고, 그에 따른 식사습관, 좋아하는 음식 등이 고정되어 있으므로 이를 존중하여 조리법을 선택하고 메뉴를 짜는 것이 필요하다.

(2) 고령자가 편안하게 먹기 쉬운 형태의 조리법을 선택한다

나이가 들면 저작기능이 저하되면서 부드러운 음식, 먹기 쉬운 음식에 대한 선호도가 높아진다. 따라서 먹기 편한 부드러운 조리법으로 주찬을 준비하게 되면 남김없이 맛있고 만족스러운 식사를 할 수 있게 된다.

(3) 염분 제한 식사를 염두에 둔다

고령자가 염분을 제한하는 식사를 해야 하는 경우, 전체 식단의 음식을 싱겁게 하기보다는 1품목 정도는 일반적인 간 맞추기를 해서 식사에 대한 기호를 떨어뜨리고 만족스러운 식사를 할 수 있도록 배려한다.

(4) 저작-연하 수준에 맞는 재료와 조리법을 선택한다

고령자의 건강 수준을 고려하여 균형 있게 영양소를 섭취하고 식사를 편하게 하기 위해서는 어떤 음식을 준비해야 할까? 두부, 부드러운 과일, 계란반숙 등과 같이 음식물 자체의 질감이 부드러운 것을 선택하거나, 나물볶음, 나물무침을 할 때 부드럽게 데치거나, 길이를 짧게 써는 방법을 택하여 목에 걸리지 않도록 해야 한다. 아울러 다양한 조리법(데치기, 조리기, 찌기 등)을 이용하여 먹기 쉬운 부드러운 형태가 되는 식재료를 선택한다. 식단구성에 있어서 고령자가 좋아하는 음식이라고 해서 특정한 식재료와 같은 조리법을 계속 배치하는 것은 피해야 한다. 예를 들어, 가을이 제철인 토란 조림을 제공하거나, 겨울에 맛있는 시금치를 뿌리째 데쳐서 무치는 등의 제철 식재료를 사용한 식사제공은 계절감이 있는 스토리를 제공할 수 있게 된다. 또한 불고기에 감자, 당근, 양파 등을 함께 넣어 볶아서 육류 단백질과 채소를 동시에 제공하는 등 변화 있는 조리법을 사용하여 식사에 기대감을 가지게 함으로써 식욕을 증진시킬 수 있다. 고령자는 한 끼에 많은 양의 식사를 하지 못하므로 식재료를 병합하여 새로운 레시피를 도입하는 것도 고려해야 한다. 예를 들면, 시금치를 데쳐서 무칠 때 단백질 급원인 두부를 으깨서 함께 무치거나, 단백질과 불포화지방의 급원으로 좋은 들깨를 갈아서 함께 무치면 부찬의 가짓수를 늘리지 않고도 골고루 균형 있게 영양 있는 식사를 할 수 있다. 식단작성 시 경제성 분석은 중요한 요소이다. 단백질 급원식품을 공급할 때 고령자가 소화하기 쉬운 양질의 단백질원을 선택하는 것이 중요하므로, 재가고령자의 경우 생활환경(거주환경, 동거현황, 경제적 지불능력 등), 구입의 편리함 등을 고려하여 작성한다. 또한 요양시설 등에서는 식재료 구입처, 구매방법, 전처리 여부(프레시-컷 혹은 반조리 식재료 구입 등)에 따라 좋은 품질의 식재료를 경제적으로 구입할 수 있고 조리시간 및 노동력 절감 등의 비용감소로 이어질 수 있다.

2) 케어식사용 메뉴를 작성하는 순서

고령자를 위한 메뉴를 작성할 때는 우선 고령자가 좋아하는 음식을 충분히 고려하여 작성하도록 한다. 또한 하루에 섭취하고자 하는 식품을 아침, 점심, 저녁과 2회의 간식으로 배분하여 작성한다. 경우에 따라 하루에 2식만을 하는 고령자의 경우, 간식의 비중을 늘려서 하루에 섭취해야 하는 식품의 종류가 한정되지 않게 하고 필요한 영양분이 부족하지 않도록 배려한다.

열량 섭취를 위한 주식으로는 밥, 빵, 면(국수류, 스파게티, 수제비 등)을 적절하게 배치한다. 주찬으로는 메뉴의 주체가 되는 중심 반찬이고 단백질 급원에 중요한 급원이 되도록 한다. 고령자의 건강 유지를 위한 양질의 단백질원으로 육류, 생선, 대두, 계란 및 유제품 등을 주찬으로 골고루 들어가도록 한다. 부찬으로는 주찬에 맞추어 각군의 식품의 급원을 적절하게 선택하여 배치하는데, 주로 서류와 채소 등을 사용한다. 부찬의 구성은 주찬에서 부족한 영양분을 공급하고 주찬과 어울리는 질감과 풍미를 고려하도록 한다. 또한 구성하는 식사에 색채감을 주거나, 그릇에 담는 방법을 다양하게 하여 식욕을 돋우어 준다. 아울러 샐러드 야채, 절임류(김치, 물김치, 각종 피클류 등) 등이 주찬과 부찬에 동반될 수 있는데 이들로부터 미량영양소를 공급할 수 있고 식사 전체의 균형 있는 구성을 만들어 줄 수 있다.

3) 식사형태를 디자인하는 포인트

고령자의 케어식사 형태는 고령자가 먹을 수 있는 기능을 파악하여 디자인하는 것이 가장 중요하다. 고령자의 입으로 먹는 능력, 즉 저작과 연하 능력에 따라 안전하게 먹을 수 있는 음식의 디자인 조건도 음식물의 크기, 단단함, 뭉쳐지는 정도, 매끄러움 등 4가지 조건이 필요하다. 입술을 열고 닫는 능력이 저하되면 음식물을 집어 입으로 가져가서 입을 열고 음식물을 입속으로 넣은 후 입술을 닫는 것이 어려워지므로, 음식물이 입술 밖으로 흐르거나 씹는 과정 중에 흘리게 되며 연하 어려운 현상이 생긴다. 입안에서 이로 음식을 자르고 갈아 부서진 음식물을 혀로 둥글리며 씹는 능력이 결국 삼키는 능력으로 이어지는데 저작능력은 치아의 상태, 혀의 건전성 및 저작근육이 결정한다.

저작능력이 떨어지면 타액 분비가 줄어들고 음식물덩어리 형성이 어려워진다. 그 결과 연하 어려워지고 인두에 쌓이거나 남겨진 음식물이 기도로 흘러 들어가 흡인성 폐렴을 유발하게 된다. 고령자가 음식물을 입속에 넣고 오물오물한다고 해서 씹는 것이 아니므로 제대로 씹고 있는지 관찰하여 파악하는 것이 중요하다. 따라서 음식물을 제대로 씹고 안전하게 삼키기 위해서는 분비되는 침의 양과 질, 혀와 뺨의 움직임이 중요하다. 음식물덩어리 형성 능력이 떨어지면 구강 내에서 음식물이 흩어져서 연하 어려워지고 인두에 모이게 되고 오연으로 이어질 수 있다.

따라서 고령자의 케어식사를 준비하기 위해서는 고령자의 쥐는 힘(악력), 입술 무는 힘, 혀의 움직임, 치아상태, 연하능력 등의 다각적인 기능을 고려하여 디자인하여야 하며, 이를 위해서는 식재료의 선택, 전처리, 조리법, 식사형태, 식사 제공량 등을 구체적으로 계획하여야 한다.

4) 조리 디자인의 포인트

식사는 오감(시각, 청각, 후각, 미각, 취각 및 촉각 등)을 총동원해서 하는 과정이다. 고령자는 긴 인생 여정에서 계절감이 있는 식재료나 지역의 식재료를 맛보면서 살아왔고 음식을 담는 그릇이나 담는 방법 등도 갖가지 경험을 하였다. 이와 같이 고령자에게는 생활 전반에 걸쳐 음식에 대한 추억이 있기 때문에 습관적으로 먹었던 음식, 익숙한 음식, 옛날에 먹었던 맛과 풍미를 배려하는 등의 정서적인 배려가 매우 중요하다. 따라서, 고령자에게 식사를 유도하기 위해서는 그릇에 담긴 음식 모양(색채나 모양)과 식기 종류나 모양 등의 시각적인 고려, 음식물을 씹을 때 나는 소리(청각), 음식물의 맛(미각), 음식물이 풍기는 냄새(후각), 입속에서 느껴지는 음식물의 질감과 온도(촉각) 등의 오감을 자극할 수 있는 요소를 고려하여 조리한다.

그럼 노인이 음식물을 씹고 삼키는 데 편리한 식사는 어떤 형태로 조리해야 하는가? 우선 식재료의 크기와 단단함이 균질하게 조리한다. 식재료의 크기와 단단함이 균질하지 않으면 입속에서 씹고 갈아 삼키는 데 필요한 크기의 음식물덩어리를 형성하기가 어렵다. 조리에 사용한 식재료는 크기를 일정하게 하여 전체적으로 부드러울 정도로 조리한다. 음식을 먹을 때 눈앞에 놓인 식사는 시각, 취각, 청각 등을 통해 얻어진 정보를 뇌에서 수용하여 타액, 위산, 소화효소 등을 분비하고 위와 장의 연동운동을 준비시켜 식사 행동이 시작된다.

2. 고령자 식사를 준비할 때 고려할 사항

고령자는 일반적으로 저작과 연하능력이 젊은 사람들에 비해 약하고 물이나 음식물(특히, 시거나 매운 자극적인 음식)에 사레들기 쉽다. 특히, 미각이 둔해져서 짠맛과 단맛이 강하지 않으면 맛이 없다고 느끼는 등 맛에 대한 농도가 젊은 사람들에 비해 높아지게 된다. 또한 대사증후군을 가지고 있는 고령자에게는 제 증상을 악화시키지 않고 건강을 유지시킬 수 있는 레시피 개발과 식단 작성이 무엇보다 중요하다. 따라서 고령자의 건강 상태, 미각 수준, 기호도를 고려하여 먹기 쉽고 맛있는 음식을 만들기 위해서는 여러모로 연구가 필요하다.

1) 음식을 조리할 때 고려할 사항

① 고령자는 틀니를 끼고 있거나, 무는 힘이 약하기 때문에 한입에 들어갈 수 있는 크기로 제공하는 것이 좋다. 또한 입속에 넣고서도 씹는 데 불편함이 없는 크기로 잘라서 부드럽게 조리한다.

② 재료에 칼집을 넣어 저작 편하게 하여 조리한다.

③ 고기는 얇게 썰어 칼 등으로 두드려 부드럽게 하고, 고기를 갈아서 사용할 때는 2회 갈아서 사용한다.

④ 우동, 국수, 스파게티 등의 면류는 5cm 이하로 짧게 잘라 조리한다.

⑤ 생선류는 뼈와 잔가시를 발라낸 후 조리한다. 삼치와 같이 살이 단단한 생선은 작은 토막으로 잘라 칼집을 넣어 조리하거나, 흰살생선은 포를 떠서 부드럽게 전을 부쳐서 제공한다.

⑥ 과일은 완숙된 상태의 것을 사용하여 한입 크기로 잘라서 제공하며, 사과, 배, 단감 등과 같이 단단한 과육을 가진 과일은 얇게 썰어서 제공한다. 무는 힘과 씹는 힘이 약한 고령자를 위해서는 과일을 연한 시럽에 졸이거나 갈아서 제공한다.

⑦ 구운 김, 조미 김 등은 입천장에 붙기 쉬우므로 가늘고 잘게 잘라서 밥에

섞어서 제공하거나, 김 조림 등으로 조리법을 변경하여 제공한다.

⑧ 미역국, 시금치된장국 등은 고령자가 선호하는 국물 있는 음식이다. 미역국은 충분히 불려서 잘게 잘라 씹지 않아도 목 넘김이 쉽도록 오랜 시간 끓인다. 또한 시금치, 아욱, 근대 등의 엽채류도 잘게 잘라서 물 대신에 쌀뜨물을 사용하거나, 끓인 후 콩가루 등을 넣어서 풍미를 좋게 하며 국물의 물량감을 조절하는 것도 좋다.

⑨ 나이가 들면 미각이 둔화하기 때문에 자극이 있는 음식을 선호하는 경향이 있다. 특히 식초를 넣은 음식은 사레들기 쉽기 때문에 초무침을 할 때는 다시마 우린 물을 함께 넣으면 부드러운 신맛을 낼 수 있다.

⑩ 떡은 고령자가 가장 선호하고 간단하게 먹을 수 있어 식사 대용으로 선호하는 식품이다. 그러나 찹쌀떡은 목 막힘이 일어나기 쉽고, 백설기는 입속에서 뭉쳐짐이 덜해서 사레들 우려가 있다. 따라서 고령자가 쉽게 씹을 수 있을 정도의 부드러운 찹쌀떡으로 제조하여 목 넘김이 쉬운 크기로 잘라 제공하는 것이 바람직하다.

2) 재료별로 고려해야 할 조리법

(1) 조림요리

대부분의 조림류는 약한 불에서 뭉근하게 졸여서 식감이 부드럽고 소화되기 쉬운 형태의 음식을 만들 수 있다. 소고기는 부위에 따라 졸이는 시간과 방법이 달라지는데, 육질이 연하거나 지방질이 비교적 많은 부위는 단시간에 조리(예: 소고기 야채찌개 등)해도 치아가 약한 고령자도 부담없이 먹을 수 있다. 비교적 질긴 부위인 사태 등은 장시간 뭉근하게 졸이면 매우 부드럽고 촉촉한 사태찜을 만들 수 있다. 고령자를 위하여 부드럽고 소화되기 쉽게 조리하기 위해서는 진공저온 조리법인 수비드 조리법을 이용하는 것도 바람직하다. 채소는 주로 근채류(감자, 고구마, 토란 등)를 단독으로 혹은 다른 식재료(고기 등)와 동반하여 조림을 한다. 약한 불에서 오랜 시간 졸이는 경우, 국물이 졸아서 짜게 될 수도 있으므로 처음에 간을 세게 하지 않도록 하며, 처음에 물을 넉넉하게 넣어 타지 않도록 주의한다. 닭고기는 한입 크기로 잘라서 조림을 하는 것이 바람직하다. 또한 소고기와 돼지고기는 감자전분 등으로 옷을 입혀 졸임을 하면 서로 달라붙지 않고 부드럽게 조리가 된다.

(2) 구이요리

생선은 종류(흰살생선 혹은 붉은살생선 등)에 따라 조리법이 달라질 수 있다. 생선은 단백질과 불포화지방산이 풍부하여 고령자 식사의 주찬으로 제공하기에 적합한 식품이다. 그러나 생선의 종류에 따라 살이 단단하고 부드러운 정도가 다르기 때문에 고령자의 저작, 연하능력에 맞추어 조리하는 것이 바람직하다. 생선을 부드럽게 구우려면 우선 찜기에 찐 다음 그릴에 구워서 살을 부드럽게 하여 구운 풍미를 주는 방법이 있다. 또는 그릴에 구운 생선을 찜기에 쪄서 생선껍질과 살을 촉촉하게 하여 제공하기도 한다. 또한 생선을 종이호일(파라핀 종이)이나 알루미늄 호일 등에 싸서 그릴이나 오븐에 구우면 수분이 증발하지 않고 포장 속에 갇히게 되므로 촉촉하고 부드러운 생선을 제공할 수 있다. 이러한 방법은 비린내가 강하지 않은 생선을 사용하는 것이 좋으며 레몬 조각이나 가벼운 양념을 발라 생선의 풍미를 증진시키는 것이 좋다. 생선을 프라이팬 위에서 팬프라잉할 경우에 는 처음에 센 불로 양면을 구워서 비린내를 없애고 풍미를 증진시킨 후에 뚜껑을 덮어 약불에서 지지게 되면 부드러운 생선구이를 제공할 수 있다. 고기를 구울 때는 얇게 썰어 달군 팬에서 고기의 양면이 살짝 익을 정도로 구우면 질기지 않게 제공할 수 있다. 불고기 등 양념을 해서 조리를 하는 경우 고기를 3~5cm 정도로 잘게 잘라서 제공하고 양념 국물이 있는 상태로 제공하는 것이 저작과 목 넘김이 편안하다.

(3) 튀김요리

튀김은 일반적으로 바삭하게 튀기는 것이 맛있으나, 고령자나 저작기능이 떨어져 있는 사람에게는 튀김옷이 딱딱하여 먹기 어려운 경우가 있으므로 튀김을 한

다음에 우동국물이나 맛 국물(다시마, 가다랑어포, 멸치 등을 넣어 우린 국물 등)에 담가 제공하면 저작에 편하고 목 넘김을 쉽게 할 수 있다. 또한 튀김을 해서 조림 국물과 함께 졸여서 제공하거나, 우동 등에 넣어서 제공하면 튀김의 풍미를 지니면서 부드럽게 먹을 수 있다. 튀긴 음식이 클 경우에는 한입 크기로 잘라서 탕수육 소스와 같은 형태의 걸쭉한 소스를 부어서 제공하면 소스로 인해 부드러워진 튀김과 동반야채를 동시에 먹을 수 있어서 일석이조다. 튀김과 함께 무를 강판에 갈아서 같이 제공하면 산뜻한 풍미도 더해주고, 소화를 도와주어 효과적이다.

(4) 볶음요리

채소 등은 데쳐서 물기를 제거한 후에 5cm 이하로 짧게 자르고, 그 밖의 채소들도 잘게 잘라 볶으면 목에 걸리지 않고 부드럽게 먹을 수 있다. 모든 볶음요리는 강한 불에서 빠른 시간 내에 볶아내야 맛과 풍미가 좋은데, 이는 약한 불에 볶으면 재료에서 물이 빠져나와 질겨지고, 외부의 양념(소스)은 희석되기 때문에 볶음요리가 맛이 없게 된다. 볶은 음식을 다시 찌거나 하면 볶음 풍미가 없어지므로 피하는 것이 좋다. 여러 종류의 재료를 함께 볶을 때는 가장 단단한 것부터 볶는데, 고기는 재료의 마지막에 넣어 볶아야 질겨지지 않는다. 볶음 요리의 양념(소스)은 마지막 단계에서 넣어야 재료에 골고루 배이게 되어 맛이 좋아진다.

볶음요리에 물전분(감자전분 등의 물 전분)을 넣으면 부드러운 질감을 줄 수 있고 목 넘김이 쉬워진다.

(5) 국물요리

한식의 국물요리는 국과 찌개류로 나누어지는데, 국과 찌개는 고령자가 가장 선호하는 음식이기도 하다. 고령자가 선호하는 국은 맑은국, 토장국, 곰국 등이 있고 찌개는 김치찌개, 생선찌개, 두부찌개 등이 있다. 국물요리를 좋아하는 이유 중의 하나는 밥과 함께 먹을 때 목 넘김이 좋고, 오래 끓여 재료의 부드러운 느낌이 있기 때문이다. 특히 고령자 혼자 조리를 해서 식사를 하는 경우 국이나 찌개이외에 다른 반찬을 하지 않아도 식사를 할 수 있다는 생각으로 국과 찌개류를 선호한다. 그러나 국과 찌개는 염분 함량이 높고 하루 필요량의 영양소를 섭취하기에는 상당히 부족하므로 염분을 줄이고 다양한 재료를 사용하여 맛과 식감, 영양균형을 맞출 수 있는 고령자 전용 국물요리 레시피를 개발하는 것이 필요하다.

(6) 곁들임 양념

고령자는 식욕이 없거나, 소화가 잘되지 않는다거나, 저작 어려워 식사량이 현저하게 줄어든다. 이런 이유로 편식도 심하게 나타나는데, 저작 편하고 목 넘김이 쉬운 음식만을 선호하는 경향이 있으며(예: 밥을 물이나 국에 말아서 반찬 없이 먹는 등), 다양한 반찬이 있어도 저작 어려울 것으로 생각하고 먹으려는 시도조차 하지 않는 경우가 많다. 따라서 저작기능이 떨어진 고령자의 찬을 준비할 때는 부족한 영양분을 보충할 수 있는 곁들임 양념[예: 들깻가루와 마요네즈를 섞어서 사용, 부드러운 지리멸치를 고추볶음에 곁들임, 참깨 페이스트(참깨를 갈아 체에 받친 것 등)나 견과류 가루를 섞은 쌈장, 콩가루를 넣은 된장국 등]을 사용하는 것이 바람직하다.

(7) 초를 넣은 음식

침 분비량이 적은 고령자는 초를 넣어서 만든 음식에 대한 선호도가 높으나, 초를 많이 넣으면 자극이 심해 사레들리기 쉽다. 초를 넣은 음식을 준비할 때는 초에 설탕을 미리 넣어 살짝 끓인 다음 사용하면 산미가 다소 완화된 부드러운 신맛을 줄 수 있으며, 다시마 우린 물과 식초를 섞어서 사용하면 강한 산미가 부드러워질 수 있다. 또한 매실 발효액 등을 사용하면 부드러운 신맛과 함께 발효 후에 얻어진 독특한 유기산 풍미가 어우러져 식초 대용으로 사용할 수 있다.

3) 음식을 즐겁게 먹는 방법과 먹이는 방법

'음식을 먹는다. 혹은 식사를 한다.'라고 하는 것은 입으로 음식물이 들어가는 것이 우선적으로 중요한 의미를 갖는다. '먹는다'는 행위는 당연히 누구나 할 수 있다고 생각하는 동작으로 신체의 많은 부분이 관여하고 있으며, 노화(신체노화 및 정신노화)를 방지하기 위해서도 '씹어서 삼키는 동작'이 중요하다고 알려져 있다. 즐거운 식사는 살아가는 힘의 원천이 된다. 이는 단순하게 영양을 섭취하기 위한 것뿐만 아니라 시각이나 미각 등이 뇌를 자극하여 정서적인 즐거움과 풍요로움을 느끼게 해준다(먹는 즐거움). 음식을 입에 넣어 씹는 과정을 거치면서, 입안의 근육, 치아, 혀를 사용하게 되고, 미각, 촉각, 온각, 후각, 청각 등 오감이 작용하여 맛과 질감 등을 느끼게 되고 씹는 과정 중 타액(침) 분비가 촉진되어 음식과 섞여 삼킬 수 있는 형태로 만들어지게 된다. 따라서, 잘 씹을 수 있고 맛을 충분히 느끼면서 섭취한 음식으로부터 얻어진 영양분은 우리 몸에 필요한 에너지를 공급하고 질병을 예방할 수 있는 원천이 된다.

잘 씹어서 먹는 음식은 건강유지를 위한 가장 기본적인 단계로서, 음식을 입에 넣고 씹는 과정 중 '맛있다', '즐겁다' 등의 감정이 생기게 되고 식욕이 자극되어 점점 많은 음식을 먹게 된다. 그럼 '맛있다'라고 느끼는 것은 언제인가? 물론 맛을 느끼는 것(미각)이 가장 중요하지만, 혀의 움직임, 씹는 느낌 등에 의해 음식이 맛있게 느껴지면서 먹는 즐거움과 연결된다.

① 눈(시각): 눈앞에 맛있는 음식이 있으면 눈을 통해 뇌에 전달되어 타액(침)이 분비된다.
② 저작: 입속에 음식물이 들어오면 혀와 볼(뺨)의 도움으로 저작이 시작된다. 동시에 타액이 분비되어 음식물을 연하 쉽게 하며, 타액에는 음식물의 소화, 흡수를 촉진하고 살균하는 작용이 있다.
③ 손을 움직임: 음식물을 입으로 가져가고 입속에 넣는 동작은 손이 담당하며 식사 중에 몇 번이고 그릇, 도구를 사용하며 눈과 손동작이 협조하게 된다.

④ 머리를 지지함: 입으로 음식물을 가까이하기 위해서 머리를 지지하는 목의 근육이 움직인다.

⑤ 음식을 연하: 음식물을 씹어 식도를 통과할 정도의 크기로 음식물덩어리를 형성하여 이를 목의 안쪽으로 이동시키면, 뇌에 자극이 전달된다. 반사적으로 '연하반사'가 일어나 음식물을 식도로 넘긴다.

⑥ 소화시킴: 음식물이 식도로 이송되면 중력이나 연동운동에 의해 위로 이동하여 소화가 일어난다

4) 고령자 식사케어 시 유의할 점

식사 돌봄 시 우선 고령자의 일상 식생활 상태가 어떤가를 파악하여 고령자 식사의 균형감을 체크한다. 이를 위해서는 다음과 같은 사항을 체크해 볼 필요가 있다.

① 수분섭취량은 충분한가?

② 아침식사는 반드시 하는가?

③ 매끼 밥, 빵, 면류 중 어느 것을 먹는가?

④ 매끼 생선, 고기(소고기, 돼지고기, 닭고기 등), 계란, 콩제품(두부 등) 중에서 어느 것을 먹는가?

⑤ 매일 계란 1개를 먹는가?

⑥ 매일 우유나 유제품을 먹는가?

⑦ 감자, 고구마 등 서류는 2일에 한 번 정도 먹는가?

⑧ 매일, 당근, 시금치 등 녹황색 채소를 먹는가?

⑨ 매일 무, 양배추, 오이 등의 채소를 먹는가?

⑩ 식용유를 사용한 조리를 1일 1회 정도 해서 먹는가?

⑪ 다시마, 미역, 김 등 해조류를 일주일에 3회 정도 먹고 있는가?

5) 고령자의 식습관, 기호도를 체크한다

식사케어를 받는 고령자의 평소 식습관과 음식에 대한 기호도를 체크하여 식사 준비에 참고하는 것이 중요하다. 고령자의 건강 유지를 위한 균형 있는 식생활을 영위하기 위해서는 하루 식사량, 간식 종류, 메뉴 구성 등에 대한 전문적인 어드바이스가 필요하고, 무리한 메뉴 구성으로 인해 식사준비가 부담되지 않도록 주의를 기울여야 한다.

3. 고령자를 위한 식사 관리의 포인트

1) 같은 음식을 계속해서 먹지 않도록 한다

혼자 사는 독거노인인 경우, 섭취하는 식사의 종류 및 양이 매우 한정적이고, 같은 음식을 계속해서 먹는 경향이 있다. 하루에 적어도 20가지 식품을 골고루 섭취하고, 조리방법에 변화를 주어 만드는 것이 바람직하다.

2) 손수 만든 음식을 먹도록 한다

데우는 단계만 거치면 손쉽게 먹을 수 있는 조리식품이 다양하게 시판되고 있어 편리하게 구입하여 섭취할 수 있으나 이것만 먹을 경우 균형 있는 식사를 기대하기 어렵다. 따라서 적어도 1품 정도는 손수 조리하여 먹도록 권장한다.

3) 생선, 육류, 계란, 콩 제품 중 어느 것이라도 매일 한 가지 이상 먹는다

고령기에는 단백질을 충분히 섭취할 필요가 있어 단백질 급원 식품인 생선, 육류, 우유(유제품), 콩 제품은 매일 섭취하는 것이 바람직하다.

4) 우유, 유제품을 적극적으로 섭취한다

우유나 유제품에 함유된 칼슘의 흡수가 좋기 때문에 수분 보급과 함께 적극적으로 섭취하도록 한다. 고령기에 들어서도 칼슘의 필요량은 젊은이들과 같은 수준이므로 흡수율이 좋은 칼슘을 꾸준히 섭취하는 것이 바람직하다.

5) 계절 야채 중에서도 녹황색 채소를 충분히 섭취한다

변비가 있는 고령자는 식물성 섬유질, 미네랄, 비타민의 급원인 녹황색 채소(당근, 시금치 등)를 충분히 섭취하는 것이 필요하다.

6) 짠 음식은 피하도록 한다

가령에 따라 미각이 둔화되어 맛이 강하거나 진한 것에 대한 선호도가 높아진다. 따라서 모르는 사이에 염분 섭취량이 늘어나게 되므로 간을 하는 데 주의해야 하며 짠 음식을 피하는 것이 중요하다.

7) 시판 냉동식품과 가공식품도 식사 준비에 유용하다

매끼 식사준비를 위해 신선한 식재료를 준비하는 것이 번거롭기 때문에 냉동식품(냉동채소, 냉동조리식품 등)을 이용하여 식사 준비를 하는 것도 바람직하다. 냉동식품 중에는 식재료 그 자체만을 냉동한 경우와 완전 조리된 상태로 냉동한 식품이 있어 적절하게 사용하면 간단하지만 풍성한 식사를 만들 수 있다. 가공식품(예: 생선통조림 등)을 이용할 경우 염분이나 당분이 많은 국물은 따라 버리고 조리에 사용한다.

4. 외식을 할 때 고려할 점

고령자의 식사를 살펴보면 가족과의 외식 외에 조리된 음식(반찬류, 즉석조리 식품 등)이나 도시락류를 구입하여 한 끼 식사로 먹는 경우가 많다. 외식 메뉴나 판매하고 있는 조리된 음식에는 일반적으로 채소의 양이 적고 전분 위주의 구성이거나, 지방 또는 염분 함량이 많은 등 영양 불균형인 경우가 많기 때문에 외식 메뉴를 결정할 때 주의가 필요하다. 예를 들어, 샐러드류를 먹을 때는 동봉되어 있거나 사용할 수 있는 소스의 양을 최대한 줄이고, 국물이 있는 음식인 경우 염분 섭취를 줄이기 위하여 국물을 많이 먹지 않도록 한다.

- 수저의 편리성, 포크 사용, 앞치마(흘리는 것을 대비)
- 외식의 기분을 가정에서, 밀키트 제품 활용, 쉐프의 손맛을 가정에서(RMR)
- 솥밥을 주문시 물량을 넉넉히 요구(진밥)
- 음식을 잘게 자를 수 있게 가위 요구

CHAPTER 7

저작과 연하가 어려운 고령자의 영양관리와 식사케어

노화의 과정 동안 발생하는 신체의 구조적, 기능적 변화가 음식물을 씹고 삼키는 기능과 연관된 기관에서도 발생한다. 이러한 변화는 점진적으로 발생하여 잘 적응하므로 대부분의 노인은 병이라고 생각될 만한 장애를 겪지는 않지만, 가벼운 저작 및 연하장애를 겪을 가능성은 나이가 들수록 점차 높아진다. 노인성 연하(presbyphagia)이라는 용어는 병적 단계 이전의 노인에게서 나타나는 변화 과정을 일컫는다. 노인성 연하와 연관된 변화는 40~50대부터 나타날 수 있으며 65세 이상의 환자의 30~40%에서 노화로 인한 연하장애를 겪고 있으며 노인성 질병 가운데 신경학적인 질환인 뇌졸중, 파킨슨병, 치매가 있는 경우 연하장애의 유병률은 급격하게 증가하여 80%까지 보고하기도 한다. 게다가 노인의 특성상 여러 가지의 만성 질환을 가지고 있거나, 다양한 약물을 복용하기 때문에 정상적으로 삼키던 노인도 연하장애를 겪을 수 있다. 노화가 진행되면서 저작이나 연하와 연관된 구조와 기능이 어떻게 변화하는지 알아보고, 이를 통해 노인에게 적절한 음식 준비 또는 영양관리나 식품개발에 활용할 수 있는 방법에 대해 알아보자.

1. 정상적인 저작과 연하 과정 이해

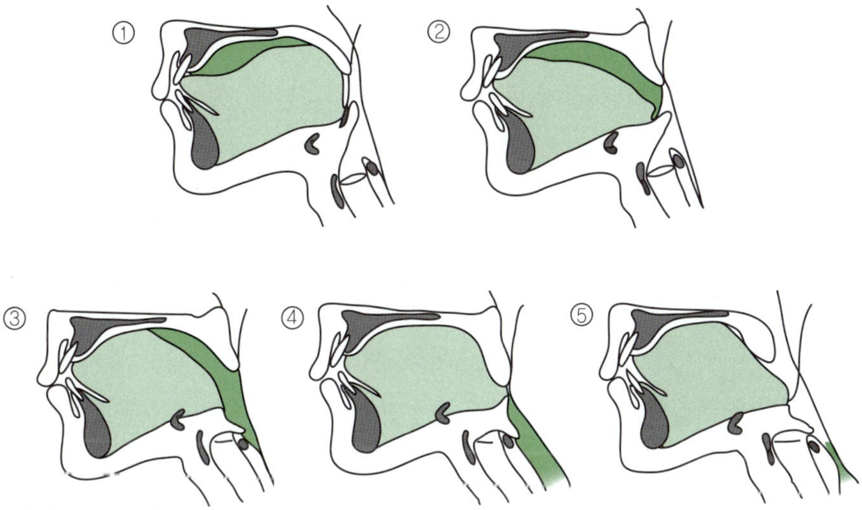

1) 입안에서 준비
2) 혀의 앞부분이 상승하여 음식물덩어리가 인두로 이동
3) 연하반사가 유발되어 후두가 상승하고 혀와 인두의 근육이 더욱 음식물덩어리를 인두하부로 이동시키며 동시에 기도로 음식물이 들어가는 것을 막아주는 기도보호 기전이 작용
4) 음식물이 상부식도괄약근을 지나 식도로 이동
5) 식도하부로 이동

[그림 7-1] 액상 음식물을 삼키는 과정

1) 정상 연하 과정

정상 연하 과정은 구강준비기, 구강기, 인두기, 식도기의 네 과정으로 나누어 설명할 수 있다[그림 7-1]. 하지만 실제로는 구강 내로 음식물이 들어오기 전부터 뇌는 음식에 대한 정보를 받고 인지하며 입안으로 받아들이고 저작을 위한 준비를 한다. 즉 음식을 보고, 배고픔이나 갈증을 느끼고, 냄새와 향을 느끼고 침 분비를 증가시키는 등 감각계 및 중추신경계가 작동한다.

(1) 구강준비기

구강준비기는 안전하고 편안하게 삼킬 수 있도록 음식물을 적당한 크기와 성질을 가진 음식물덩어리로 만드는 과정이다. 이러한 과정이 제대로 일어나기 위해서는 입술의 적절한 닫힘과 음식물덩어리(식괴, bolus)를 조절하고 위치시키고 이동시키는 혀의 조절 능력, 침 분비 및 저작능력이 갖추어져야 한다. 구강준비기에 일어나는 과정은 음식물의 성질에 따라 차이를 나타내는데, 액체상태의 음식물인 경우 씹는 과정이 필요 없고, 유동식일 경우도 거의 씹는 과정을 거치지 않고 다음 단계인 음식물덩어리의 이동이 일어날 수 있다. 고체상의 음식물은 구강 내로 들어오면 큰 크기의 음식물은 앞니에 의하여 크기가 감소되며, 혀에 의하여 저작에 필요한 어금니 영역으로 이동하게 되고 저작이 이루어진다[그림 7-2]. 씹을 때 혀와 볼의 근육과 어금니 사이에 저작–이동–저작의 반복적인 저작 주기에 의하여 점차 연하에 적합한 음식물덩어리가 형성된다. 이때 혀의 회전운동은 턱의 움직임에 맞추어 음식물을 아랫니와 윗니의 열린 사이로 밀어 넣는 작용을 하며, 볼에 위치한 근육이 동시에 수축하여 바깥쪽에서 음식물을 치아 사이로 밀어주는 작용을 한다. 저작 과정을 통해 크기가 작게 잘리고, 부서지고, 갈리며, 이 과정에서 침과 고루 섞이게 된다. 저작 과정에는 입술과 뺨의 근육이 작용하여 밖으로의 흘림과 뺨과 이빨 사이에 음식물이 고이거나 하는 것을 막아주며, 구강의 후방에서 연구개는 하강하고 혀의 후방은 상승하여 음식물덩어리가 인두부로 조기에 넘어가거나 흘러 들어가는 것을 방지하여 준다.

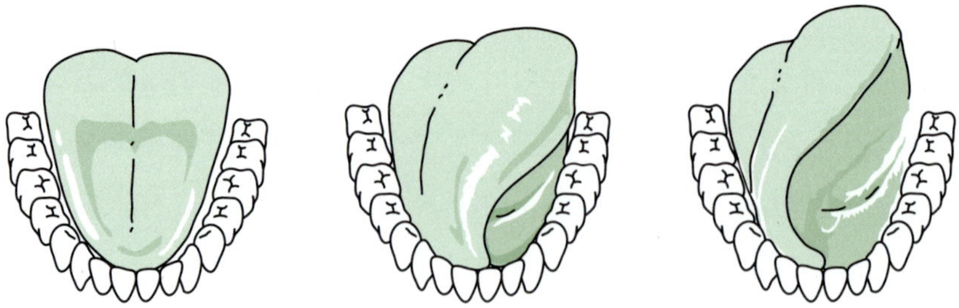

[그림 7-2] 저작 과정 중 혀의 움직임

(2) 구강기

구강준비기에서 저작을 통해 연하에 적절한 성상의 음식물덩어리가 형성되면, 준비된 음식물을 인두로 이동하는 과정이 시작된다. 구강기 또는 구강이동기에 액체상의 음식은 혀의 후방운동이 시작되면서 인두로 이동하게 된다. 음식물덩어리는 혀의 앞부분과 경구개 사이에 위치하며, 혀의 앞부분부터 상방 그리고 순차적인 후방 움직임을 통하여 음식물덩어리가 인두로 이동하게 된다. 고체상의 음식은 저작 중에도 음식물덩어리가 후구개궁을 지나 혀 후방의 뒷면과 후두개곡(vallecular fossa)으로 이동하는 것을 볼 수 있는데, 고체상 음식의 경우 저작과 이동이 연속적으로 일어나게 되며, 이러한 단계가 주기적으로 반복되면서 음식물이 후두개곡에 점차로 모이게 되면 인두기 연하으로 연결된다. 고형식의 경우 음식물의 크기, 양, 성상에 따라 씹는 과정과 이동이 서로 유기적으로 연계되어 동시에 반복적으로 진행되며 점차적으로 후두개곡에 적당량의 음식물덩어리가 모이면 인두기 연하가 일어나게 된다.

(3) 인두기

구강에서 인두로 음식물이 이동해오면 감각신호가 뇌간(brainstem)의 연하 중추를 자극하게 되어 연하반사를 일으키게 된다. 인두기의 가장 중요한 목표는 흡인 없이 음식물을 안전하게 식도로 이동시키는 것이며, 흡인방지 기전이 제대로 작동하지 않을 경우 기도 흡인이 일어날 수 있다. 인두기에 일어나는 동작의 순서를 보면 비인두가 닫혀 비강으로의 음식물 역류를 방지하게 되고, 혀의 후방운동과 인두수축근이 수축하여 음식물덩어리를 이동하게 되며 성대와 후두입구가 닫히고 설골과 후두가 상승하며, 후두개의 후방 움직임에 의해 기도가 폐쇄된다. 상부식도괄약근(upper esophageal sphincter)은 후두상승이 정점에 달했을 때 가장 크게 열리게 되며 바로 직전에 평소에는 긴장성 수축을 유지하고 있던 윤상인두근이 이완하게 된다. 윤상인두근의 이완과 후두 상승으로 인하여 상부식도괄약근이 열리게 되며 인두의 직경이 증가하게 되어 음식물덩어리를 받아들이고 인두수축근의 연동운동 형태의 수축이 일어나서 음식물을 상부식도괄약근을 통과하여 식도로 밀어낸다.

인두는 연하 시에는 음식물덩어리가 지나가는 경로이며 동시에 호흡 시에는 공기가 지나가는 경로이다. 따라서 호흡과 연하의 협응도 매우 중요한데 인두기에 호흡은 멈추게 되며 약 0.3~1초간 지속된다. 연하가 일어난 후 음식물덩어리가 완전히 제거되지 않고 인두의 후두개곡이나 배꼴동(pyriform sinus)에 남으면 정상적인 경우는 반복된 연하동작을 통하여 제거되지만 그렇지 않은 경우 기관지 내로 흘러 들어갈 수 있다.

(4) 식도기

연하의 마지막 부분으로 음식물덩어리가 상부식도괄약근을 통과하여 식도에 이르면 식도를 이루는 근육의 연속적인 수축에 의한 연동운동과 중력에 의해 음식물이 식도를 통과하게 되며, 평소에 닫혀 있던 하부식도괄약근(lower esophageal sphincter)이 이완되며 음식물이 위장으로 이동하게 된다.

2. 노화와 관련된 저작 및 연하과정의 변화

나이가 들어감에 따라 저작 및 연하와 연관된 구강준비기, 구강기, 인두기, 식도기 기능이 모두 감소한다. 일반적으로 노화로 인한 근육과 신경 및 감각기관의 이상이 노인의 저작 및 연하장애의 주요 원인이지만 노인환자들이 가지고 있는 다른 질환으로 인해 이차적으로 발생하는 경우도 많다. 이러한 경우 노화 자체로 인한 구조적인 변화와 질병으로 인한 변화를 구분하기는 쉽지 않지만, 결국 두 가지 원인 모두가 근육의 위축과 근력 저하를 유도하고, 구조물의 유연성이 감소하여 기능 저하를 유발할 수 있다. 또한 근육기능을 포함한 구조적인 문제 외에도 침 분비 감소, 미각 및 구강 내의 온도, 압력 등의 기계적 감각을 담당하는 말초신경의 변화가 오면서 저작 및 연하기능이 감소할 수 있다. 이러한 노화에 따른 변화로 삼키는 효율이 감소하고 삼키는 시간이 오래 걸리게 되고 기도 흡인의 위험에 노출되는 시간이 길어지게 되므로 흡인이 발생할 가능성이 높아지게 된다.

1) 구강준비기 및 구강기의 변화

(1) 치아와 치조골의 결손

인간의 치아는 32개의 치아, 사랑니를 제외하고는 28개의 치아가 위턱과 아래턱에 대칭을 이루며 자리 잡고 있으며, 각각의 턱에는 4개의 앞니, 2개의 송곳니, 4개의 작은 어금니, 4개의 큰어금니(사랑니 제외)가 있다[그림 7-3]. 치아는 잇몸에서 위로 음식물을 씹을 수 있게 하는 치관 부위와 턱뼈 안에 존재하는 치근으로 이루어져 있으며, 치관은 가장 바깥쪽의 단단한 법랑질과 내부의 상아질 그리고 신경과 혈관이 분포하는 속질로 이루어져 있으며, 치근은 법랑질 대신 시멘트질로 쌓여 있다[그림 7-3]. 치아는 시멘트질을 포함하여 치아 주변 조직인 치조골, 잇몸 조직, 인대에 의해 안정적으로 유지된다.

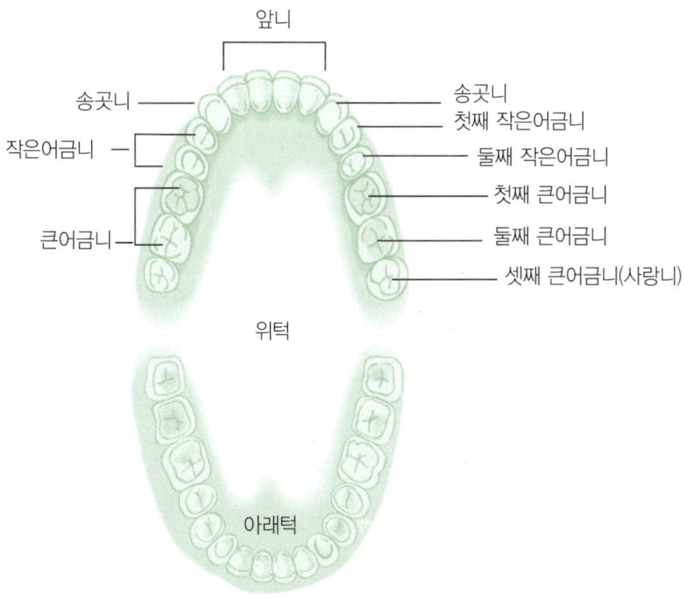

[그림 7-3] 치아의 구성

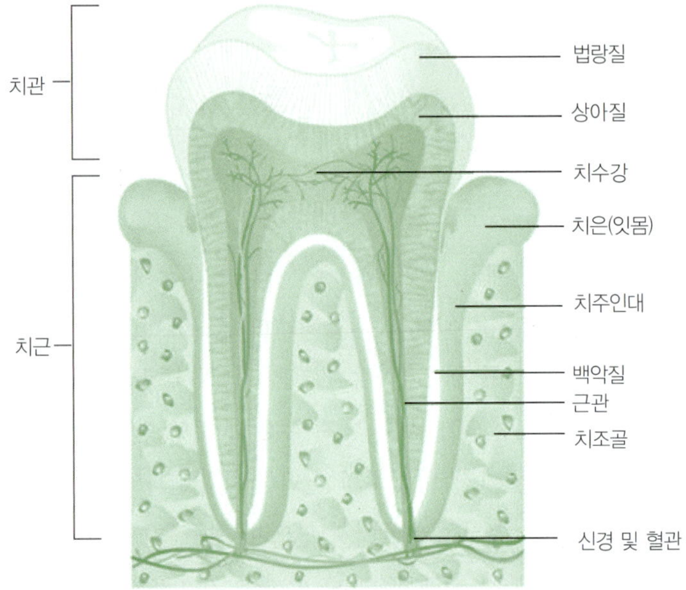

[그림 7-4] 치아의 구조

나이가 들면서 구강 내에서 나타나는 변화 가운데 치아의 구조적 변화를 살펴보면 교모현상(attrition), 즉 오랜 기간 치아끼리의 접촉에 의해 치질이 손상된 것으로 치아가 서로 맞닿는 교합면에서 주로 발생하며, 그 외의 칫솔질 등에 의해 치아가 마모되기도 하며, 치아의 혀쪽 부위에 음식물의 산도나 위액에 의해 침식 작용을 받게 되어 법랑질이 손상되고 치아의 균열이 발생되며 백악질이나 상아질이 노출되기 쉽다. 치아에서는 우선 노화에 의해 법랑질이 얇아지고 어두운색으로 변하게 된다. 법랑질 내부의 상아질은 후생 상아질과 관주 상아질의 증가 및 상아질 세관의 경화와 폐색이 진행되고 이로 인하여 치아 조직의 온각 등의 감각에 무디어지게 된다. 후생 상아질의 증가와 더불어 속질(치수) 조직은 조상아세포 및 치수세포의 감소로 변성되고 위축되며, 내부의 혈관과 신경도 점차 감소된다. 시멘트질은 노화에 의해 두꺼워지지만 상아질에 대한 부착력은 약화된다. 치주 조직은 노화 및 치주염 등의 원인으로 치주 조직의 퇴축이 진행된다. 이러한 치아 조직의 노화와 더불어 나이 들면서 가장 뚜렷하게 관찰되는 현상은 치아의 소실을 들 수 있다. 다만 치아 소실에 대한 개인차가 커서 정도나 시기에 대하여 일률적으로 노화 현상으로 이야기하는 것은 어렵다고 볼 수 있다. 특히 구강 내 위생 상태가 좋지 않은 경우, 치아우식증(충치)이나 치아주변의 염증 및 치조골에 문제를 일으킬 수 있어 치아 소실의 원인이 되기 때문이다. 나이에 따른 한국과 일본의 평균적인 치아 보유 수는 〈표 7-1〉과 같으며, 60대는 남자 약 20개 여자는 약 17개, 70~74세의 경우는 남자 15개, 여자 13개였다. 2015년에 발표된 연구에서는 연령별로 30세~39세가 27.46개, 40~49세가 26.45개, 50~59세가 24.72개, 60~69세가 22.58개, 70세 이상이 17.29개로 역시 나이가 증가함에 따라 감소함을 보였다.

〈표 7-1〉 한국 및 일본인 성별 및 연령별 평균 치아 수

연령대	남성		여성	
	한국	일본	한국	일본
20~24	29.1	28.8	28.8	28.4
25~29	28.8	28.9	28.5	28.4
30~34	28.9	28.5	28.5	28.1
35~39	28.6	27.9	28.0	27.5
40~44	28.1	27.1	27.3	26.8
45~49	26.9	26.2	26.1	24.7
50~54	25.9	25.0	25.0	23.7
55~59	23.9	22.0	22.7	22.3
60~64	21.6	21.4	18.9	19.7
65~69	18.2	17.8	16.2	15.9
70~74	15.1	13.8	13.7	11.7

출처: 김백일(2004).

(2) 혀의 변화

혀는 구강으로 음식을 받아들여 액체상의 음식물을 입안으로 흘리지 않고 인두로 이동시키게끔 음식물을 머금고 있다가 이동시킨다. 고체상 음식물의 경우 저작에 필요한 어금니 사이의 씹는 면으로 음식물을 이동시키고 다시 어금니의 저작작용에 의해 크기가 작아진 음식물을 다시 씹는 면으로 밀어 넣어 음식물덩어리를 적절하게 연하 좋은 상태로 만든 뒤, 혀의 앞부분부터 상승하여 인두로 음식을 밀어 넣어서 연하반사가 유발되는 인두까지 이동하게 하는 중요한 기관이다. 혀 근육을 젊은 성인과 비교할 때 노인의 근육이 낼 수 있는 압력은 나이가 들수록 감소하며 이로 인해 노인성 연하장애를 일으킬 수 있다. 혀의 압력은 골격근의 양, 신경계의 노화와 연관되어 있다고 알려져 있기 때문에 골격근의 양 자체가 중요하다. 실제로 노화가 진행되면서 혀의 근육량이 감소한다고 알려져 있다. 근감소증(sarcopenia)은 골격근의 근육량과 근력이 감소하는 현상을 말하며 노인에게서 흔히 발생한다. 근감소증은 근육 단면적 감소, 근육을 구성하는 근섬유의 크기 또는 숫자의 감소가 특징적인 소견이며 이는 근력을 떨어뜨리는 결과를 가져온다. 특히, 혀의 근육 주변의 결체 조직이 증가하면 근육의 작용에 영향을 주게 되어 구강 내 음식물을 조절하기 어렵게 하거나, 이를 보상하기 위해 여러 번의 혀를 움직이는 등의 현상이 나타난다. 신경계의 노화가 가중될 경우 더욱 조절이 어려워질 수도 있다. 이로 인하여 저작 시간이 전반적으로 증가하게 된다. 그리고 혀 후방부의 근위축과 근력의 약화로 음식물의 인두로의 이동이 원활하지 않고 후두개곡(vallecular fossa)에 남는 현상도 관찰할 수 있다.

(3) 감각의 변화

① 미각의 변화

혀의 운동기능 외에 미뢰(taste bud)의 크기 감소나 미뢰당 미각세포의 변화로 인해 감각기능이 변할 수 있다. 미각은 시각, 청각, 후각 등 다른 감각과 마찬가지로 연령이 증가함에 따라 감퇴한다고 알려져 있다. 미각은 특히 개개인의 음식에 대한 선호도를 결정하여 식습관을 형성함으로써 결국 개인의 영양상태와 밀접한 관련이 있다.

여러 연구에서 노화와 미각의 변화가 서로 연관성이 있고, 미각 기능의 저하로 인해 신맛, 짠맛, 쓴맛에 대한 역치가 나이 들수록 증가하고, 단맛에 대한 역치는 같거나 소폭 증가한다. 그러나 미각 자체가 주관적이고 개인차가 크므로 연구자별로 상이한 결과를 보이는 경우가 많다. 젊은 사람(17~18세)과 비교하여 노인(60~80세)의 경우 쓴맛의 역치는 약 50%, 짠맛의 역치는 약 25%, 신맛의 역치는 약 10%, 단맛의 역치는 약 5%가량 상승하여, 젊은 사람에 비하여 쓴맛과 짠맛을 잘 느끼지 못하거나 같은 농도에서 덜 느끼게 된다.

미각 기능이 저하되는 이유로 노화에 따른 미뢰나 미각세포의 변화 외에도 사용 중인 약물, 아연 결핍, 구강질환, 전신질환, 보철물 착용 등을 미각 변화의 원인으로 꼽을 수 있다. 또한 타액은 미각 수용체를 잘 유지하고 미각에 관련된 물질이 미각 수용체까지 잘 도달하도록 도와주는 역할을 한다. 그러므로 노화에 따른 타액의 감소가 또한 미각을 감소시킬 수 있다.

② 구강 내 감각 기능의 저하

구강 내에서 저작 작용은 감각기관의 기능에 큰 영향을 받는다. 상피세포층의 위치나 압력을 담당하는 기계적 감각수용기, 치아 주위 조직의 감각수용기, 악관절(temporomandibular joint)의 감각수용기, 주변 저작근육(저작근육, masticatory muscle)의 감각수용기 등이 작용하며 이 중에서 치아 주위 조직의 감각수용기는 씹을 때의 힘과 관련되며 악관절의 감각수용기는 움직임의 크기를 조절하는 데 중요한 감각정보를 중추신경계에 제공한다.

감각기능의 저하는 구강기, 인두기 모두 영향을 줄 수 있다. 앞에서 언급한 미각 이 외에도, 온도 감각, 촉각 및 압력에 대한 감각이 변하기 때문에 음식의 맛이나 음식물덩어리의 성상을 구분하는 능력이 감소한다. 감각-대뇌피질-운동으로 연결되는 피드백 과정이 감각 단계에서부터 손상되어 적절한 음식을 씹을 수 있는 능력과 음식물 성상의 변화에 대해서 적절하게 대처할 수 있는 능력이 감소하게 된다. 후각의 감소와 더불어 저작 과정에서의 즐거움이 감소하고, 이는 식욕 저하로 이어진다.

(4) 침 분비 기능

침은 침샘에서 분비되는 일종의 소화액으로 정상인의 경우 하루에 분비되는 침의 양은 1~1.5L이다. 자율신경에 의해 자극받지 않았을 때는 1분당 0.001~0.2mL를 생성하며, 자극받으면 분당 0.18~1.7mL로 유출량이 증가하는데, 1분당 평균 분비량은 1mL 정도이다. 침 분비에 영향을 주는 인자는 1일 주기, 기후, 음식 섭취, 빛의 영향, 나이와 성별, 그리고 신체활동 등이며, 이 인자들은 침의 구성 성분에도 영향을 준다. 침이 분비되는 속도는 음식을 먹는 동안 가장 빠르며, 분비 자극이 없으면 낮아지거나 거의 분비되지 않는다. 하루에 분비되는 침 중 가장 많은 양은 턱밑샘에서 분비되지만, 식사와 같은 자극을 주면 귀밑샘의 분비량이 턱밑샘의 분비량보다 많을 수도 있다. 음식을 삼킬 때 마찰이 줄도록 입안에서는 음식물을 부드럽게 만드는데, 침 성분 중 하나인 당단백이 주로 이러한 역할을 한다. 당단백의 농도는 작은 침샘에서 분비되는 침에서 더 높게 나타난다. 침이 저작과 더불어 음식물을 부드럽게 하고, 미세한 크기로 침과 혼합되는 과정도 소화과정에 포함되며, 이때 미각도 관여한다. 소화작용에서 침에 녹은 음식물은 미각수용기를 자극하고, 혀의 작은 침샘에서 분비되는 침은 혀의 표면을 덮고 있는 미뢰(taste bud)에 작용하여 맛을 느끼게 한다.

침의 가장 중요한 소화효소는 알파아밀라아제(α-amylase)이며, 이것은 귀밑샘에서 분비되는 침의 주 단백질로서 탄수화물의 소화에 중요하다. 사람의 소화기관에서 하루 중 분비되는 아밀라아제의 양은 1.6mg 정도인데, 60%가 췌장에서 분비되고 40%는 침샘에서 분비되며, 침샘 내 분비량의 70% 정도는 귀밑샘에서 분비된다.

노인의 경우 선세포의 재생이 느려지며 선세포의 노화가 진행됨에 따라 아쿠아포린(aquaporin) 등의 주요 단백질 생성이 감소되므로 분비기능이 전반적으로 저하된다. 침 분비량의 감소는 저작 기능의 감소와 직결되고, 구강건조증은 일반

노인의 약 20~40% 정도에서 발견되며 남자보다는 여성에게서 흔하다. 한편으로 노화로 인하여 침 분비량 자체는 줄어들지 않는다는 연구도 있다. 즉, 이하선의 타액 분비량은 연령 증가에 따라 별다른 영향을 받지 않는다는 것이다. 이들 연구에서는 노인의 침 분비량이 감소하는 주된 원인이 전신질환과 그에 따른 약물치료와 관련이 있다고 주장한다. 당뇨병과 고혈압은 그에 따른 약물치료로 인해 구강건조증과 관련성이 많다고 보고되고 있다. 그 외에 항정신성 약물(psychotropics), 항천식 약물(anti-asthmatics), 이뇨제(diuretics), 또는 항고혈압 약물(antihypertensives) 복용 등이 침 분비량의 감소와 관련이 있다고 알려져 있다.

음식을 먹지 않아도 삼키는 행위 자체가 침을 분비하도록 한다. 탄수화물을 소화할 때 타액이 작용하기 시작하는데, 저작 과정을 통해 음식물을 조절이 가능한 음식물의 형태로 변형하고 타액을 더하면서 이러한 과정을 원활하게 하는 동시에 음식물에 수분을 더하게 된다. 결국은 인두로 넘길 때 적합한 형태로 만들어서 보내게 된다. 이러한 윤활작용을 통해 먹으면서 말하는 기능을 부가적으로 도와준다. 만성적인 구강건조증은 구강 내부뿐만 아니라 인두와 식도까지 영향을 주게 되어 결국은 음식물이 구강에서 위로 넘어가는데, 문제를 일으키게 되고 연하와 정이 일어나는 주요 기관에서 잔류물이 남을 수가 있다.

(5) 구강운동 능력과 저작 기능의 감소

저작은 음식물이 잇몸과 경구개의 감각수용기를 자극하여 감각신경을 통해 저작에 관여하는 뇌간의 중추신경계를 자극하게 되고 이에 따라 저작에 관여하는 근육을 움직여 주며, 이들 저작에 관여하는 근육의 순차적인 운동이 일정한 순서로 일어나게 되고, 결과적으로 일정한 주기를 가지는 턱의 움직임과 혀의 회전운동을 일으켜 씹는 과정을 수행하게 된다. 저작기능은 이들 근육의 작용과 더불어 앞에서 언급된 치아의 수나 구강감각 기능, 침 분비 능력 및 혀의 조절 능력과 근력이 매우 중요하며 복합적으로 작용한다. 나이가 들면서 감소하는 다른 운동기능처럼 저작근육의 근력과 부피, 씹는 힘(bite force), 혀의 조절 능력이 감소하게 된다. 그럼에도 불구하고 치아의 수 등을 고려하여 제외하면 실제로 연하 전의 음식물덩어리의 입자 크기 등은 큰 영향이 없다는 보고도 있다. 알려진 바로는 나이가 들어감에 따라 전체 저작 과정에서 각 저작 주기(cycle)의 수가 증가하고 (일부 연구에서 10년당 3주기), 초기 저작 주기의 시간이 길어진다. 따라서 전체 저작 시간이 길어지며 각 주기당 근육 사용량이 증가하고 이에 따라 같은 경도의 음식을 씹는 데 나이가 들어도 적응이 된다.

나이가 들면서 치아 수의 감소, 감각기능의 저하, 혀의 조절 능력 감소, 저작 근육기능 감소 등이 작용하여 저작기능이 감소하여 결국 음식물 섭취와 영양분 섭취에 직접 영향을 주게 된다. 혀의 근육과 저작근육의 근육이 감소하므로 음식을 입안에서 충분히 씹어 연하에 적당한 형태를 만드는 데 문제를 일으킬 수 있다. 씹지 않고 연하에 적절한 음식 형태를 미리 선택하면 이러한 문제를 보상할 수 있기 때문에 구강 및 저작근육이 감소하였다고 해서 음식물을 섭취하는 데 제한이 생기는 경우는 많지 않다.

2) 인두기의 변화

인두기와 관련하여 노화과정을 통해서 구조적으로 보이는 변화는 연하 과정의 인두기에 관여하는 혀, 인두, 후두의 근육과 피하조직 등 연부조직의 위축과 근력의 약화를 들 수 있다. 그리고 인두 및 후두가 아래쪽으로 늘어지면서 상대적인 길이가 늘어나고, 연하반사가 지연되어 삼키는 시간이 젊었을 때보다 대략 1초 정도 또는 20% 정도 증가한다. 그렇기 때문에 삼키는 과정 동안 기도를 보호해야 할 시간 또한 늘어나고, 흡인의 위험에 노출될 수 있는 시간도 증가한다. 저작을 거친 음식물덩어리가 인두부로 이동되면서 유발되는 연하반사는 젊은 성인의 경우는 대개 후두개곡보다 앞에 위치한 전구개궁(anterior faucial arch)을 지나면서 유발되지만, 노화가 진행된 상태에서는 후두개곡으로 넘어가거나 더 이후에 시작된다. 따라서 노인에게서는 성대 입구 및 성대폐쇄 기능의 저하와 더불어 적절한 대처를 할 시간적 여유가 적다.

인두부의 이상소견은 흡인을 막는 연하의 예비 능력의 감소와 연관되어 있기 때문에 아주 중요하다. 혀와 인두의 위축과 근력 감소는 이들 근육이 인두기에서 음식물덩어리를 혀 후방부에서 인두 아래쪽으로 이동시키는 데 매우 중요한 역할을 하는데, 이 기능이 감소하여 연하 작용 후에도 주요 구조물 내에 잔류물이 남게 된다. 근육의 기능이 어느 정도 보존되어 있어도 인두기는 나이가 들수록 길어지고 이를 보완하고 음식물덩어리를 모두 넘기기 위해서 여러 번 음식을 삼키려는 노력을 하게 된다. 길어진 연하 과정 동안 음식을 먹은 뒤 숨을 내쉬기보다는 숨을 들이마시기 때문에 흡인의 위험성이 증가한다. 효과적으로 내려 보내지 못하고 남은 음식물은 인두부에 남아 있게 되고, 게다가 인두기의 감각이 감소하기 때문에 흡인이 되어도 적절한 대응이 어렵다. 따라서 흡인의 빈도가 증가하거나 증상 없이 흡인되는 무증상 흡인이 발생할 수도 있다. 흡인이 되는 경우 삼킨 후 기침, 목소리 변화 등의 증상을 보이며, 단순 흡인은 폐렴의 발생률을 약 4배 증가시키는데, 흡인과 관련된 증상이 없는 무증상 흡인은 폐렴의 위험을 더욱 증가시켜 약 10배 증가시킨다. 이 외에도 상부식도괄약근의 기능 저하로 열리는 속도나 열리는 크기가 감소하게 된다. 이로 인하여 잘 씹지 않은 고형질의 음식이나 정제로 된 약 등은 잘 넘기기 어렵게 된다.

3) 식도기의 변화

나이가 들어감에 따라 노인성 식도(presbyesophagus)라 하여 식도 수축의 강도 및 상부식도괄약근의 장력이 감소하지만 음식의 이동은 이러한 변화에 의해 크게 영향받지는 않는다. 그래서 노화와 연관되어 발생하는 식도기의 기능적인 장애는 노인성 식도라는 용어보다는 노인에게서의 연축성 식도(diffuse esophageal spasm)라고 부르는 것이 적당하다는 의견도 있다. 많은 노인이 식도 수축을 방해하는 질환에 의해 영향을 받을 가능성이 있다. 다른 질환에 의한 이차적 장애에 따른 결과일 가능성이 많지만 식도 운동 기능 역시 저하되는 것으로 보고되어 있으며, 제시된 기전으로 70세 이상 고령에서 식도 근육층 신경총(myenteric plexus)의 신경세포 수가 현저히 감소한다고 보고된 바 있다. 이와 함께 식도 연동파의 수축력이 감소하고 역류된 산의 제거가 잘 이루어지지 않아 위·식도 역류 질환이 잘 발생하는데, 식도 내압 검사 및 핵의학 검사를 통해 이루어진 한 연구에서 연령이 증가할수록 식도 내 비정상 연동파의 빈도가 높아진다고 보고하였으며, 식도 내압 연구에서는 연령이 증가할수록 상부 및 하부 식도괄약근의 압력이 낮아지고 식도연동파의 수축력 감소와 전달속도가 감소된다고 하였다. 노인에서 위산 역류의 빈도는 젊은 층과 차이가 없으나 역류 시간이 길어지므로 인해 질환이 더 흔히 발생할 수 있다.

4) 위, 장관의 변화

노화에 의해 위의 운동성이 감소되어 위 배출 능력이 감소한다고 알려져 있다. 활동성의 건강한 노인, 노인 병동에 입원 중인 활동성이 떨어지는 노인 그리고 젊은 성인을 대상으로 한 연구에서는 노인에서 식후 위 수축력이나 연동파의 빈도가 감소하였으며, 특히 노인 가운데 활동량이 적은 경우 감소 폭이 더 크다고 하였다. 노인에서 위 배출이 지연되는 기전은 아직 불확실하나 내장신경계의 퇴화와 연관된 것으로 보는 견해가 많다.

위 점막 세포는 빠른 증식과 분화를 특징으로 하는데 노화가 진행될수록 각종 위장관 호르몬의 분비 및 이 호르몬에 대한 반응성에 변화가 일어난다. 즉 전정부의 경우 소마토스타틴 분비 세포(D-cell) 감소에 비해 가스트린 분비 세포(G-cell)의 감소가 두드러져, 위산 분비, 췌장액과 위 및 장 운동을 촉진하는 호르몬인 가스트린의 분비가 줄어들어 결과적으로 위산 분비가 감소하게 되고, 뿐만 아니라 가스트린에 대한 위점막의 반응성 역시 감소하여 점막의 위산분비 및 성장 촉진이 제한받게 된다. 한편으로는 노인의 위산 분비 감소는 노화 자체보다 헬리코박터파이로리(*Helicobacter pylori*)균 감염에 따른 위축성 위염에 기인할 가능성이 높다는 연구도 있으며, 만성 염증이 지속될 경우 활성산소(reactive oxygen species: ROS) 생성이 증가하고 결과적으로 조직 손상이 유발된 결과일 수도 있다. 즉, 노화가 진행될수록 위 점막층 하부가 각종 산화물의 축적과 함께 결체조직으로 대체됨으로써 기능장애가 발생하고 세포자연사(apoptosis), 혈관 생성, 신경인성 질산합성효소(neuronal nitric oxide synthase)계 등의 장애로 인해 각종 외부 자극에 의해 점막이 쉽게 상해받는다고 추정된다. 따라서 나이가 들어감에 따라 손상을 견딜 수 있는 위벽의 능력이 감소되고 이에 따라 소화성 궤양질환의 위험, 특히 아스피린 및 기타 비스테로이드성 항염증제(NSAID)를 사용하는 사람에게서 이러한 궤양의 위험이 증가할 수 있다.

위산 분비능의 감소는 상부 소장의 세균과다증식증(small intestinal bacterial overgrowth, SIBO) 및 이에 따른 흡수장애를 유발할 수 있다. 호기 검사를 이용한 연구에서 노인 인구의 15.6%가 SIBO에 이환된 것으로 보고하였으며, 특히 위산 분비 억제 치료를 받고 있는 경우 이환율이 높았고 저체중, 저알부민혈증, 설사 등의 빈도가 높았다고 보고하였다. 노인 병동에 입원한 환자의 71%에서 SIBO가 동반되었으며 11%에서 심각한 영양장애가 있었다는 보고도 있다. 코발아민(비타민 B_{12}) 흡수는 여러 단계에 걸쳐 일어나는데, 이 가운데는 섭취된 음식물로부터 흡수 가능한 상태의 유리 코발아민으로 분해되는 과정이 첫 단계이고 이 과정에 위산이 관여한다. 위산 분비 감소는 코발아민 결핍에 의한 거대 적아구성 빈혈을 유발할 수 있다. 또한 앞서 언급한 SIBO 역시 소장에서 코발아민(cobalamine)을 소모하여 결핍에 의한 빈혈이 발생할 수 있다.

노화로 인하여 대장의 경우 대장 통과 지연 및 만성 변비 발생이 노화에 따른 현상으로 잘 알려져 있으며, 이는 노화와 관련된 신경세포 및 신경세포 수용체의 변화에 기인하는 것으로 보이며, 실제 사람 조직을 대상으로 관찰한 연구에서 점막하신경총 및 근육층신경총의 신경세포 수가 현저히 줄어든 결과가 보고되었다. 위에서와 달리 질산을 분비하는 신경세포의 감소에 의해 신경 말단부의 질산 농도가 감소하여 대장 통과를 지연시키는 기전과 아편수용체의 증가, 콜린성 신경으로부터의 아세틸콜린 유리 감소 등이 대장 통과 지연과 관계된다. 노인 인구의 24~40%에서 변비를 호소하는 것으로 보고되어 있으며, 상행 결장 및 횡행 결장이 주로 높은 팽창성으로 대변의 저장소 역할을 하는 반면, 하행 결장과 S상 결장은 대변의 이동 통로 역할을 하는데, 노화가 진행될수록 근위부 결장에 비해

원위부 결장의 팽창도가 약해져 게실이 잘 발생하고 대변의 이동성 또한 떨어지는 것으로 알려져 있다. 반면 장신경총의 신경 변성이 50%가량 진행되더라도 장의 생리기능에 변화를 일으키지 않는다는 사실에 비춰보면, 노인에서 대장 통과지연 또한 노화 자체의 영향도 있지만 동반질환, 활동성 감소, 섬유질 섭취 감소, 약물 등에 의한 것으로 생각되며 부족한 섬유질 섭취가 가장 중요한 원인으로 보인다는 견해도 있다.

5) 소화기계의 기능 저하와 약물복용

노인은 노화 및 관련되어 발생하는 여러 질환 때문에 많은 종류의 약제를 복용하는 경우가 많다. 약물을 복용하는 환자가 노화로 인한 기능 저하로 우선 알약 등을 삼킬 때 목에 걸려 어려움을 겪게 된다면 연하장애의 가능성을 알리는 신호라고 생각할 수 있다. 알약을 연하 힘든 것 자체도 문제지만 앞부분에서 언급되었듯이 약물의 작용으로 인해서 연하장애가 유발되기도 한다. 노인 인구에서 많이 복용하는 항우울증약, 항구토제, 변비약이나 퇴행성 신경질환에 작용하는 약물은 항콜린 효과를 가지고 있다. 이로 인하여 특히 구강 건조가 유발되는 경우가 많은데, 윤활작용을 하는 타액의 분비가 감소하면 저작에서부터 음식물덩어리의 이동과 연하 작용에 영향을 미쳐 구강과 인두부에 남는 음식물이 증가하게 된다. 그리고 타액은 위산을 중화시켜서 식도와 하인두를 산으로부터 보호하지만, 타액 분비가 감소하면 위산으로부터 점막을 보호하기 어렵게 된다. 항콜린성 약물은 위장관의 운동성에도 영향을 미쳐 운동장애나 변비를 유발하기도 한다. 항콜린성 효과 이외에도 이뇨제 같이 탈수를 유발하는 약물도 비슷한 문제를 유발한다. 또한 많은 약물이 신경계에 작용하면서 인지 기능이나 운동 기능에 영향을 주어 구강기에 혀의 움직임이나 음식물이 인두에 들어왔을 때 일어나는 감각 기능과 연하반사 등의 반응을 감소시킬 수 있다. 중추신경계에 작용하는 수면제 같은 약물이나 음주는 원활한 신경계의 활동을 저해해서 음식을 구강이나 인두에서 감각을 하고 이에 반응하는 신경회로의 기능에 장애를 유발해서 연하장애를 발생시킬 수 있다. 게다가 이러한 약물은 식도괄약근의 기능을 떨어뜨려서 위산 역류를 유발해서 하인두와 식도에 손상을 주게 되어 식도기의 연하장애를 유발할 수 있다.

정리하면, 노화에 따른 연하기능 및 소화기능과 관련된 구강 및 인두, 식도, 위장관계의 변화를 단순히 근력이 저하되거나 신경계의 변화만으로 설명할 수 없는 부분이 있다. 즉, 급성기 질환으로 인해 급격하게 변화하는 연하장애를 제외하고는 노화와 연관된 변화는 대부분 속도가 느리며 환자가 인지하지 못하기 때문에 주위의 관심이 낮을 수 있다. 그리고 노인이 많이 사용하는 약물이 이들 기능에 밀접한 영향을 미칠 수 있어 세심한 주의와 조사가 필요하다. 하지만 적응할 수 있는 단계를 넘어서면 간단한 목의 이물감부터 시작해서 결국 섭식장애, 흡인성 폐렴, 영양 결핍과 같은 중요한 문제를 일으킬 수 있다. 흡인 증상, 폐렴 등 중요한 현상 외에도 식욕 저하에서부터 섭취량 저하, 체중 감소 등도 노화와 연관된 연하장애임을 인지하고 적극적인 진단과 치료를 할 수 있도록 해야 한다. 이러한 주의와 관심을 통해 결국은 노인의 삶의 질을 향상시키고 건강한 생명 연장이라는 목표를 이룰 수 있을 것이다.

3. 음식 섭취 어려움의 종류

1) 저작 어려움

노화로 인하여 겪게 되는 가장 뚜렷한 어려움으로는 저작 어려움을 들 수 있다. 2011년에 보고된 국민건강영양조사에 의하면 60세 이상에서 남자의 40.4%, 여자의 경우 41.3% 그리고 70세 이상 남성의 46.8%, 여성의 52.2%에서 저작에 불편감이 있다고 호소하는 것으로 나타나 고령자에게서 저작장애는 매우 흔한 것으로 볼 수 있다. 씹는 기능의 불편감 또는 기능의 제한은 전문적으로는 저작의 효율과 연관이 되며, 결국 섭취되는 음식물의 유형 및 양에 변화를 가져오게 되고 궁극적으로 영양 섭취량, 즉 영양 결핍과 체중 변화와 관련이 있게 된다.

저작 기능장애를 가진 고령자는 부드러운 식품 등 적절한 음식을 선택하여 적응하거나, 혹은 소화에 문제를 줄 수 있는 덜 씹은 상태, 즉 굵은 덩어리를 삼켜서 적응하는 형태를 보인다. 저작이 쉽거나 씹지 않아도 되는 음식을 선택하는 유형은 특정 식품을 선호하게 되어 식품 섭취의 불균형을 가져올 수 있고, 다른 유형은 소화불량 등 위장장애를 가져오거나 영양소의 흡수 및 생체 이용률의 감소를 가져올 수 있다.

본 장에서는 음식물을 섭취하고 씹고 삼키는 과정에서 가장 우선적으로 관찰되는 저작의 어려움을 중심으로 살펴보기로 하겠다.

(1) 저작 효율을 감소시키는 요인

치아의 소실은 저작기능의 장애를 야기하는 가장 흔한 요인이다. 충치나 치주질환으로부터 발생하는 치아 소실은 예방과 조기 관리 및 치료의 발전에도 불구하고 치아 전체 소실은 65~75세의 인구에서 볼 때, 프랑스는 16.9%, 독일은 24.8%, 미국은 26~31%로 알려져 있다. 우리나라에서도 같은 연령대의 경우 20~30%에서 전체 소실이 존재할 것으로 예측된다. 더구나 치아의 소실은 의치 등 인공보철물을 사용하더라도 충분히 보상되지는 않는다. 즉, 의치 착용자의 저작 효율이 건강한 자연치아와는 차이가 있다. 더구나 저작 기능의 감소는 혀, 구강 점막, 저작근육, 침샘의 내분비선 그리고 신경계통의 기능상의 결함과 연관되어 있다.

치아 소실은 음식물을 씹는 저작기능의 장애를 직접 유발하게 된다. 치아의 총 교합면의 합, 특히 상악과 하악 치아 사이의 접촉면의 총합은 씹는 과정을 통해 음식물을 자르고 분쇄시키는 데 매우 중요하다. 소실된 치아를 의치로 대체하면 저작 기능을 향상시킬 수 있으나 자연 치아의 완전한 저작 효율을 회복할 수는 없다. 연구에 의하면 저작 효율, 즉 음식물의 크기 감소를 측정한 결과 의치 착용자에게서 저작 효율이 상당히 감소된 결과를 보여주었는데 젊은 사람 및 같은 연령의 치아를 가진 고령자와의 비교에서도 나타났으며, 저작 전 초기 중량과 씹고 난 후의 중량 비교에서 약 20% 이상의 차이가 나타났고, 같은 음식으로 비교한 연구에서 전체 의치를 가진 환자가 28% 이상 더 많은 횟수의 저작을 연하 전에 해야 했다는 연구가 있다. 즉, 의치를 장착한 사람에서 저작 기능의 어느 정도의 감소는 피할 수 없다. 치아 및 치주 조직의 소실로 인한 감각의 결핍 또한 저작 기능 저하와 연관되어 있다. 치아의 상실과 치수의 소실은 주요한 감각신경과 연결된 구심성 신경원의 퇴화를 가져오고 전체 의치는 대부분 구강의 점막을 덮게 되어 저작과 관련된 기계적 자극 수용기나 음식물덩어리의 분쇄 정도나 점도와 관련된 감각을 차단한다. 즉, 의치는 치아의 소실 후에 저작 효율의 부족을 완전히 보충할 수 없을 뿐만 아니라 잘 알려지지 않은 유동학적 특성을 회복할 수 없다. 치아가 없는 상태에 따라 부분 무치아(partial edentulism)와 완전 무치아(total edentulism), 즉 전체 치아 소실로 나눌 수 있다. 구강 내의 무치아의 개수와 위치에 따라 치아 기능의 보조를 위해 수복하는 보철치료의 범위와 종류, 계획이 정해진다.

보건복지부 통계상 우리나라 65세 이상 노인이 보유한 평균 치아 개수의 경우 2007년 남자 16.3개, 여자 15.3개에서 2013년 남자 16.8개, 여자 16.1개, 75세 이상의 노인은 평균 11.1개의 치아를 보유하고 있어 70대 이후에 더욱 급격히 감소하는 경향을 보이고 있다.

치아의 개수와 저작 효율을 추정할 수 있는 자료로 치아의 개수와 음식 섭취능력에 대한 연구들이 있다. 구강 검사와 음식 섭취 능력을 설문조사한 연구에서 한국의 주식인 밥과 김치를 잘 씹어 먹으려면 잔존 치아 수가 12개 이상, 아주 잘 씹어 먹으려면 18개 이상이 있어야 한다고 하였다. 특히 모든 종류의 음식을 먹을 수 있다고 한 군은 평균 잔존 치아 수가 21.78±8.27개로 씹는 기능을 위해 적합한 치아 개수로 알려진 20개 이상의 치아를 보유하고 있었고, 또 다른 연구에서 우리나라 노인은 최소한 잔존 치아가 4개는 있어야 밥과 두부 정도를 잘 먹을 수 있고, 육류까지 잘 씹어 먹으려면 18개가 있어야 잘 먹을 수 있는 것으로 추정되었다. 65세 이상 노인의 구강 건강 수준이 다소 개선되었음에도 불구하고 20개 이상 자연치아를 보유하지 못한 사람이 노인의 절반에 달하였다. 또한 임플란트 치료의 비율이 증가하는 등 상실된 치아의 기능을 복구하기 위한 치료가 동반되고 있지만, 국민건강 영양조사상에서 아직 65세 이상 노인 중 현재 입안의 문제로 저작 불편감을 경험한 비율의 경우, 남자는 2007년 60.7%에서 2013년 44.6%로 감소하였고, 여자는 2008년 63.3%에서 2013년 52.4%로 저작 불편감이 있다고 하였다. 즉, 아직도 노인의 절반 정도가 씹는 데 불편함을 경험하고 있어 노인의 구강 건강 수준을 개선하기 위해 지속적인 노력이 필요할 것으로 사료된다.

뇌졸중이나 파킨슨병 등 중추신경계 손상이나 질병으로 인하여 혀 운동의 기능장애를 일으키거나, 저작 운동에 관여하는 근육의 약화나 이상 긴장 또한 저작의 효율성을 감소시킨다. 혀는 저작 과정에서 음식물에 대한 감각 정보의 집합과 씹는 면으로 음식물을 배치하고 이동시키는 데 중요한 역할을 한다. 즉, 혀는 혀의 윗부분과 경구개의 면에 대해 음식물을 부술 수도 있으며, 침 혼합과 함께 삼킬 준비가 되어 있는 음식물덩어리를 모아서 이동시켜 삼키게 하고, 삼킨 후에는 구강 내부와 치아에 남아 있는 잔여물 제거를 돕는다. 혀의 기능에 장애가 생길 경우 이를 보상하기 위해 여러 번 혀를 반복적으로 움직이는 등의 현상이 보일 수 있다. 신경계의 노화가 가중될 경우 더욱 조절이 어려워져 음식물을 씹는 면으로 옮기기 어렵고 음식물을 모으기 어려워 구강 내에서 이리저리 흩어질 수도 있다. 이로 인하여 씹는 시간이 전반적으로 증가하게 된다. 그리고 혀 후방부 부위의 근위축과 근력의 약화로 음식물의 인두로의 이동이 원활하지 않고 구강 내나 혀 뒤쪽(후두개곡 등)에 남거나 하는 현상도 관찰할 수 있다.

입마름증(xerostomia)과 관련된 침의 분비장애는 수분함량이 적은 음식을 씹을 때부터 어려움을 느끼게 되고, 저작 과정 도중에 덩어리 형태로 음식물을 모으는 것을 어렵게 함으로써 저작 진행에 부정적인 영향을 미친다. 저작 과정뿐만 아니라 저작 후 연하 직전의 음식물덩어리의 성상이 연하 어려운 점도나 상태가 될 수도 있으며, 구강에서 인두로의 이동과정에서도 이동에 저항성이 증가하여 연하 어렵거나 잔여물이 남게 되는 현상이 발생할 수도 있다.

(2) 저작기능에 영향을 주는 구강질환

① 치주염

노인에 있어서 치아 소실의 가장 큰 원인은 잇몸병, 즉 만성 치주염(chronic periodontitis)이라고 할 수 있다. 더구나 치주염으로 인하여 부분적으로 치아를 상실하게 되고 보철물을 하고 있을 경우, 간혹 잘 맞지 않거나 불량한 보철물로 인하여 추가적인 치주염이나 구강점막질환의 원인이 되기도 한다. 치주질환은 가장 중요한 노인의 구강보건 문제로서, 우리나라의 경우 2003년 국민구강건강조사 결과에 따르면, 우리나라 65세 이상 노인 중 92~95%가 크거나 작은 치주 관련 문제를 가지고 있는 것으로 조사된 바 있다.

잇몸 질환은 흔히 일반적으로 '풍치'라고도 하며 치아를 둘러싸고 있는 조직, 즉 잇몸, 치아의 뿌리(백악질), 치주인대, 치조골 등을 포함하는 치아 주위 조직에 발생하는 질환을 말한다. 병의 정도에 따라 잇몸에 국한된 형태를 치은염(gingivitis)이라고 하고, 염증이 잇몸과 잇몸뼈 주변까지 진행된 경우를 치주염(periodontitis)이라고 한다. 잇몸 질환의 근본적인 원인은 구강 내 세균이다. 구강 내에는 많은 세균들이 살고 있는데 이들은 치아 면에 끈끈한 얇은 막으로 부착되며 이를 치태(플라크)라고 한다. 치태는 치아 면에 쉽게 부착되며, 치아 면에 붙어서 제거되지 않고 오래 남아 있게 되며, 점차 염증을 일으키고 치조골을 파괴하게 되어 잇몸 질환을 일으키게 된다. 치태는 칫솔질을 통해 매일 제거되지 않으면 수일 안에 타액 내의 칼슘이온 등과 결합하여 석회화되어 치석으로 단단한 덩어리로 변하게 된다. 이때는 칫솔질만으로는 제거되지 않으므로 치과에서 제거해야 한다. 이 외에도 당뇨나 부갑상선 기능항진증 등의 전신적인 건강, 스트레스, 흡연 등도 잇몸 질환에 영향을 미치게 된다. 치주 질환은 30세 이후부터 연령 증가에 따라 점차 증가하여, 40~50대에 이르면 정도의 차이는 있지만 상당수가 잇몸 질환을 앓게 된다. 따라서 잇몸 질환에 대한 예방과 치료가 무엇보다도 중요하다.

② 치아우식증(충치)

충치 발생률도 노년에 잇몸 퇴축으로 노출된 치아 뿌리 부위에 충치(치아우식증, dental caries)가 호발함에 따라 그 빈도가 높아져 치아를 상실하게 되는 주요 원인 중의 하나가 된다. 노출된 치아 뿌리는 치관 부위와는 달리 복잡한 요철 구조를 가지고 있어 치태나 치석 제거가 쉽지 않고 더구나 고령자는 손 운동의 힘이나 정밀성이 떨어져 칫솔질에 의해 치아를 청결히 하는 것이 어려워 치과 질환의 예방이 힘들다.

③ 타액선질환 및 구강건조증

침 분비의 저하는 구강건조증상과 연관이 있고, 노인인구가 증가함에 따라 구강건조증을 호소하는 환자의 수가 증가하고 있다. 침은 소화 과정에서 윤활작용을 하여 연하 쉽게 하며 식도 통과를 부드럽게 해준다. 또한 침 속에 포함된 효소인 알파아밀라제를 통하여 탄수화물의 소화가 이미 시작되며 일부 지방질의 소화도 리파제(lipase)를 통하여 시작된다. 이러한 침 분비 기능의 저하는 음식 섭취, 저작, 연하 등의 여러 단계에 걸쳐 장애를 초래하게 된다.

구강건조증의 90% 이상은 타액선 세포 자체에는 문제가 없이 타액선 분비의 저하를 보이는 것으로, 임상적으로는 타액분비 저하형과 타액분포 이상형으로 나눌 수 있다. 타액분비가 저하된 환자의 구강 내 소견으로는 치아우식의 증가, 구강 위생 상태의 불량, 구내염의 다발, 불량한 보철물, 캔디다증, 치주염, 구강점막의 건조, 위축, 혀의 미세 외상, 구취 등을 들 수 있다. 타액은 음식 내의 미각물질을 용해시키는 역할을 하여 타액분비의 저하로 인하여, 미각장애도 악화시킨다. 타액 자체도 프티알린의 감소와 뮤신의 증가로 더 끈적끈적한 점액성으로 변해 구강 내 플라크가 쉽게 형성되는 원인이 되고, 충치를 일으키는 미생물들의 성장에 유리한 환경이 된다. 점막 위에 존재하는 타액의 두께가 0.11mm 정도로 이 층이 얇아지게 되거나 균일성을 상실하면 구강건조감을 자각하게 되므로 타액분비량뿐 아니라 타액층의 유지도 중요하다고 할 수 있다. 노인의 경우 전신질환으로 인해 다양한 약제를 복용하는 경우가 많아, 고혈압 제제, 정신질환 치료제, 근이완제, 항히스타민제 등의 복용으로 타액분비가 감소할 수 있다.

④ 악관절질환

악관절은 위턱을 이루는 측두골과 아래턱을 이루는 하악골을 잇는 관절이며 악관절장애의 원인으로는 관절에 무리를 주는 좋지 않은 저작 습관과 생활습관, 외상, 교합 부조화 등이 있다. 악관절에 무리를 주는 나쁜 습관으로는 마른오징어 등 단단하고 질긴 음식을 즐겨 먹는 습관, 평소에 이를 꽉 깨문다거나 수면 시에 이를 갈며 자는 것, 음식을 먹을 때 한쪽으로만 씹는 습관(편측 저작)과 입을 너무 자주 크게 벌리는 행위 등이 있다. 턱 괴기, 옆으로 누워 자는 수면 자세 등도 턱관절장애를 가져오는 좋지 않은 습관으로 꼽힌다.

문제가 생기면 씹을 때에 불편감과 통증을 느끼게 되며 심한 경우는 입을 벌리기 어려운 개구장애를 유발한다. 이로 인하여 크기가 큰 음식물은 물어 자르기 어렵고, 단단하거나 질긴 음식은 저작이 어려워지고 따라서 음식물의 선택에 영향을 미치게 된다.

악관절장애 외에도 개구 제한의 원인은 다양하여 구강주위의 감염, 근육구축(muscle contracture) 등으로도 발생하며, 뇌간의 손상이나 뇌졸중 등 중추신경계 손상으로 인하여 과도한 근육의 긴장 이상으로 입이 벌어지지 않은 경우도 있다.

⑤ 구강안면의 운동장애

구강안면 운동장애는 안면이나 혀 연구개 등의 근육이 불수의적으로 과도하게 활성화되고 움직이는 경우를 말한다. 구강하악 긴장이상증(oromandibular dystonia)과 구강안면 운동이상증(orofacial dyskinesia)으로 나눌 수 있으며 이 외에도 약물유발 추체외로 증후군(drug-induced extrapyramidal syndrome)의 경우 등이 있다. 구강하악 근긴장이상증은 국소적인 근긴장이상증의 한 형태로, 저작근육, 안면근 또는 혀 근육의 지속적이고 반복적인 근경련이 발생하여 불수의적인 개구 및 폐구, 악골의 측방 및 후퇴운동이 나타나는 것을 말하며, 구강안면 운동이상증(orofacial dyskinesia)은 안면, 혀, 입술, 턱 및 연구개의 불수의적이고 반복적이며 정형화된 움직임이 나타나는 것으로 정의할 수 있으며, 얼굴 찌푸림, 입맛을 다시고, 입술을 내밀거나 혀를 앞쪽으로 반복적으로 돌출하는 움직임 등을 보이는 증후군이다. 대부분의 구강안면 운동장애는 특정한 원인 없이 발생되며(63%), 약물에 의하여 유발되는 경우가 22.8%, 말초적인 원인에 의해 유발되는 경우가 9.3%라고 알려져 있어 원인을 알 수 없는 경우가 더 많다고 볼 수 있다.

이들 증후군은 생명을 위협하는 증상은 아니지만, 구강안면 운동장애로 발생될 수 있는 합병증으로는, 구강안면통증, 측두하악관절의 퇴행성 변화, 외상성 궤양, 구음장애, 섭식장애, 저작곤란 및 체중감소, 치아의 마모 및 파절, 보철물 손상 및 변위, 치조골 파괴의 가속화, 안면의 미관을 유지하지 못해 발생되는 사회적 곤란 등이 있다.

⑥ 구강암 환자에서의 저작장애

구강암 환자는 구강의 여러 곳에서 발생한 암으로 암 자체로 인한 해부학적인 구조의 변화 및 기능장애, 수술적 치료나 방사선 치료로 인한 구조적 변화와 구강점막과 침샘의 기능변화, 혀나 구강 주변 근육의 섬유화 등이 모두 저작 및 음식물의 조절과 이동에 영향을 미친다.

(3) 저작 기능장애와 음식 섭취의 어려움

앞에서 언급된 대로 저작 기능장애를 가진 사람은 저작이 어려운 음식은 피하고 부드러운 식품 등 적절한 음식을 선택하여 적응하거나, 혹은 소화에 문제를 줄 수 있는 덜 씹은 상태, 즉 굵은 덩어리를 삼켜서 적응하는 형태를 보인다.

우선 저작 기능장애는 음식의 선택으로 보상을 하게 되는 경우가 많으나 결과적으로는 음식의 선택에 제한을 가져오게 된다. 보상의 형태나 과정은 개인적인 성향 및 지역이나 경제적, 문화적인 차이에 따라 달라질 수 있다. 예를 들면, 음식 선택의 폭이 넓은 지역이나 사회에서는 저작기능의 문제로 고생하고 있는 사람은 치아 상태에 따라 부드럽고 먹기 쉬운 음식을 선택함으로써 보상이 쉬운 반면에 선택의 폭이 적은 사회는 섭취량 저하로 연결되고 좀 더 쉽게 영양 결핍 문제 등으로 이어질 수도 있다.

음식의 선택 변화는 다음과 같은 형태로 나타날 수 있다.

첫째, 자연 상태나 조리가 필요한 음식보다는 가공 생산된 음식을 선택할 가능성이 높다. 여러 가지 형태의 가공식품은 대개 제조과정에서 음식의 연화를 가져온다. 하지만 대개 지방함량이 높은 경우가 많기 때문에 콜레스테롤이나 포화지방산의 혈중 농도를 높이게 된다.

둘째, 저작 어려운 자연식품을 회피하게 된다. 즉 식사에서 보통 야채 그리고 신선한 과일, 섬유질이 많은 고기류, 그리고 빵이나 그 외의 마른 음식을 피하게 된다. 의치 착용자가 쉽게 씹을 수 있는 딸기, 포도, 그리고 토마토와 같은 부드러운 과일도 간혹 씨가 종종 인공 보철물 사이나 아래에 끼일 수 있기 때문에 회피하게 된다. 우리나라 국민을 대상으로 연구한 국민건강영양조사에서 저작이 불편한 군은 저작이 용이한 군에 비해 일부 음식군을 제외한 거의 모든 음식군의 섭취가 적었다. 우선 저작불편군이 저작용이군에 비해 잡곡밥의 섭취량이 적고, 상대적으로 부드러운 쌀밥의 섭취가 많은 경향을 보였다. 특히, 빵 및 과자류, 면 및 만두류, 유제품 및 빙과류, 전·적 및 부침류, 볶음류, 조림류, 나물·숙채류, 김치류, 장류·양념류, 유제품류 및 빙과류, 음료 및 차류, 과일류, 채소 및 해조류, 어육류의 섭취가 유의하게 적었다. 빵·과자, 유제품 등의 간식 섭취도 적은 경향이 있으며 부침, 볶음, 조림, 나물 등 비교적 조리가 번거로운 음식의 섭취가 더 낮게 나타났다. 이 가운데 일부 노인의 경우 음식 준비나 경제적 요인에 의해 섭취가 낮을 수도 있지만 대체로 저작 어려운 자연식품이나 조리가 어려운 식품의 섭취가 적었다. 이러한 모든 식품은 중요한 영양소를 함유하고 있다. 야채와 과일은 음식물에서의 섬유질과 많은 필수적인 비타민과 미네랄의 중요한 원천인 반면에 고기는 단백질과 철분의 중요한 원천이다. 따라서 필연적으로 이들 음식 섭취의 부족은 중요 영양 결핍으로 이어질 수 있다.

셋째, 고령자는 음식을 부드럽게 하기 위하여 가정에서 일반적인 음식 준비와는 다른 가공 방법을 사용한다. 긴 시간 동안 가정에서의 가공은 섭취된 음식에 포함된 영양물질의 생체이용률을 감소시키고, 엽산염과 티아민, 비타민 C와 같은 필수적인 영양을 감소시킴으로써 음식의 영양 가치를 변화시킨다.

위에서 언급한 음식 선택의 변화는 치아 소실자 및 의치 착용자에게 뚜렷하게 나타났다. 이와 더불어 식욕도 감퇴될 수 있는데, 이는 혀와 구강의 감각 감소 및 씹는 기쁨의 상실에서부터 흔히 기인한다. 전체 의치 착용자와 치아가 있는 사람들 간의 비교에서 치아가 없는 사람은 음식물군과 영양소의 섭취에서 상당히 덜 섭취하는 것으로 보고되었다. 전체 의치 사용자는 이가 있는 사람에 비해 단백질과 섬유질의 섭취가 각각 15%와 24% 낮았고, 엽산과 카로틴과 철분에서 각각 20%, 35%, 그리고 27%의 섭취 감소를 보였다. 비타민 A, B_1, B_2, B_{12}, 엽산, C 그리고 칼슘, 철분과 같은 필수 미네랄의 섭취 역시 전체 의치 사용자에서 상당히 낮게 나타났다. 치아가 없는 군, 1~19개의 자연치아군, 20개 이상의 자연치아군 간의 비교한 다른 연구에서도 총에너지, 단백질, 인, 철, 티아민, 니아신 등 모든 영양소에서 영양 섭취기준 미만 섭취자 비율의 유의한 차이가 있었다. 다른 연구에서도 치아가 없는 군이 1개 이상의 자연치아군에 비해 철, 칼륨, 티아민, 리보플라빈, 니아신, 비타민 C의 섭취율이 낮으며 영양 섭취의 감소는 없어진 치아의 수에 비례하였다. 다만 이들 연구를 해석할 때 치아의 개수나 상태와 음식의 선택 간의 관계보다는 전반적인 저작기능과 영양 섭취의 결핍 차원에서 이해해야 할 것이다. 즉, 저작 기능에 관여하는 요소가 치아의 개수뿐만 아니라 신경근육계의 기능 저하나 침 분비량 심지어 사회·경제적 요인이나 개인적인 식습관 등과도 관련이 있기 때문이다.

치아가 불편해 음식을 씹는 데 어려움을 겪는다면, 다지거나 갈아서 만든 음식 섭취가 도움이 된다. 한국인의 경우 계란찜이나 두부찜, 생선전, 다짐육 등이 대표적이다. 고기를 먹을 때도 구워서 먹기보다 찌거나 삶아서 먹으면 좋다. 식욕이 떨어져 있는 경우에는 특유의 향이 있는 음식들, 즉 미나리, 깻잎 같은 식재료를 쓰거나, 고추, 생강 등의 천연 향신료를 활용해 음식에 풍미를 더하면 식욕을 높일 수 있다. 식초나 레몬즙도 새콤하면서 감칠맛을 더해 식욕을 돋우어 주므로 기호에 따라 사용할 수 있다. 그리고 노인에게서는 빨리 소화되는 단백질류를 사용하고, 1일 단백질 섭취량을 골고루 나누어 먹는 것보다 한 번에 섭취할 것을 추천하며, 특정 아미노산 보충제를 사용하는 방법으로 체내 단백질의 보유(retention)를 향상시키고 질소(nitrogen) 균형을 유지하며 근육의 단백질 합성을 향상시킬 수 있다고 알려져 있다.

(4) 저작 기능 손상에 따른 소화 기능의 영향 및 영양

저작, 즉 음식을 씹는 과정에서 크게 뭉쳐진 음식물을 잘게 쪼개어 이를 통하여 표면적을 넓히고 식도를 통과하는 데 부담을 덜어주게 된다. 아울러 침에 노출되는 면적과 시간을 가능한 한 늘려주어 소화가 잘되게 하는 작용을 가지고 있다. 만약 잘 씹지 못하여 잘게 쪼개지 못하면 소화도 불완전하게 이루어지고 영양소 흡수의 문제뿐만 아니라 장내세균의 이상 증식을 초래하여 가스가 차거나 여러 소화 불량 증상을 유발한다.

노인에게서 저작장애에 따라 섭취량의 감소뿐만 아니라 저작 효율에 따라 위장관의 통과 시간에 영향을 주어 고형식의 경우 위장관 통과 시간이 지연되고 대장 통과 시간도 노인에게서 지연된다는 연구가 있다. 그리고 저작효율에 따라 단백질 등의 영양소 흡수에도 차이가 난다. 이런 경향은 허약상태(frailty)의 노인에게서 더 뚜렷한 경향을 보인다. 이 부분에 대해서는 추가적인 연구가 필요하다.

2) 연하 어려움(인두기의 장애)

노화의 과정에 발생하는 구조적, 기능적 변화가 저작장애와 더불어 음식물을 삼키는 기능과 연관된 기관에서도 발생한다. 노화로 인한 삼키는 기능의 저하는 삼키는(연하, 嚥下) 기능이 생명을 유지하는 데 기본적인 능력의 하나라는 점에서 매우 중요한 의미를 지닌다. '제3장 고령자의 저작 및 연하 관련 신체기능의 변화에서 노화로 일어나는 저작 및 연하기능의 변화'에서 기술하였듯이, 연하반사가 일어나는 인두기와 관련하여, 노화에 따른 변화는 연하 과정의 인두기에 관여하는 혀, 인두, 후두의 근육과 피하조직 등 연부조직의 위축과 이로 인한 부피 감소 그리고 근력의 약화를 들 수 있다. 그리고 인두 및 후두가 아래쪽으로 늘어지면서 상대적인 길이가 늘어나고, 신경계의 노화로 감각기능 저하 및 연하반사가 지연된다. 연하반사가 지연되어 삼키는 시간이 젊었을 때보다 대략 1초 정도 또는 20% 정도 증가한다. 이는 삼키는 과정 동안 기도를 보호해야 할 시간 또한 늘어나고 흡인의 위험에 노출될 수 있는 시간도 증가한다. 인두부의 이러한 이상 소견은 흡인을 방지하는 기도보호 기전의 감소와 연관되어 있기 때문에 매우 중요하다. 혀와 인두의 위축과 근력감소는 이들 근육이 인두기에서 음식물덩어리를 인두로 이동시키는 데 중요한 역할을 하므로 음식물의 잔유물이 남게 된다. 근육의 기능이 어느 정도 보존되어 있어도 인두기는 나이가 들수록 길어지고 이를 보완하고 음식물덩어리를 모두 넘기기 위해서 여러 번 음식을 삼키려는 노력을 하게 된다. 효과적으로 내려 보내지 못하고 남은 음식물은 인두부에 남아 있게 되고 게다가 인두기의 감각이 감소하기 때문에 흡인이 되어도 적절한 대응이 어렵고, 따라서 흡인의 빈도가 증가하거나 증상이 없이 흡인되는 무증상 흡인이 발생할 수 있다. 이

외에도 상부식도괄약근의 기능저하로 열리는 속도나 열리는 정도가 감소하게 된다. 이로 인하여 고형질의 음식이나 정제로 된 약 등은 잘 넘기기 어렵게 된다.

이러한 변화는 서서히 발생하여 잘 적응하므로 대부분의 노인들은 음식을 삼키지 못할 정도의 병이라고 생각될 만한 장애를 겪지는 않지만, 가벼운 기능의 약화나 불편감을 겪을 가능성은 나이가 들수록 점차 높아진다. 이를 노인성 연하(presbyphagia)이라 하고, 이는 병적 단계 이전의 노인에게서 나타나는 변화 과정을 일컫는다. 노인성 연하와 연관된 변화는 40~50대부터 나타날 수 있으며, 이들 환자에게서 추가적인 문제들, 예를 들어 신경학적 질환이나 중요한 수술 등으로 인한 영양불균형이나 근력감소 등은 기능장애와 연결되어 음식을 연하 어려운 연하장애와 연관된다. 통계적으로 국내의 연구에서 65세 이상의 노인인구 중 19.1~33.7%가 음식불을 삼키지 못하거나 삼키는 중 기도 흡인 증상을 경험한 것으로 나타났으며, 노인성 질병 가운데 신경학적인 질환인 뇌졸중, 파킨슨병이나 치매를 가지고 있을 경우 연하장애의 유병률은 급격하게 증가하여 많게는 80% 정도까지 보고하기도 한다. 게다가 노인의 득싱싱 여리 가지 만성 질환을 가지고 있거나, 다양한 약물을 복용하기 때문에 정상적으로 삼키던 노인도 연하장애를 겪을 수 있다. 다른 연구에서 70세 이상의 노인인구 중 23%에서 연하곤란을 호소하며 실제 연하장애를 보이는 경우가 11.4%에 달한다는 연구가 있다. 지역사회 시설을 이용하는 60세 이상 여성노인을 대상으로 한 연구에서 48.4%가 연하장애 위험성이 있었다고 보고하였다. 일본의 경우 선별검사를 통한 재가노인의 13.8~35.3%, 노인요양시설의 노인 중 31.9%가 연하장애 위험군으로 보고되었다.

저작장애와는 달리 연하장애는 직접적으로 심각한 건강문제를 유발할 수 있는데 흡인성 폐렴, 영양 부족, 탈수 및 전해질 불균형 등의 합병증을 일으킬 수 있으며 심한 경우 사망하기도 한다. 흡인성 폐렴은 노인에게 자주 나타나고, 기침 증상이 없으며, 연하 시 불편감을 느끼지 못하는 '무증상 흡인'이 원인이 되어 감염과 기타 호흡기 관련 합병증을 발생시킨다. 또한 연하장애 위험성이 있는 노인에게 영양 결핍은 체중 감소, 근력 저하, 피곤 및 허약 상태 등을 유발할 수 있어 관리가 필요하다.

(1) 연하장애의 평가

우선 질문을 통해 언제 연하장애가 시작되었는지, 갑자기 나빠졌는지 혹은 서서히 나빠졌는지, 음식의 종류에 따라서 증상이 달라지는지를 확인한다. 특히 연하장애를 관리할 때 고령자가 가장 편하게 먹을 수 있는 음식으로 시작하기 때문에 어떤 음식을 가장 편하게 삼킬 수 있는지 아는 것이 중요하다. 가령 혀의 움직임이 저하되어 있거나 조절 능력(oral control)이 저하된 경우 점도가 높은 음식은 인두 쪽으로 보내기 힘들기 때문에 액체식이 편할 수 있으며, 반대로 인두 연하반응이 지연된 경우에는 점도가 높은 음식이 편할 수 있다. 고령자가 기침하거나 사레들리는지 반드시 알아보아야 하며 이러한 경우 흡인(aspiration)을 의심해 봐야 한다. 연하 과정 중 음식물이 걸리는 느낌이 드는지 물어봐야 하며, 만약 목구멍에 걸린 것 같다든지 혀의 뒤쪽에 걸린 것 같다고 표현한다면 음식 잔여물이 혀 뒷부분의 후두개곡(vallecula)에 남아 있는 경우가 많으며, 후두 아래쪽 목 부위를 가리킨다면 하부 인두의 이상와(pyriform sinus)일 가능성이 높다. 고령자의 목소리가 거친 목소리(gurgly voice)로 변했다면 잘못된 연하와 연관될 수 있는 중요한 증상이며 쉰 목소리(hoarseness)를 가진 고령자는 연하 과정에서 후두 폐쇄가 불완전할 가능성이 있으므로 정밀 검사가 필요하다. 고령자에게 가능한 한 강하게 기침과 헛기침(throat clearing)을 하게 하여 흡인이 일어났을 때 흡입된 물질을 얼마나 잘 배출할 수 있는지를 평가한다.

고령자에게 인두기의 연하장애가 의심될 때 위와 같은 주관적인 증상을 가지고 평가하는 것이 시작점이지만 좀 더 체계적으로 위험도를 평가하여 정밀 검사가 필요한지 여부를 알고자 할 때 체계적인 도구화된 선별검사들이 매우 유용하다. 우선 설문 형태로 된 조사를 들 수 있다. 대표적인 것으로 섭취 가능한 식품을 표시하는 방법과 일본의 고령자를 대상으로 Fukuda 등이 개발한 음식 섭취와 관련된 저작 불편의 빈도나 연하 어려움이나 흡인 등의 증상 여부 등을 묻는 설문들이 있다〈표 7-1〉.

간단히 시행할 수 있는 평가 방법으로 물연하 검사를 들 수 있다. 연구자에 따라 사용하는 물의 양이 다르지만 약 3온스(90mL)의 물을 마시게 하여 기침을 한다거나 목소리가 거친 목소리(gurgly voice)나 쉰 목소리(hoarseness)로 변하면 양성으로 본다. 민감도는 71~79%, 특이도는 59~71% 정도로 알려져 있다. 주로 의료기관에서 사용할 목적으로 물연하 검사를 포함하고 연하장애의 증상, 신체적 이상을 체계적으로 점수화하여 간단히 검사할 수 있는 선별 검사도구들이 여러 종류 개발되어 있다. GUSS(Gugging swallowing screen) 검사를 예를 들면, 환자의 의식이 명료한지를 보고, 기침을 할 수 있는지, 침 연하를 시켜서 잘 삼키는지, 침을 흘리지는 않는지, 목소리의 변화는 없는지를 보고 액상음식과 반고형식, 고형식의 음식을 먹여서 연하, 침 흘림, 기침과 목소리 변화 여부를 본다. 총점은 20점이며 점수에 따라 구강 섭취를 금하거나 연하장애식을 처방하는 데 도움을 줄 수 있다〈표 7-2〉.

(2) 연하장애에 대한 장비를 이용한 기구 검사

연하 과정을 평가하기 위해 위에서 소개한 선별 검사나 임상 평가를 통해 어느 정도 의심하는 것은 가능하지만, 구강기를 포함하여 인두, 식도를 통과하는 일련의 연하 과정을 객관적으로 관찰할 수 있다는 점에서 여러 가지 장비를 이용한 평가 방법들이 개발되었다. 현재까지 소개되어 가장 널리 이용되고 있는 방법은 비디오투시연하검사(videofluoroscopic swallowing stud), 내시경적 연하기능검사(fiberoptic endoscopic evaluation of swallowing)가 있다.

비디오투시연하검사는 조영제를 첨가한 음식을 실제로 먹도록 하면서 구강기(oral phase), 인두기(pharyngeal phase), 식도기(esophageal phase)에서의 음식물의 이동상태를 파악하고 혀와 인두, 후두 구조물의 움직임 및 조화를 보고, 음식이 기도로 넘어가는지 여부를 판단하는 것으로 현재 연하장애의 평가 중 가장 많이 이용되고, 유용한 방법으로 현재 연하장애의 표준 검사법이다[그림 7-1]. 검사는 방사선 투시판과 방사선 발생기 사이에 앉은 상태에서 피검자가 조영제가 섞인 음식물을 삼키는 동안의 연하 과정을 실시간으로 보는 동시에 녹화를 한다. 일반적으로 측면에서의 촬영을 주로 하고, 경우에 따라 전·후면 촬영을 추가하여 시행한다. 연하 과정은 음식물의 성상에 따라 다르게 나타나므로 여러 종류의 음식물을 바륨과 섞어 시도하는데, 일반적으로는 음식물이 없는 상태에서 삼켜보도록 하고, 연한 액체(thin liquid), 점도를 달리한 진한 액체(thick liquid), 반고체상의 젤리나 푸딩과 같은 형태 그리고 밥이나 쿠키와 같은 고체상 음식물을 시도한다. 내시경적 연하기능검사는 내시경을 코로 삽입하여 후두개 및 인두와 후두의 구조와 움직임을 보고 음식물을 삼키는 과정에서 음식물의 흡인 여부를 확인할 수 있다.

(a) (b)

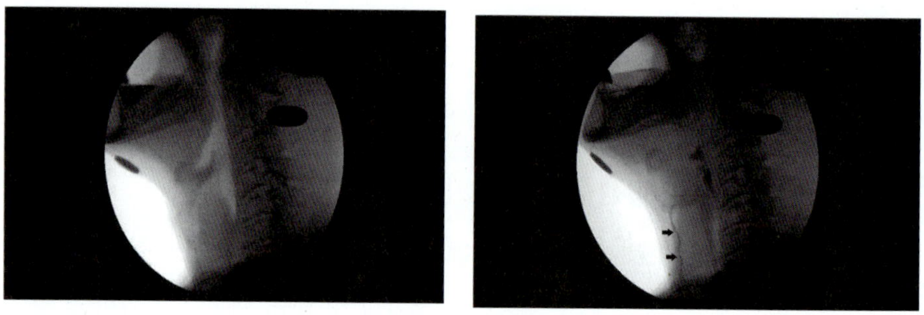

(a) 연하 전 입안에 액체상의 음식물덩어리가 있는 상태
(b) 연하와정 중에 액상의 음식물이 기도로 흡인된 상태(화살표)

[그림 7-5] 비디오투시연하검사 화면

(3) 연하장애와 관련된 검사상의 이상소견

인두기의 연하 과정에서 제대로 일어나야 할 필수적 과제로는 구강이동 및 구강 내로의 흘림 방지를 위한 혀의 상승, 비강으로의 역류를 방지하기 위한 연구개 상승, 흡인을 방지하기 위한 후두의 상승 및 후두개의 후방 젖혀짐, 성대의 내전 그리고 음식물의 이동을 위한 인두의 수축, 윤상인두근의 이완 및 상부식도괄약근의 열림을 들 수 있다. 이러한 동작이 제대로 이루어지지 않을 때 다음과 같은 이상이 일어날 수 있다.

① 구개인두 폐쇄부전(Velopharyngeal insufficiency)

인두기에 연구개(soft palate 또는 velum palatinum)가 위쪽으로 움직이면 인두 후벽과 접촉하면서 구인두강과 비인두강을 분리하는 역할을 한다. 이 기능이 저하되면 연하 시 음식이 비강으로 역류할 수 있다. 일반적으로 신경질환이나 근육병, 구개열파열 등의 구조적 이상이 있을 경우 발생한다.

② 혀 후방부 후퇴의 감소(Reduced tongue base retraction)와 후두개곡 잔여물 (vallecular residue)

설근부 후퇴는 인두기 연하 시 인두강 내 양압을 만드는 중요한 추진력으로 알려져 있다. 설근부의 후퇴가 감소되면 후두개곡에 잔여물이 남게 된다.

③ 인두연하반사의 지연(Delayed triggering of the pharyngeal swallow)

정상적으로 음식물덩어리가 혀뿌리 부위 주변의 전구협궁을 지나게 되면 연하반사가 시작되어야 한다. 인두지연시간(pharyngeal delay time)은 음식물덩어리가 전구협궁(anterior faucial arch)을 지난 후부터 설골이 움직이기 시작하기까지의 시간으로 정의된다. 대략 1.0초까지를 정상으로 보기도 하며, 국내의 자료에서도 정상 성인의 자료를 보면 인두지연시간은 0.36±0.29초로, 2SD를 기준으로 하는 정상 범위의 상한은 0.94초였다. 고령자는 젊은 성인에 비하여 연하반사가 상당히 지연된다는 소견이 나타날 수 있다.

④ 후두개 후방 움직임(접힘) 감소(Reduced epiglottic folding)

다양한 원인에 의해서 후두개가 후방으로 젖힘이 감소될 수 있는데, 이와 같은 경우에는 연하 시 상승하는 인두내압 때문에 음식물덩어리가 후두 전정으로 침입할 가능성이 높아진다. 후두 접힘은 후두 입구의 닫힘에 있어서 중요한 요소이다.

⑤ 설골 움직임의 저하

삼킬 때 설골 움직임은 정상인의 경우 평균적으로 전방으로 10mm, 상방으로

7mm 정도 움직인다. 다양한 원인에 의해 설골 움직임이 저하될 수 있는데, 이때는 상부식도괄약근의 기능이상과 함께 이상와의 잔여물이 증가하는 소견이 함께 관찰되는 경우가 흔하다.

⑥ 후두 상승의 감소

정상적으로 후두는 삼키는 동안 20mm 정도 상승한다. 그러나 다양한 질환에서 이것이 감소될 수 있는데, 이로 인해 후두 폐쇄가 불완전해질 수 있고 윤상인두근 부위의 열림이 불완전하게 되어 흡인의 위험이 높아지게 된다.

⑦ 후두 침투(pharyngeal penetration), 성문하 흡인(subglottic aspiration)

후두 침투는 음식물덩어리가 후두 전정(laryngeal vestibule)으로 들어갔으나 진성대(true vocal fold)까지는 도달하지 못한 것을 의미한다. 이 경우에는 인두기에 생성되었던 인두 내 양압이 소실되고 나면 성문이 열리면서 숨을 내쉬는 과정을 통해 음식물덩어리가 배출되기 때문에 진성대 아래까지 음식물덩어리가 진행하지 않는 경우도 많다. 진성대 아래로 음식물덩어리가 진행하면 이를 '성문하 흡인(subglottic aspiration)'이라고 한다[그림 7-1]. 흡인은 연하 전(연하반사 유발 전), 연하 중, 삼킨 후에 일어날 수 있으며, 이에 대한 파악은 흡인의 원인을 파악하는 데 중요하다. 음식물의 흡인을 막기 위한 후두 밸브(laryngeal valve)는 세 가지 기전으로 구성되어 있다. 즉, 진성대 및 가성대, 후두개 기저부와 피열(arytenoid) 연골의 접촉을 통한 후두전정의 폐쇄, 후두개의 접힘이 그것이다. 각각의 기전에 이상이 있을 때 흡인의 위험이 높아지게 된다.

⑧ 상부식도괄약근 기능이상(Upper esophageal sphincter dysfunction)

상부식도괄약근 기능이상은 인두기에 상부식도괄약근 부위, 즉 상부식도괄약근(upper esophageal sphincter)의 열림이 불충분한 것을 지칭하기 때문에, 시간적으로는 식도기가 아니라 인두기에 속한다. 원인으로는 후두를 전방으로 거상하는 근육의 위약이 문제일 수도 있고, 윤상인두근(cricopharyngeus muscle)의 근긴장도가 높은 것이 원인일 수도 있다. 결과적으로 하부 인두에 다량의 잔여물이 남고, 연하 후 흡인이 초래될 수 있다.

4. 저작 및 연하가 어려운 고령자의 식사케어

고령자의 저작-연하 수준에 맞는 식사를 제공하기 위해서는 우선적으로 고령자의 식사 과정을 세심히 관찰할 필요가 있다. 고령자가 음식물을 입속에 넣고 씹을 때 아래턱과 입꼬리가 씹는 방향으로 기울어져 있거나 씹는 방향이 좌우로 교차되며 리드미컬한 턱의 움직임이 있으면 치아로 씹는 치아 저작으로 판단할 수 있다. 음식물을 씹을 때 아래턱의 운동범위가 크며 입술이 열린 상태에서 쩝쩝 소리를 낸다면 치아 저작과 함께 혀를 이용하는 경우이며, 식형태와 관계없이 모든 음식을 단순한 리듬으로 우물거리거나 음식물을 입속에 머금은 채 계속 꾸역거리고 있다면 혀를 많이 사용하는 경우로 볼 수 있다. 저작이 어려운 고령자인 경우 음식물을 입에 머금은 채 아래턱을 좌우로 움직이지 않고 위아래로만 움직인다면 음식물을 혀로 눌러서 먹는 것으로 판단할 수 있으며, 아래턱을 전혀 움직이지 않은 채 입에 넣은 음식물을 그대로 삼키려 한다면 치아 혹은 혀로 저작 불가능한 상태로 판단할 수 있다[그림 7-2].

1) 저작 어려움이 있는 고령자를 위한 식사케어

저작능력이 떨어진 고령자가 먹기 쉬운 부드러운 질감의 육류조리 제품을 개발하기 위하여 수비드(sous-vide, 진공저온조리법), 감압 효소처리 기술(Freeze-thaw enzyme impregnation)이나 식품 질감의 재조합 등의 조리가공기술을 이용한 육류 제품들이 상업화되고 있다. 이 외에도 고령자들은 한식상차림의 부찬으로 빠짐없이 구성되는 나물반찬에 대한 선호도가 높으나 섬유질이 질겨 저작 어렵거나 길이가 길어 목에 걸리는 어려움을 호소하였다. 이에 질긴 성질을 가진

나물의 물성을 부드럽게 하여 저작 편하도록 고령자 전용 나물반찬 등의 레시피와 손쉽게 구입할 수 있는 조리상품이 필요하다. 또한 저자의 연구실에서 개별 면담식 설문조사를 통해 고령자는 김치에 대한 친화력이 매우 크고 상시 먹고 싶어하는 반찬으로 선택되었으나 저작기능이 저하되어 잘 씹지 못함을 호소하였다. 이에 질김과 단단함을 조절한 김치와 깍두기 등 고령자 전용 김치를 개발할 수 있도록 깍두기의 물성단계를 제시하였다. 따라서 저작·연하의 어려움이 있는 고령자용 조리음식을 조리·개발하기 위해서는 아래와 같은 사항을 우선적으로 고려해야 할 것이다.

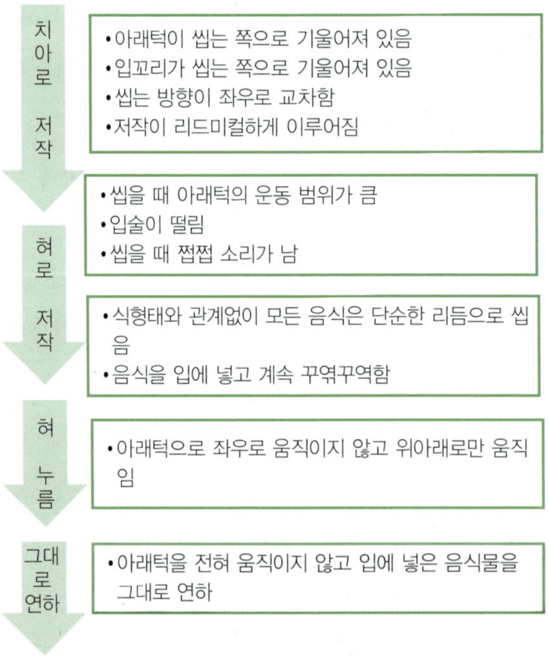

고령자는 음식을 먹어 온 이력이 길고 특정 음식에 대한 신념을 지니고 있는 경우가 많다. 특히, 본인의 건강상태(구강건강 수준, 만성질환 보유 및 진행 상태 등)에 따라 다양한 경로를 통해 수집한 정보를 고집하려는 경향이 있어 바람직한 식사케어를 제공한다고 해도 실천에 이르기까지 힘든 과정을 겪을 수 있다. 따라

서 고령자 개별적인 건강 수준 및 정보 수용력에 따른 맞춤형 식사케어 프로그램을 정립하는 것이 바람직하다. 또한 고령자에게 가장 익숙한 음식과 맛으로 구성한 식사플랜 및 영양관리 방안을 제공하여 고령자 스스로 지켜나갈 수 있도록 제안하는 것이 필요하다. 예를 들어, 제철 식재료를 이용하여 식단에 포인트가 될 수 있는 쉬운 레시피를 제공하거나 한 끼 식사 차림을 설계하는 방식이 있다.

고령자가 섭취하기 편한 경도(단단함의 정도)를 달리하여 제품을 개발하되 단순히 음식을 갈아서 죽처럼 제공하는 것이 아니라 씹는 정도와 누르는 정도를 고려해 음식의 구조를 새로 디자인하는 것이 중요하다. 고령자의 식사형태, 식품구매형태, 고령자 전용 식품 개발요구도를 파악한 결과, 부드럽고 저작 편하며 목넘김이 편하면서 국물 있는 음식에 대한 요구도가 높으며 대사증후군을 예방하거나 진행을 억제하면서 맛있고 건강한 음식에 대한 요구도가 높았다. 고령자는 활동성이 떨어지게 되므로 부드럽고 저작 편하고 소화되기 쉬운 음식에 대한 요구가 늘어나므로 가정에서 간단하게 조리할 수 있는 식재료 전처리 방법과 저장보관법, 간단 레시피 개발이나 상업적 편이식을 적절히 이용하는 방안 등을 추천한다. 고령자 전용 음식(식사)을 제공하기 위해서는 연령, 치아건강, 구강건강(침분비, 혀 압력, 입술 닫는 능력 등), 소화력 등에 맞는 식사를 구성해야 하므로 다양한 조리상품의 개발과 소비자들이 쉽게 이해하고 선택할 수 있도록 표준물성에 대한 소비자 홍보가 필요하다.

저작이 불가능한 경우는 이유식처럼 단계별로 나누어 조리된 음식물을 구성하는 입자의 적절한 크기, 적당한 모양과 묽기(질감) 등을 고려하여야 한다. 아울러 제품의 포장에 크기나 물성 규격을 표준화하여 가독성 있게 표시하여 정보를 제공하면 자신에게 적합한 식품을 손쉽게 판단하여 구매하는 데 도움을 줄 것이다.

또한 시력 저하 등으로 인하여 글씨가 잘 보이지 않기 때문에 포장지는 큰 글씨를 사용하여 정보를 고령자가 읽기 쉽고, 이해하기 쉽게 표시하고, 뜯기 쉬운 형태의 포장이어야 한다. 특히 영양 정보, 염분 및 당분 함량 등의 정보를 쉽게 이해할 수 있도록 표시하고, 저작 및 연하 수준에 맞게 선택할 수 있는 가시적인 정보를 제공하여야 한다.

2) 연하의 어려움이 있는 고령자의 식사케어

이상에서 기술한 바와 같이 고령자의 저작-연하 수준에 맞는 도움식 개발과 이를 구성한 식사케어를 시행하기 위해서는 정확한 진단도구를 이용하여 고령자 개개인의 저작-연하능력을 평가하고 전신 건강상태, 만성질환의 유무, 기호도 등을 면밀히 조사하는 것이 우선되어야 할 사항이다. 아울러 고령자의 영양상태와 수분섭취 상황을 평가하고 적절한 영양구성으로 식품을 선택하여 식단을 구성하여야 한다. 식단 구성 시 요양원, 요양병원 혹은 데이케어센터 등의 식사케어를 받는 고령자 이 외에 재택 고령자인 경우 지불가능한 범위 내에서 가용할 수 있는 식품군으로 선택할 수 있도록 실천 가능한 가이드라인을 제공하는 것이 중요하다. 그러나 조리하기 쉬운 레시피나 식사지침을 제공한다고 해도 식재료의 손질부터 상차림에 이르기까지 매끼 적절한 식단 구성으로 식사를 준비하는 것이 매우 어려운 일이다. 이에 손쉽게 구입할 수 있는 반조리 식재료나 편이식을 쉽게 구입할 수 있으면 식사 준비의 폭이 한층 넓어질 것이다. 만일 경제적인 이유나 물리적으로 구입하기 어려운 상황의 고령자인 경우에는 가정에서 반조리식 재료를 준비하여 사용할 수 있도록 다양한 방식으로 가이드라인을 제공(예: 고령자는 아침 방송을 자주 보기 때문에 아침방송 편성에 '손쉽게 장만하고 먹기 편한 반조리 음식재료' 등 다양한 조리 프로그램을 기획)하는 것이 필요하다. 또한 고령자는 손의 쥐는 힘(악력)이 약해지거나 손가락 관절의 변형 등의 문제로 수저를 자주 떨어뜨리거나 음식을 집어들어 옮길 때 자주 떨어뜨리기도 한다. 따라서 쉽고 편안하게 사용할 수 있는 고령자 전용으로 디자인된 수저나 손잡이가 달린 그릇 등으로 교체하여 제공한다.

3) 저작 및 연하기능이 저하된 고령자를 위한 식사형태

저작 및 연하 능력이 저하된 고령자의 식사를 준비하고 제공하기 위해서는 개개인의 건강 상태와 기호도를 고려한 식형태를 고안해야 한다. 우선적으로 전문의 혹은 치과의사의 진단을 거쳐 치아 및 구강상태, 호흡기능, 인지능력, 각성상태, 바이탈 사인 등을 정확하게 평가한다. 아울러 관리영양사나 그에 준하는 영양전문가의 도움으로 고령자의 영양상태와 수분 섭취 상태를 평가하여 식사구성에 정보를 제공한다. 경우에 따라 거동이 불편한 고령자의 경우 휠체어에 앉아서 식사를 하거나 혹은 누운 자세로 식사를 하는 경우가 있으므로 식사 시의 자세를 파악하여야 한다. 식사를 할 때 자력으로 할 수 있는 고령자인지 요양보호사나 가족의 도움이 필요한 고령자인지에 따라서도 식형태, 먹이는 양, 먹이는 방법이 달라지므로 식사케어의 스킬에 대한 연구가 필요하다. 무엇보다 중요한 것은 고령자가 식사를 하는 동안 저작-연하 과정을 면밀히 관찰하여 치아로 씹는지 혀로 눌러 먹는지 음식물을 입속에서 우물거리다가 삼키는지 등을 구체적으로 기록하여 적합한 식형태를 결정해야 한다.

저작 편하고 연하가 쉬운 식형태를 디자인하기 위해서는 음식물이 지니고 있는 구조적 특성(식품구성 성분과 성분비에 따라 다름), 음식의 질감, 입속에서의 윤활력(주로 침 분비량에 따름), 저작과정 중 부서지는 음식물 파편이 서로 엉기는 점도(결착력) 음식물이 치아, 입천장, 구강표면 등에 달라붙는 점도(점착성) 등을 고려하여야 한다. 잘게 부서진 음식물들이 음식물덩어리를 형성하여 목으로 넘어갈 때 연하능력이 떨어진 고령자의 경우 사레들거나 음식물이 인두표면에 붙어서 넘어가지 않게 되는 경우 이들이 쌓여 기도로 흘러 들러가게 되고, 나아가 폐렴을 유발하게 되어 위험에 이르게 된다.

연하곤란, 식품구조 변형, 윤활성, 흐름성 제어, 음식물의 뭉침성 & 부착성

[그림 7-6] 저작-연하가 어려운 고령자를 위한 도움 식디자인을 위한 고려사항

4) 식사케어 시 고려할 사항

(1) 한 입 크기 결정(스푼 크기 및 스푼의 모양)

일반적으로 건강한 일반인들은 물, 걸쭉한 수프, 넥타 등의 액상을 먹을 때 큰 스푼 가득한 20mL 정도가 목 넘김이 좋고 젤리나 물량감이 있는 농후액체는 약 5g 정도로 알려져 있다. 그러나 삼킴곤란인 경우에는 약 7mL 정도의 한입 크기로 제공하는 것이 바람직하며 이보다 양이 많으면 오연되기 쉽고 질식으로 이어질 위험이 있다. 또한 젤리나 농후액체는 약 2~3g 정도가 목 넘김이 적당하다. 연하가 어려운 고령자인 경우 스푼의 형태는 스푼 중앙이 깊숙하지 않고 얇은 형태로, 음식을 입에 넣고 입술에 음식물을 입에 넣을 때와 삼킴에 중요한 역할을 한다. 음식을 스스로 먹을 경우, 식사보조 (요양보호사, 보호자 등)에 의지하는 경우, 자립식사를 할 수 있도록 훈련하는 경우 등에 따라 스푼의 모양과 입속에 음식물을 놓아주는 위치가 달라지며, 연하곤란의 정도에 따라 적절한 스푼의 사용은 매우 중요하다.

큰 스푼 20mL; 디저트스푼 10mL; 티스푼 5mL)

연하 도움식 제공 시 사용하는 스푼의 모양

[그림 7-7] 스푼의 용량과 모양

(2) 연하 도움식으로 제공하는 음식의 온도

음식물이 인두점막에서 삼킴반사가 일어나기 쉬운 온도는 다소 차가운 온도이다. 약간 따뜻한 온도도 좋지만 체온이 같은 온도로 제공하면 자극이 적기 때문에 목 넘김이 쉽지 않다. 그러나 뜨거운 음식물은 감각장애가 있는 환자에 게는 열상을 입힐 수 있으므로 주의해야 한다. 따라서 차가운 음식과 따뜻한 음식을 번갈아서 제공하게 되면 인두에 자극을 유도할 수 있어 식사케어에 도움이 된다. 병원, 요양원 등에서 연하 도움식을 조리하여 배식하여 식사에 걸리는 시간이 있어 따뜻한 음식은 식게 되고 찬 음식은 미지근해지게 된다. 이런 경우, 물성조정제(예: 젤라틴 등)를 사용한 경우 이수현상이 발생하고 음식의 성상이 무너져 내릴 수 있으며 음식의 맛과 풍미가 변하게 되며 이로 인해 사레들리거나 식욕이 떨어질 수 있다. 따라서, 보냉·보온용기를 사용하거나 재가열할 수 있는 조리기구가 있으면 먹기 전에 재가열하여 음식의 성상과 풍미를 증진시키는 배려가 필요하다.

(3) 저작 및 연하곤란 고령자의 식사자세와 식사도움

① 저작 및 연하곤란 고령자의 식사자세

고령자의 식사의 자립성, 저작과 연하수준, 마비 여부 등에 따라 안전하고 적절한 식사관리를 실시하기 위해서는 세심한 관찰과 케어가 필요하다. 아울러, 스스로 식사가 불가능한 고령자를 위해서는 안전하게 식사를 할 수 있는 식사자세와 이를 서포트하는 식사도움이 필요하다.

가. 올바른 식사 자세

식탁의 높이는 대상자가 의자에 앉았을 때 식탁의 윗부분이 대상자의 배꼽과 겨드랑이 사이에 오도록 위치한다. 의자에 앉을 때는 안쪽 깊숙이 앉아 발이 바닥에 닿아 안정된 자세를 취하도록 한다.

나. 앉은 자세

의자에 깊숙이 앉아 식탁에 팔꿈치를 올릴 수 있도록 의자를 충분히 당겨주어 자연스럽게 식사하게 한다. 휠체어에 앉을 때도 휠체어를 식탁 가까이 붙이고 팔을 올렸을 때 편안한 자세를 취하게 해준다.

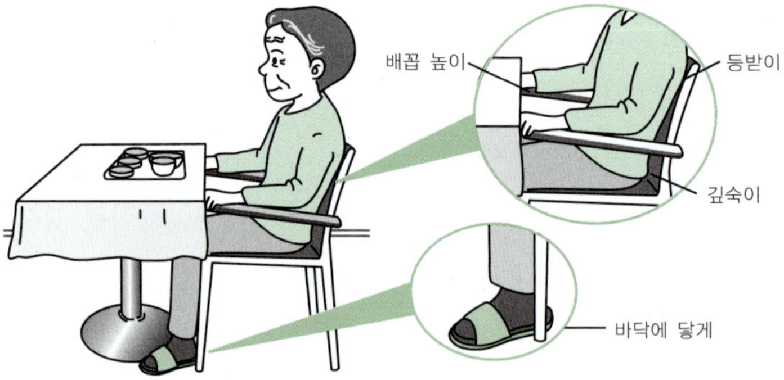

[그림 7-8] 식탁에 앉아 식사할 때 바른 자세

다. 침대에 걸터앉은 자세

대상자가 어느 정도 균형을 잡을 수 있으면 침대에 걸터앉아 식사할 수 있다. 이때 넘어지지 않도록 왼쪽이나 오른쪽 또는 앞뒤에 쿠션을 대준다.

[그림 7-9] 침대에 걸터앉아 식사할 때 바른 자세

라. 침대머리를 올린 자세

침대에서 일어나거나 앉을 수 없는 경우에는 침대를 약 30~60° 높인다. 이때 머리를 앞으로 약간 숙이고 턱을 당기면 음식을 삼키기가 쉬워진다.

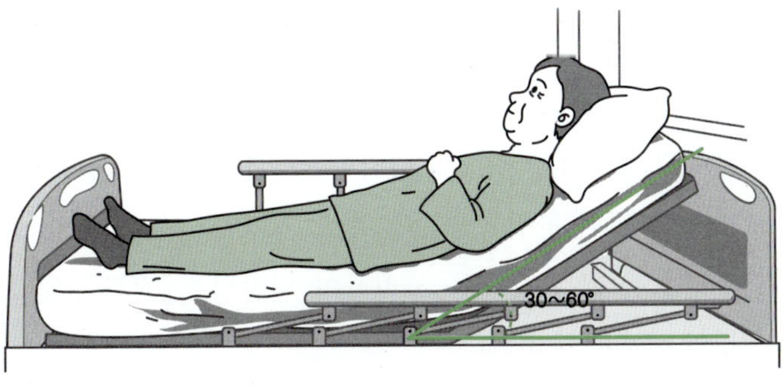

[그림 7-10] 침대에 누워 머리를 올린 상태에서 식사할 때 바른 자세

마. 편마비 대상자의 식사 자세

편마비대상자에게 식사제공을 할 때는 마비가 없는 건강한 쪽을 아래를 향하게 하고 약간 옆으로 누운 자세를 취한다. 마비된 쪽을 베개나 쿠션으로 지지하고 안정된 자세를 취하게 한 후 음식을 제공한다.

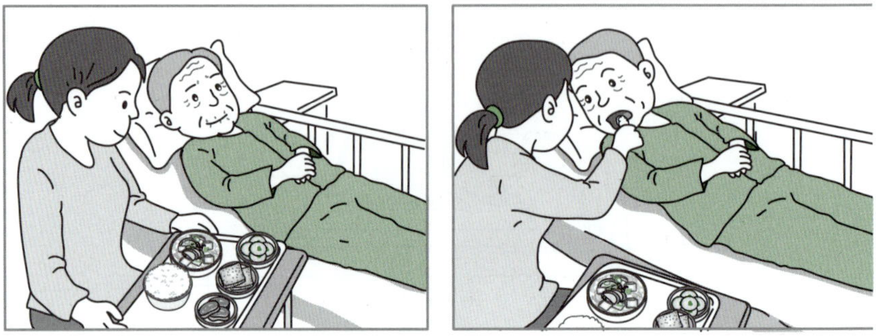

[그림 7-11] 편마비 대상자가 식사할 때 바른 자세

② 저작 및 연하곤란 고령자의 식사돕기

가. 식사 전에 몸을 움직이거나 가벼운 산보를 통해 식욕을 증진시킨다.

나. 식사 전에 TV를 끄고 식사에 집중할 수 있는 환경을 만든다.

다. 식사 전에 호흡을 정리하여 사레걸리지 않도록 하고 의치를 정비한다.

라. 노인요양시설 입소대상자는 균형 잡힌 식단을 규칙적으로 제공받으므로 요양보호사는 적절한 양을 섭취하도록 돕는다.

마. 재가요양보호 대상자는 음식 준비부터 섭취까지 모든 과정을 돕는다.

바. 식욕이 떨어진 대상자를 위해서 다양한 음식을 조금씩 준비하여 반찬의 색깔을 보기 좋게 담아내 식욕을 돋운다.

사. 대상자의 씹고 삼키는 능력을 고려하여 일반식, 저작도움식, 연하도움식, 유동식 등의 식사를 준비한다.

아. 대상자가 식사 도중 사레들지 않도록 예방한다.

- 배와 가슴 부위를 압박하지 않도록 (옷을 느슨하게) 한다.
- 식사 전에 물, 차, 국 등으로 입을 축이고 음식을 먹게 한다.
- 대상자가 충분히 씹고 삼킬 수 있는 양을 입에 넣어 주고, 완전히 삼켰는지 확인한 다음에 음식을 입에 넣어 준다.
- 식사도움을 하는 동안에는 TV 보기, 전화하기, 대상자에게 말을 걸지 않는다.

자. 대상자가 사레들거나 숨 쉬기가 어려울 경우에는 식사를 즉시 중단하고 시

설장이나 관리책임자에게 알려야 한다.

차. 대상자가 천식이나 호흡기 질환이 있는 경우에는 평소에도 숨 쉬기 힘들므로 음식을 줄 때 더욱 주의해야 한다.

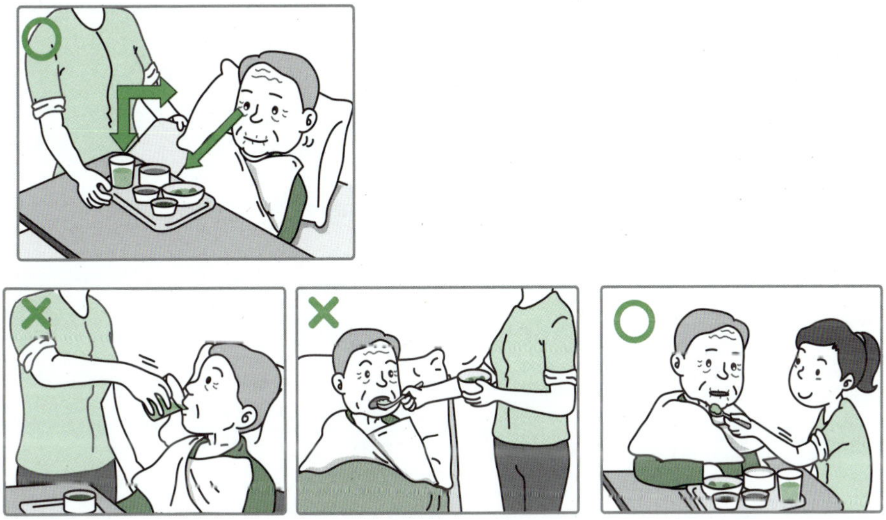

[그림 7-12] 식사도움 시 자세

TIP

대상자보다 높은 곳에서 음식물을 입에 넣으면 턱을 들게 되어 사레들기 쉬우므로 대상자의 눈높이에 앉아서 대상자가 눈으로 음식을 볼 수 있는 위치에서 음식물을 입에 넣어준다.

CHAPTER 8

특별한 조정이 필요한 고령자 식사관리

고령자의 건강을 유지하고 만성질환의 관리를 용이하게 하며 일상에서의 활기찬 삶의 질(QoL)을 누리기 위해서는 적절한 영양관리를 통한 건강관리가 우선되어야 한다. 대상자의 신체적, 심리적, 사회적, 경제적 상황, 질병 등을 고려하여 음식을 선택하고, 대상자에게 맞는 식사방법, 속도, 음식의 온도 등을 배려하여 즐겁고 편안한 식사가 되도록 한다. 스스로 식사가 가능한 고령자도 섭식도움이 필요한 요양단계의 고령자와 요양보호사(가족)는 식사 전에는 반드시 비누로 손을 씻고, 주변 환경을 청결히 정리한다. 섭식도움이 필요한 고령자의 경우 식사 도중에 사레, 구토, 청색증 등 이상이 나타나는지 주의 깊게 관찰하고 대처한다.

고령자의 영양관리와 식사케어는 개개인의 신체적, 정신적 건강수준과 생활환경(재가, 시설, 동거, 독거 등) 및 경제수준을 반영하여 계획한다. 고령자는 나이와 관계없이 개개인의 영양상태가 모두 다를 수 있으므로 식사계획을 수립하기 전에 영양평가(영양사정)을 수행하는 것이 중요하다.

1. 설사할 때 식사케어 방법

심한 설사가 계속되면 의사의 진단을 받는 것이 적당하지만, 차가운 곳에서 잠을 자거나 과식으로 인한 설사는 소화기에 문제가 생긴 것이므로 음식을 부드럽게 조리하거나 위장에 부담이 가지 않는 식사를 하도록 한다. 심한 설사를 할 경우에는 식사를 중단하고 수분 보충을 하여 탈수를 방지하는 것이 중요하다. 튀긴 음식 등 기름진 음식을 피하고 설사가 멈출 때까지 식사를 절제한다. 증상이 호전되는 동안 유동식, 반유동식, 부드러운 죽, 된죽 등으로 바꿔가면서 섭취하고 양을 조금씩 늘려가면서 섭취하게 한다. 부식으로는 계란, 흰살생선, 감자 등을 제공하고 섬유소가 적은 채소 등을 부드럽게 조리하여 제공한다.

〈표 8-1〉 설사를 할 때 피해야 하는 식품

섬유소가 많은 식품	우엉, 연근, 고구마, 해조류, 곤약, 메밀국수, 오트밀 등
자극이 강한 식품	탄산음료, 고추냉이, 고추, 고춧가루, 후추, 카레분말 등
장내에서 발효하기 쉬운 식품	두류, 밤, 과일, 고구마, 생채소 등
지방이 많은 식품	베이컨, 돈육지방, 돼지기름 등
기름을 많이 사용한 식품	각종 튀김, 기름에 볶거나 지진음식 등

2. 변비가 있을 때 식사케어 방법

나이가 들어가면서 치아기능이 떨어져서 섬유소가 많이 함유되어 있는 채소 등을 섭취하기가 어려워지고 대장의 운동이 둔화되면서 변비가 생기기 쉬워진다. 아침 식사 전에 미지근한 물을 한 잔 마시면 효과적인데, 수분을 충분히 섭취하면 변을 부드럽게 해주므로 수분이 부족하지 않도록 하는 것이 중요하다. 변통을 좋게 하려면 음식으로부터 식이섬유를 섭취하는 것이 중요하므로 씹기 어려운 고령자가 편하게 먹을 수 있는 반찬류와 후식류의 레시피 조정이 필요하다. 고령자가 좋아하는 샐러드, 겉절이, 나물무침 등은 부드러운 엽채류를 이용하여 준비하는 데, 무생채 대신에 무볶음(채 썬 무를 기름에 볶다가 소금 간을 하고 물을 조금 넣어 졸여줌), 잘게 썬 상추겉절이 등이 먹기 편하다. 과일은 산미가 강하거나 과육이 단단해서 씹기 어려운 것은 얇게 저며서 졸여주면 부드럽고 먹기 쉬운 형태가 된다. 미역 속에 들어 있는 알긴산(alginic acid)은 수분을 포집하는 특성이 있어 장내에서 섬유소와 같은 역할을 하여 변통을 개선할 수 있다. 미역국은 오랫동안 끓여 부드럽게 제공하면 고령자에게 해조의 섬유소와 수분 섭취를 동시에 제공할 수 있는 장점이 있다.

변비로 인해 식사량이 적어지면 변비 증상이 더 진전될 수 있으므로 변비가 있어도 소화기능이 저하되는 것은 아니기 때문에 식사량을 줄이지 않도록 한다. 비타민 B1을 포함한 보리밥, 밀 배아 등도 변비에 효과가 있고, 벌꿀, 물엿 등도 변을 부드럽게 하는 기능이 있기 때문에 적절하게 이용하는 것이 필요하다.

〈표 8-2〉 섬유소가 풍부한 식품

곡류	전곡분말, 통밀빵, 현미, 오트밀, 납작보리, 귀리, 오트밀제품 등
두류	대두, 완두콩, 병아리콩, 낫또, 비지 등
채소류	우엉, 당근, 죽순, 꼬마양배추(브뤼셀스프라우트) 등
과일류	바나나, 배, 그 밖의 과일들
버섯류	표고버섯, 팽이버섯, 만가닥버섯 등
해조류	다시마, 미역, 톳 등

〈표 8-3〉 변비 예방에 좋은 식품 선택 방법

곡류	보리밥, 오트밀, 옥수수 수프, 검은 빵, 메밀제품 등	소화에 영향을 주지 않을 정도로 잡곡을 혼합하여 사용한다.
두류 및 두류가공품	팥, 대두, 메추리알, 비지 등	삶은 콩이나 비지는 섬유소가 많이 함유되어 있어 배변을 촉진시킨다.
채소	버섯류, 우엉, 연근, 고구마, 당근, 아스파라거스, 배추, 셀러리, 양배추, 시금치, 곤약, 부추, 가지, 토마토 등	대부분의 채소류는 식이섬유소, 비타민, 미네랄 등의 급원이므로 가능한 한 식사 때마다 공급하는 것이 좋으며, 고령자의 저작능력과 연하능력에 맞추고 소화기가 약한 고령자를 위해 부드럽게 조리한다.
해조류	미역, 다시마, 김, 톳, 우뭇가사리, 한천 등	특히, 우뭇가사리는 수분포집력이 뛰어나 고령자식으로 적합하다. 여름철 콩국수의 국수 대용으로 사용하면 변비 예방에 효과적이다.
지방	버터, 크림류, 튀김류, 부침류, 마요네즈 등	마요네즈나 드레싱을 사용한 샐러드나 잘게 썬 채소를 혼합하여 만든 튀김 등은 적절한 지방 섭취와 함께 변비 예방에 좋다.
과일	사과, 여름귤, 파인애플, 수박, 복숭아, 배, 포도, 귤, 오렌지 등	완숙 과일은 부드러운 섬유소를 함유하고 있어 장에 직접적으로 자극을 주어 변통을 좋게 한다.

3. 감기일 때 식사케어 방법

1) 감기 초기일 때

감기 초기 증상을 보일 때 혹은 기침이 나오기 시작하는 가벼운 증상의 감기일 때는 따뜻한 음료와 음식을 먹고 몸을 따뜻하게 하면서 쉬는 것이 좋다. 감기에 걸렸을 때에는 발열 등으로 에너지 소모가 심하고 탈수가 일어날 수 있으므로 충분한 수분 섭취와 함께 소화되기 쉬운 음식으로 영양분을 충분히 보급하여 체력 소모가 일어나지 않도록 한다.

2) 발열이 심할 때의 식사케어

고령자는 외부의 작은 변화에도 열이 나는 등의 신체변화가 일어나기 때문에 주의가 필요하다. 발열의 원인은 다양하지만 대개 감기에 걸린 경우가 많고, 열이 심할 경우 체내 수분의 손실이 많기 때문에 탈수가 일어나지 않도록 수분 공급을 충분히 하는 것이 중요하다. 수분 공급을 위하여 이온음료나 나트륨, 칼륨이 들어 있는 음료, 따뜻한 차(카페인이 없는 차)를 충분히 마시도록 한다. 식사 시에는 국물이 있는 것, 수프를 함께 제공하고 토마토, 오이, 과일류 등과 같이 수분이 많은 음식을 함께 공급한다. 발열이 계속되면 식욕 부진으로 이어지게 되고 섭취하는 열량이 충분하지 않아 체력이 저하될 수 있으므로 에너지를 충분히 공급한다. 발열 시에는 땀을 많이 흘리게 되고 구토, 설사를 동반하게 되는 경우가 많아서 체내의 수분이 감소하게 된다. 또한 나트륨, 칼륨 등이 감소되어 혈액 중에 미네랄 균형이 깨질 수 있으므로 수분과 미네랄을 동시에 충분히 공급하도록 한다. 열이 높을 때에는 체내의 단백질 소모량이 건강할 때보다 3~4배 높아진다. 따라서, 양질의 단백질(고기, 생선, 계란, 유제품, 콩 제품 등)을 소화되기 쉬운 형태로 조리하여 공급하는 것이 중요하다. 열이 높고 땀을 많이 흘릴 때는 각종 비타민의 소모가 커지게 되고 필요량이 늘어나기 때문에 레몬즙을 넣은 물이나 과즙 등의 보급을 통해 비타민을 충분히 공급하는 것이 중요하다.

3) 고열과 설사가 동반될 때 식사케어

(1) 완전 유동식으로 식사를 공급하는 경우

고열이 계속되고 설사가 심할 때는 식욕이 없고 소화력이 약해져 있으므로 유동식으로 옮겨 제공하도록 한다. 유동식을 환자에게 공급할 때에는 1회 식사 분량을 2회로 나누어 제공하고 식사 이 외에도 수분과 비타민의 보충을 위하여 야채수프, 레몬수(물에 레몬조각을 넣어 만듦), 과즙 등을 적당한 양으로 공급하여 탈수를 방지한다.

(2) 반유동식(아주 묽은 죽~묽은 죽)으로 공급하는 경우

반유동 식의 묽은 죽 형태는 묽은 죽을 체에 걸러서 만든 미음이나 스푼에서 쉽게 흘러내릴 정도의 묽은 죽의 형태이다. 묽은 죽과 함께 공급하는 부찬은 소화되기 쉬운 형태의 조리법을 사용하고 간이 세지 않게 하여 준비한다. 부찬의 경우, 흰살생선, 부드러운 두부, 수란 등을 사용한 부드러운 음식으로 준비하며 감자, 단호박, 시금치를 삶아서 체에 거른 것과 과일을 쪄서 부드럽게 한 것 혹은 과일 푸딩류 등을 공급한다.

(3) 약간 된죽으로 공급하는 경우

식욕과 소화능력에 따라 약간 된죽을 공급할 수 있는데, 함께 공급하는 부찬으로는 지방이 적은 생선살을 찐 것 혹은 조린 것을 제공한다. 또한 야채를 부드럽게 찐 것, 두부조림, 계란찜 등과 어울려 공급한다.

(4) 부드러운 밥(된죽)으로 공급하는 경우

부드러운 밥이나 된죽과 함께 공급하는 부찬으로 살코기와 야채를 함께 넣고 조리한 음식, 야채샐러드 등과 같이 식재료의 범위를 넓혀서 일상식에 가까운 음식을 제공한다. 단, 섬유소가 질긴 단단한 채소나 자극이 강한 향식료 등은 사용하지 않는다.

(5) 탈수증을 일으킬 때의 식사가이드

설사나 발열이 있을 때에는 특히 주의를 기울여야 하고 탈수를 방지하기 위해서는 수분이 많은 부드러운 음식(유동식~반유동식), 액체가 많은 음식 등을 식사로 공급한다. 그 밖에도 요구르트, 이온음료, 과일, 토마토, 오이 등 수분이 많은 야채류를 공급한다. 수분은 하루에 1,000~1,500mL 정도를 공급하도록 한다. 고령자(특히 치매가 있거나 누워 있는 상태의 고령자의 경우)는 체내의 수분이 감소되어 있는 것을 알아채지 못하기 때문에 탈수증을 일으키기 쉽다. 이는 신체적으로는 수분이 필요할지라도 자각하지 못하게 되는 경우이다. 따라서 탈수인 경우, 다음과 같은 증상을 보일 때는 빠른 조치를 취하는 것이 중요하다.

- 소변량이 현저히 줄어든다.
- 식욕이 없어지고 쉽게 피로감을 느낀다.
- 삼킴기능이 떨어지고 쉽게 사례든다.
- 수분 부족으로 구강, 입술, 침이 마르게 되고 동작이 둔하게 된다.
- 탈수가 심해지면 혈관이 막히게 되고 심하면 의식장애를 일으킨다.

TIP 주의사항

이럴때 주의할 사항

피부, 입술, 구강내 건조한 경우 미열이 있을 경우

수분섭취량이 적고, 체내 수분이 부족해서 건조한 증상이 생김

땀을 많이 흘리거나 설사, 구토가 계속 되는 경우

수분과 함께 전해질(특히, 염분)을 많이 손실하므로 이를 보충하기 위해 스포츠드링크(이온음료)들을 섭취할 필요가 있음

겨울철의 탈수
(땀을 흘리지 않아도 매일 약 1 L의 수분이 손실됨)

피부, 호흡으로 부터 증발하는 경우, 난방에 의해 건조한 환경에서 수분을 빼앗길 수 있으므로 겨울철에도 수분 보급이 반드시 필요함

참고자료 : 실천개호식사론(제일출판)
쓰리스텝영양평가를 이용한 재택고령자식사케어가이드(제일출판)

4. 위장이 약한 고령자의 식사케어 방법

일반적으로 나이가 들면서 저작력이 떨어지고 위장관의 움직임이 저하되어 소화기능이 약해진다. 경우에 따라서 식도의 연동운동이 떨어져 음식물을 삼킨 후에 식도기 단계에서 불편함을 느끼는 고령자도 있다. 그러나 대부분의 건강한 노인은 보통의 음식량을 소화·흡수할 수 있지만 과식하거나 과음할 경우에는 위장기능이 이를 따라가지 못하기 때문에 주의가 필요하다. 고령자의 위장 상태가 좋지 않을 때는 다음과 같은 점을 주의하여 식사를 제공한다.

(1) 음식물을 먹을 때 잘 씹지 않으면 음식물과 소화액이 잘 섞이지 않아 소화하는 데 시간이 걸린다. 씹는 정도에 따라 타액의 분비가 촉진되어 타액량이 많아지고 타액 속 효소의 활성이 증진되며 이와 함께 음식물과 골고루

섞이게 된다. 아울러 충분히 씹는 경우에는 음식물이 잘게 부서지면서 소화되기 쉬운 형태로 만들어진다.

(2) 위장이 약한 고령자의 경우, 식사와 식사 간의 소화 시간을 고려하여 식사는 반드시 규칙적으로 하도록 한다. 위장이 약한 고령자의 경우, 음식물을 천천히 씹으면서 즐겁게 하도록 조언한다. 식사 때 걱정을 한다거나 나쁜 자세로 먹게 되면 불안정한 기분이 되어 위장액 분비가 저하되어 소화성이 떨어지게 된다. 따라서 식사 전에 가벼운 레크리에이션을 한다거나 음악을 틀어놓아 마음을 편안하게 하고 즐거운 마음으로 식사에 임하도록 분위기를 조성한다.

(3) 위장기능이 저하되어 있는 고령자의 경우, 1회 식사분량을 적게 하여 먹는 것이 바람직한데 일반적으로 제공되는 식사량의 3/4 정도로 제공량을 감소시킨다. 또한 위에 부담을 주지 않기 위해서는 적은 양의 식사를 4~5회로 나누어 하는 것이 소화에 도움이 될 수 있다. 과식을 피하기 위해서는 식사의 간격을 너무 길게 하여 배고픔을 느끼지 않게 하고, 식사를 할 때 서둘러서 먹지 않고 충분히 씹어 먹도록 유도한다.

(4) 위장기능이 약화된 고령자의 식사는 간이 세지 않고 자극이 없도록 조리한다. 조림류, 국, 찌개 등은 싱겁고 맵지 않게 하고 식초를 넣어 무치는 반찬은 지나치게 시지 않게 하여 위에 자극이 가지 않도록 한다. 또한 겨자, 고추냉이, 카레 등 강한 향신료가 들어 있는 음식이나 탄산음료는 위장에 부담을 주게 되므로 위가 약한 고령자의 식사에는 사용하지 않도록 한다. 또한 찬음식은 위의 운동을 저하시키므로 가급적이면 제공하지 않는 편이 좋다.

5. 식욕부진이 있을 때 식사케어 방법

고령자의 식욕 부진의 원인은 움직임이 줄어들고 에너지 소비량도 동반 감소하는데에서 기인할 수도 있고, 질병과 복약에 따른 원인, 정신적인 스트레스, 외로움과 우울 등 다양한 원인으로부터 비롯될 수 있다. 스스로 일상생활을 영위할 수 있는 고령자 뿐만 아니라 재가요양 상태의 고령자, 시설 입소의 고령자들이 직면하는 식사 구성, 식사 관리, 식사 환경이 모두 다르지만 가장 중요한 것은 고령자 개개인의 건강 상태에 맞추어 무리하지 않고 먹고 싶은 것, 먹을 수 있는 것을 섭취하도록 한다.

(1) 식사량을 줄이고 먹는 횟수를 늘인다.

재가 고령자의 경우는 식사량과 횟수를 조정하는 것에 큰 문제가 없지만 시설 입소 고령자의 경우 정해진 식사시간과 식사량이 정해져 있으므로 개개인의 상황에 모두 맞추는 것은 쉽지 않다. 그러나, 정서적으로 불안정하거나 단체 식사에 적응이 어려운 고령자는 문제가 해소될 때까지 식사 배려를 하는 것이 바람직하다.

(2) 즐겁게 식사할 수 있는 환경을 만든다.

고령자가 좋아하는 것, 먹고 싶은 것, 즐거운 추억으로 이어지는 음식 등을 준비하여 제공한다. 식사 전에 가벼운 산책이나 식사에 대한 대화를 통해 식욕을 촉진할 수 있도록 하고, 잘익은 물김치(나박김치, 동치미 등)를 한 스픈 먹게 하여 식욕을 증진시킨다. 식사장소에 편안한 음악을 틀어 놓아 식사환경을 부드럽게 하여 기분을 전환하거나 즐겁게 식사를 할 수 있는 환경을 도모한다.

(3) 영양가가 높은 식품으로 구성한다.

단백질이 풍부한 계란이나 유제품, 두부 등 소량으로도 영양가가 높은 식품으로 식사와 간식을 구성한다. 소량으로 균형있게 영양을 섭취할 수 있는 농후 유동식을 제공하고 개선이 되지 않을 경우 담당 의사나 관리 영양사와 상담한다.

6. 저작, 연하기능이 저하된 고령자의 식사케어 방법

삼킴의 어려움이 있는 고령자를 위한 안전한 식사보조는, 식사에 집중할 수 있는 환경을 조성하고 안정된 식사를 할 수 있는 자세를 취하여야 하며 삼킴기능에 맞추어 조리한 음식형태 및 한입량으로 제공하며 안전하고 편하게 섭취할 수 있는 방법 등을 고려하여 수행한다.

(1) 식사에 집중할 수 있는 환경을 조성한다.

가정이나 단체시설에서 고령자가 식사에 집중할 수 있도록 식사 시간에는 TV나 라디오를 끄고 커튼을 쳐두며, 요양보호사나 식사 도우미도 느긋한 자세로 여유 있는 마음가짐을 가지고 식사케어를 실시한다.

(2) 식사할 때의 자세는 먹기 편하게 한다.

식사를 할 때, 골반이 안정된 자세로 의자나 휠체어에 깊숙이 앉아 발이 바닥에 편안하게 닿는 테이블의 높이가 안정적인 자세로 식사를 할 수 있다. 혀가 잘 움직이지 않는 고령자, 음식을 집어 운반하는 데 어려움이 있는 고령자들 중에는 삼킴의 어려움이 있는 경우가 많으므로 목 뒤에 쿠션을 받쳐 목 넘김이 편한 머리 위치로 만들어 준다. 그러나 턱과 목이 너무 올라가면 오히려 삼킴기능이 떨어지므로 머리의 앞부분을 앞으로 해주는 것이 중요하다. 특히, 혀의 움직임이 어려워서 음식을 밀어 넣는 것이 어려운 고령자는 중력을 이용하여 등을 뒤쪽으로 하고 머리를 앞쪽으로 하고, 등쪽으로 음식을 거쳐서 넣어주면 자연히 식도 쪽으로 음식물이 옮겨가게 되어 삼키기 쉽게 된다. 침대에서 옆으로 누워 먹는 경우, 신체의 아픈 쪽을 위로 하고 건강한 쪽을 아래로 하여 식사에 도움을 준다.

자세가 마비된 쪽을 향하게 되면 마비된 목으로 음식물이 넘어가기 때문에 마비된 쪽으로 자세가 돌아가지 않도록 한다.

(3) 음식형태는 고령자의 씹기-삼킴 수준에 맞게 한다.

어떤 형태의 식형태가 적합한지, 섭취 시간이 얼마나 걸리는지 등 고령자 개개인의 삼킴기능을 평가하여 삼킴능력에 맞는 식사를 제공하는 것이 필요하다. 예를 들어, 씹기-삼킴능력이 저하된 고령자에게는 음식물을 입안에서 씹는 동안에 부서진 음식물 조각들 간에 응집성이 높아야 하고, 치아, 입천장, 식도 등에 달라붙지 않는 음식, 목 넘김 시 음식의 형태변형이 쉽게 일어나 삼키기 쉬운 음식을 제공하는 것이 바람직하다. 식사를 하는 과정에서 피로감이 높으면 고령자로 하여금 식사에 집중하기 어려워지고 이로 인해 음식물의 오연(잘못 삼킴)이나 질식을 일으킬 수 있어 식사 시간을 30분 이내로 하는 것이 적당하며 길어도 45분을 넘지 않도록 한다.

(4) 한입 제공량(1회 먹을 수 있는 양)은 고령자의 섭식능력에 맞게 한다.

고령자에게 제공하는 음식의 한입량은 개인차가 있다. 한입 먹는 양이 너무 많으면 음식물이 입안 가득 차게 되어 씹기 위한 움직임이 어려워지고 씹는 도중에 음식물이 넘어가서 사레들리거나 오연으로 이어져 위험하게 된다. 반면 한입량이 너무 적으면 음식이 입에 들어온 감각이 없어 삼킴반사가 일어나기 어렵게 되어 사레들거나 오연의 위험성이 있다. 삼킴기능이 저하된 고령자의 한입량은 1티스푼 정도인 3~4ml, 젤리의 경우는 4~5g 정도가 적당하다. 식사케어를 담당하는 사람(가족, 요양보호사 등)은 고령자가 음식물을 씹고 삼키는 모습을 잘 관찰하여 개개인에 적당한 한입량을 정하는 것이

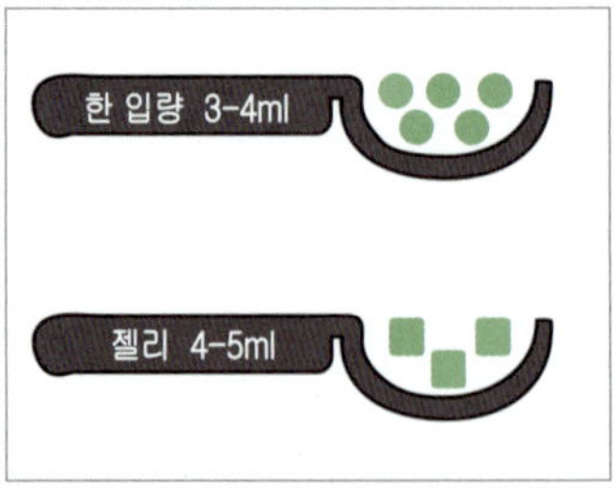

중요하다.

(5) 음식물을 먹는/먹이는 방법은 고령자의 먹는 능력에 맞춘다.

고령자가 음식을 먹을 때는 입술로 물기 쉽게, 혀 안쪽으로 넣기 쉽게, 한입량이 많지 않도록 하기 위하여 스푼의 선택이 중요하다. 특히 입술의 힘이 약하고 구강기능(씹고 삼키는 능력)이 저하된 고령자를 위한 스푼은 얇고 폭이 좁은 것이 적합한데 스푼이 두꺼우면 음식을 입에 넣을 때 어렵고 입술로 스푼을 물어 음식을 입안으로 밀어 넣는 힘이 약하기 때문에 스푼에 음식이 남게 된다. 고령자는 목의 근력과 삼키는 힘이 약하여 음식물을 삼킨 후 식도에 잔여물이 남기 쉽다. 식도에 남겨진 잔여물이 호흡 개폐와 더불어 기관에 들어가게 되면 위험하므로(폐렴유발 가능성) 식도에 남은 잔여물을 제거해야 한다. 식사 후에 젤리상의 후식을 삼기게 하여 식도의 잔여물이 함께 내려가도록 하거나, 입속에 음식물이 없는 상태에서 '꿀꺽' 하고 삼키게 하는데 이때 머리를 완전히 옆으로 내리거나 약간 오른쪽 아래나 왼쪽 아래로 향하게 하여 '크게 꿀꺽' 하고 삼키는 것이 좋다. 또한 음식을 삼킬 때 가능하면 목을 길게 늘여 '꿀꺽' 하고 삼키도록 하고 수분과 음식물을 함께 넘기고 식도 안쪽에 붙은 음식물을 뺄 수 있도록 다시 한 번 '꿀꺽' 하고 삼키도록 한다. 수분은 삼킴 반사와 무관하게 식도로 흘러 들어가기 때문에 점도를 주거나 젤리상으로 제공하는 것이 좋으며, 젤리가 구강 내에서 녹아버리는 것을 방지하기 위해 온도의존성이 적은 젤리를 이용하면 효과적이다. 단, 단단한 젤리 형태는 목 넘김 시 목에 걸리거나 막힐 수(choking) 있어 위험하므로 목 넘김 시 형태변화가 쉬운 젤리상으로 제공한다.

① 25~30cm 떨어진 곳에서 약 45도 정도로 내려다볼 수 있게 하면서 음식물을 각인시킨다.

② 음식물을 뜬 숟가락은 코보다 아래쪽으로 접근하여 혀와 평행으로 넣어준다.

③ 숟가락 아래쪽 볼록한 부분이 혀 중앙부에 닿도록 놓고 숟가락 전체를 혀에 가볍게 눌러준다.

④ 숟가락을 입에 문 채 입을 다물도록 유도한다.

⑤ 숟가락 아래쪽의 볼록한 부분을 혀로 누르면서 음식물을 물도록 한다.

⑥ 윗입술로 숟가락을 미끄러지듯이 뺀다.

CHAPTER 9

고령자 만성질환 예방 및 관리를 위한 영양치료 목표와 지침

1. 우리나라 고령자의 질환 특징

일반적으로 고령자의 건강상태는 개인차가 크다. 우리나라 고령자의 질환 특징을 살펴보면 고혈압, 비만, 당뇨병, 이상지혈증과 같이 식사섭취와 관련이 깊은 만성질환 유병율이 높다. 전국 65세이상 고령자 10,097명을 대상으로 조사한 2020노인실태조사보고서에 따르면 대상자 가운데 의사진단에 따른 만성질병이 없다고 응답한 고령자는 16%에 그쳤다[그림 9-1]. 만성질환 치료를 위하여 3개월 이상 복용하고 있는 의사처방 약물의 수는 평균 1.8개였고, 대상자의 과반수 이상이 1~2개의 약물을, 25.7%는 3개 이상의 약물을 복용하고 있었다[그림 9-2]. 특히, 고령자의 연령이 증가함에 따라 동시에 여러가지 만성질환을 앓고 있어 3개 이상의 다약제를 복용하는 경우가 늘고 있다. 따라서 고령자에서 약물과 식품·영양소 간의 상호작용은 고려해야 할 중요한 문제라고 할 수 있다.

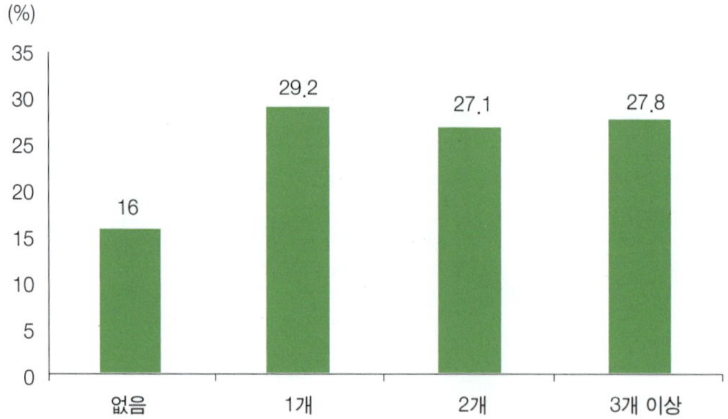

[그림 9-1] 고령자가 진단받은 만성질병의 개수

출처: 보건복지부, 한국보건사회연구원 (2020).

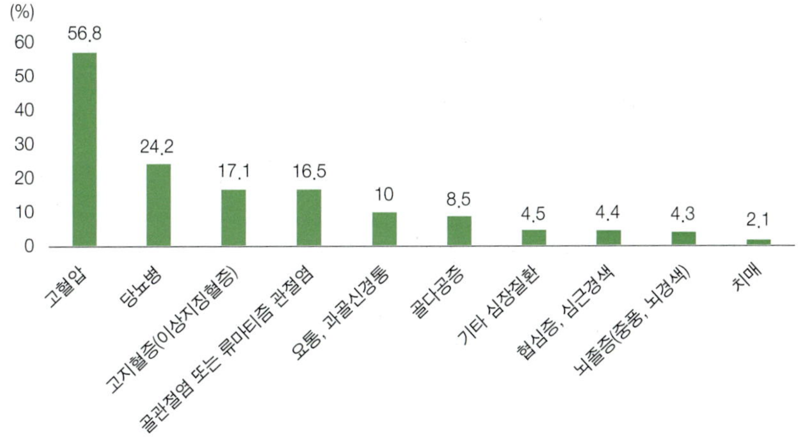

[그림 9-2] 고령자의 만성질병 유병률

출처: 보건복지부, 한국보건사회연구원(2020).

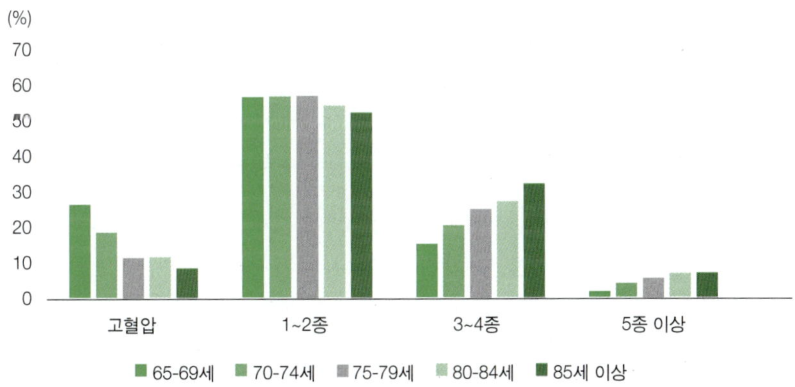

[그림 9-3] 고령자의 연령별 약물복용 실태

출처: 보건복지부, 한국보건사회연구원 (2020).

TIP 고령자 질환의 특징

- 1명이 많은 질환을 갖고 있다.
- 개인차가 크다.
- 증상이 비정형적이다.
- 장기의 기능 부전이 잠재적으로 존재한다.
- 만성 질환이 많다.
- 약제에 대한 반응이 젊은 사람과 다르다.
- 생활 방어력이 저하되어 있으며 질환이 쉽게 낫지 않는다.

2. 고령자 만성질환별 영양치료 목표와 지침

식사요법과 영양관리는 기초질환, 합병증의 문제 및 장기 기능의 정도에 따라 좌우되지만, 고령자의 경우, 이러한 의학적 문제가 고령자가 갖는 질환 특성과 상충되어 발생한다. 특히, 인지기능과 일상생활수행력, 가족관계를 포함한 생활환경, 정신상태, 본인의 신념 및 가치관, 환자가 거주하고 있는 지역의 의료자원 등과 같이 신체적 측면 외에도 다양한 요인이 영양장애의 원인이 되거나 크게 영향을 미칠 수 있다. 따라서 고령자는 젊은 사람에 비해 훨씬 다면적인 관점에서 정보수집과 평가가 필요하며, 이를 바탕으로 환자 개인에 맞는 기대 목표를 설정하고 지속적인 평가와 영양중재가 요구된다.

3. 고혈압(hypertension)

고혈압(hypertension)은 우리나라 고령자에게 가장 흔한 질환 중의 하나이다. 일반적으로 혈압은 여름에 낮고, 겨울에 높아 계절이나 기온, 흥분상태 등 상황에 따라 수시로 변한다. 성인의 정상혈압은 수축기 120mmHg 미만이고, 이완기 80mmHg 미만을 기준으로 하고, 고혈압의 진단기준은 140/90mmHg 이상이거나 혈압강하제를 복용하는 경우로 정의한다. 합병증이 있는 경우 반드시 혈압을 낮추는 편이 좋지만, 고령자는 혈압을 낮추면 의욕 저하나 어지럼증을 일으키기 쉽기 때문에 주의가 필요하다.

1) 영양치료 목표

고령자에서 고혈압 영양치료의 목표는 심혈관질환 증상이 진전하여 사망하거나 삶의 질이 나빠지는 것을 억제하는 데 있다. 고혈압은 기본적으로 나트륨 섭취량 및 식습관과 연관이 크기 때문에 영양치료가 필요하며, 이 외에도 심혈관질환의 위험요인인 흡연, 당뇨병, 이상지질혈증, 대사증후군, 비만, 가족력, 뇌, 심장, 신장, 혈관, 안저질환 유무에 맞춘 개별화된 식사요법이 필요하다.

2) 영양치료 지침

(1) 체중 조절하기

체중이 증가할수록 혈압은 상승하며, 체중이 감소하면 혈압은 낮아진다. 체중의 정상성을 확인하고, 체중조절이 필요하다고 판정되면 에너지 섭취량을 줄이고 활동량을 늘려서 꾸준히 정상체중이 될 수 있도록 조절해야 한다. 너무 급격한 체중 감소는 오히려 관상동맥질환이나 협심증을 악화시킬 수 있으므로 적절한 속도의 체중조절이 필요하다.

(2) 나트륨 섭취 줄이기

나트륨은 고령자의 영양불량을 초래하는 대표적인 영양소이다. 나트륨은 식염(소금)과 여러 가공식품의 첨가물, 약물 등을 통하여 섭취하게 된다. 나트륨을 많이 섭취하면 체내 삼투농도가 증가하게 되고 세포외액이 증가하면서 갈증반사가 유도되어 수분 섭취량을 늘린다. 그 결과 혈액량은 증가되고 혈압은 상승한다.

인체에 필요한 식염 섭취량은 하루 단, 1.5g이며, 세계보건기구(WHO)는 나트륨 1일 섭취 권장량을 2,000mg(식염으로 5g)으로 정하고 있다. 그러나 2014년 국민건강영양조사에 따르면 우리나라 성인의 식염 섭취량은 권장량의 1.9배이다. 김치류, 국수류, 국물음식과 절임류(젓갈, 장아찌), 조림류 등을 즐기는 우리의 식문화에서 식염은 과잉 섭취되고 있다.

특별한 의사의 지시가 없는 경우라면 가능한 한 식염 섭취량을 줄이고, 1일 10g을 넘지 않게 한다. 식염은 기타 무기질이 풍부한 천일염을 사용하고, 단계적으로 줄여서 식사의 즐거움을 방해받지 않도록 주의한다. 또한 식염을 줄이면서 맛에 대한 만족감을 유지하기 위해서는 식사에 풍미를 더할 방법이 필요하다.

예를 들면, 다음과 같은 방법이 있다

- 다시마, 표고버섯, 멸치 등의 천연재료를 이용하여 국물의 감칠맛 올리기
- 들기름이나 참기름 등으로 고소한 맛 이용하기
- 생강, 마늘, 미나리, 후추, 계피, 카레가루 등의 향미 야채나 향신료 이용하기
- 식초, 레몬 등의 산미 이용하기
- 양념장이나 쌈장(두부, 견과류)을 짜지 않게 천연재료를 첨가하여 활용하기
- 신선도가 좋은 제철 식재료 이용하기
- 음식의 간을 마지막 단계에서 하기

(3) 칼륨 활용하기

칼륨은 나트륨과 반대로 많이 섭취하면 혈압을 낮추고, 적게 섭취하면 혈압이 상승한다. 주로 잎채소류, 과일류(바나나, 토마토 등)에 풍부하고, 나트륨의 배출을 돕기 때문에 고나트륨 식품을 섭취할 때 함께 섭취하면 바람직하다. 단, 신장질환 합병증이 있는 환자라면 칼륨 배출이 쉽지 않기 때문에 칼륨이 풍부한 식품 섭취에 주의가 필요하다.

(4) 알코올 섭취 제한

알코올은 1일 45g(소주 1잔 정도) 이상 섭취하면 혈압이 약 3mmHg 정도 상승한다. 따라서 혈압이 높은 경우 알코올 섭취를 제한해야 한다.

4. 이상지질혈증(dyslipidemia)

2013년도 국민건강영양 조사자료 및 국민건강보험공단 검진자료를 바탕으로 분석한 결과 한국인 성인(30세 이상)의 절반이 이상지질혈증(dyslipidemia)을 보유하고 있는 것으로 나타났다. 이상지질혈증은 특히, 60~69세 남성(61%)과 여성(56.7%)에서 높았으며, 70세 이상 고령자에서는 남성(55.7%)보다 여성(61.3%)이 더 높게 나타났다. 고혈압 환자 3명 중 2명이 또는 당뇨병 환자 4명 중 3명이 이상지질혈증을 동반한다.

특히 한국인 고령자는 탄수화물 섭취 의존도가 높기 때문에 고중성지방혈증이 많은 편이다. 고콜레스테롤혈증은 8시간 이상 공복자 중 총콜레스테롤이 240mg/dL 이상이거나 콜레스테롤 강하제를 복용하는 경우를 뜻한다. 고중성지방혈증은 12시간 이상 공복자 중 중성지방이 200mg/dL 이상인 경우를 뜻한다.

1) 영양치료 목표

이상지질혈증 치료에도 정상체중인지 확인하고 조절하는 것이 우선이다. 활동량을 늘리고 표준체중을 유지하여 총에너지 섭취량이 적정하도록 조절해야 한다.

2) 영양치료 지침

(1) 에너지 섭취량은 표준체중(kg)×25~30kcal로 하되 실천하기 어려운 경우 현재 섭취량에서 하루에 250kcal 정도씩 줄여서 서두르지 말고 체중조절을 지속할 수 있도록 유도한다.

(2) 단순당과 알코올 섭취는 제한해야 한다.

(3) 혈중 콜레스테롤을 줄이기 위해서는 콜레스테롤의 체내 합성과 섭취를 모두 주의해야 한다.

(4) 총지방과 포화지방의 섭취량이 증가되면 체내 콜레스테롤 합성도 증가한다.

총에너지 섭취량 대비 지방의 섭취비율은 15~25% 정도로 하고, 다가불포화:단일불포화:포화지방의 섭취비율 1:1:1로 권장한다.

5. 뇌졸중(stroke)

뇌의 혈관장애를 총칭하며 뇌졸중(stroke)에는 뇌출혈과 뇌경색이 있다. 뇌출혈은 뇌내출혈과 연수막하출혈로 분류되고, 뇌경색은 뇌혈전과 뇌색전(심질환이 원인이 되어 혈관에 혈전이 쌓여 고령자에게는 심방세동이 많음)으로 구분한다.

1) 영양치료 목표

양로시설에는 급성기를 지난, 어느 정도의 기능저하를 수반한 뇌졸중 후유증을 지닌 고령자가 많은데, 이런 상태에서는 재발예방을 목표로 하여 약의 복용과 함께 혈압, 고지혈증, 당뇨병, 비만, 저영양 등의 관리나 기능회복을 위한 재활이 필요하다. 특히 식사관리는 상당히 중요해서 적절한 지도가 필요하다.

2) 영양치료 지침

(1) 동맥경화를 촉진하지 않는 영양치료로서 자택이나 시설에서 어디까지 실천가능한지가 관건이며 이를 위하여 철저한 식사관리를 할 수 있도록 전문가의 도움이 필요하다.

(2) 에너지는 표준체중을 유지할 정도로 섭취량을 조절한다.

(3) 지방 섭취량은 총에너지의 15~20%로 한다.

(4) 다불포화지방산:단일불포화지방산:포화지방산 비율을 1:1:1로 한다.

(5) n6/n3 지방산을 4~10으로 한다.

(6) 콜레스테롤 섭취는 300mg/d 이하로 제한한다.

(7) 단백질은 총에너지의 15~20%로 하고, 지방함량이 적은 단백질 식품을 선택한다.

(8) 식이섬유소를 1일 25g/d 정도로 섭취하기 위해 전곡류, 채소류, 콩류 등을 자주 이용한다.

(9) 나트륨을 하루 총 3,000mg 초과하지 않도록 한다.

(10) 단순당, 커피, 술은 제한한다.

6. 당뇨병(diabetes mellitus)

당뇨병은 공복혈당이 126 mg/dL 이상이거나 의사진단을 받았거나 혈당 강하제 복용 또는 인슐린 주사를 투여받는 경우를 뜻한다. 우리나라 65세 이상 고령자에서 당뇨병 유병률은 약 30%이다. 고령자에서 당뇨병은 노화로 인한 인슐린의 기능장애로 나타나는 혈당 상승은 물론 지질대사 이상과 다양한 합병증을 초래한다. 영양소 대사이상이 그 병태의 본체이며, 영양 관리가 그 치료의 핵심이다.

적절한 영양관리는 혈당 조절 및 합병증 예방에 직접 영향을 미치므로 정상체중을 목표로 한 적절한 에너지를 섭취하거나 당질을 비롯한 영양소 균형 등 혈당치와 체중의 변화에 따른 보다 철저한 식사 및 영양관리가 필요하다. 특히 고령 당뇨병 환자는 입마름과 같은 자각증상이 적고, 2형 당뇨병이 많고, 혈당치 180 mg/dl 이상이어도 당뇨가 나타나지 않기 때문에 소변검사만으로 판단이 어려우며 합병증으로 저혈당증을 일으키기 쉬운 특징이 있다.

고령 당뇨병은 저혈당과 고혈당 발생을 최소화하면서 영양공급을 충족시키고, 환자의 상태에 따라 개별화된 혈당조절 목표를 이루는 것이다. 일반적인 성인 당뇨병과 달리 고령 당뇨병의 경우 체중감량이 반드시 권장되지 않는다는 차이가 있다.

1) 영양치료 목표

고령 당뇨병 환자의 식사요법은 상당히 어렵다. 우선 고령에 식사 제한을 하는 것 자체가 큰 스트레스이고, 장기간 동안 자각증상 없이 진행되기 때문에 식사 제한이나 영양치료의 필요성에 대하여 환자를 이해시키기가 상당히 어렵다. 그러나, 영양치료를 완전히 방치하면 각종 합병증으로 상태가 악화되므로 영양치료를 실천하도록 유도하는 것이 매우 중요하다.

고령의 당뇨환자는 10년 이상의 병력을 지니고 있고, 합병증이 나타나기 쉬운 상태이다. "고령인데 좋아하는 음식을 제한하는 것이 의미가 있을까?" 하고 생각할 수 있지만 혈당치 500mg/dl 이상의 환자에게 단 과자류나 단 음료 등의 간식을 제공해서 의식장애에 이르는 것은 피해야 한다.

고령 당뇨환자는 개인의 상태에 따라 3단계 범주에서 혈당 조절의 목표가 제안되고 있다〈표 9-1〉. 즉, 건강하고 기대여명이 긴 고령자는 당화혈색소 목표수준을 7.0-7.5%로 하고, 일반적인 고령자는 동반질환, 신체활동, 인지기능, 노쇠도에 따라 7.5-8.5%, 전반적인 건강상태가 좋지 않고 기대여명이 짧다면 당화혈색소 조절 대신 저혈당 회피와 고혈당으로 인한 급성 합병증 조절에 중점을 두도록 권고한다.

대한당뇨병학회는 고령 당뇨환자의 혈당조절 목표를 당화혈색소 7.5% 미만으로 정하였고, 기대여명과 노쇠도에 따라 개별화하도록 제안하고 있다. 고령 당뇨환자를 위한 식사요법은 의사, 간호사, 영양사는 물론 요양보호사나 보호자 모두가 일관된 자세로 임하는 것이 중요하다.

〈표 9-1〉 고령 당뇨환자의 당화혈색소 목표 수준에 대한 국외 권고사항

지표	미국 (American Diabetes Association)	캐나다 (Diabetes Canada)	국제 당뇨병 협회 (International Diabetes Federation)
당화 혈색소 HbA1c	– 건강상태: 〈 7.0–7.5%	– 독립적 : ≤ 7.0%	– 독립적 : ≤ 7.0–7.5%
	– 전반적으로 중간적 건강상태: 〈 8.0%	– 의존적 : 7.1–8.0% – 노쇠 and/or 치매 : 7.1–8.5%	– 의존적 : 7.0–8.0% – 노쇠나 치매 : 〈 8.5%
	– 매우 허약한 상태: 당화혈색소 보다 저혈당 회피와 고혈당으로 인한 급성 합병증 조절에 중점을 둠	– 생애 말기: 당화혈색소는 권고하지 않음 – 저혈당과 고혈당 증상의 회피	– 생애 말기: 고혈당 증상의 회피

출처: 최윤석(2021)

2) 영양치료 지침

(1) 식사조사를 하여 에너지 섭취량, 간식 실태 등을 파악한다.

(2) 환자의 혈당과 당화혈색소(HbA1c) 수치를 파악한다.

(3) 내복약이나 인슐린 주사에 의한 치료를 하는 사람은 반드시 주치의로부터 환자의 혈당 관련 임상정보를 얻어 영양치료의 기준으로 한다.

(4) 환자의 건강상태에 적합한 당화혈색소의 권고 수준을 참고하여 혈당 조절의 목표 수준을 정한다.

(5) 환자의 연령을 포함하는 에너지 산출 공식을 사용하여 에너지 필요량을 정한다. 가능하다면 체중 변화 이력과 체구성(체지방과 체근육) 등 신체계측치를 확인한다.

(6) 에너지와 체중: 성인 당뇨환자와는 달리 고령의 당뇨환자는 비의도적인 체중 감소를 피하는 것이 중요하다. 고령 당뇨환자에게 체중감량이나 열량제한식사는 권고되지 않는다. 표준체중보다는 적절한 체중 유지에 중점을 두어 에너지 필요량을 산정한다.

(7) 다량영양소: 노화에 따른 탄수화물, 단백질, 지방의 필요량에 대한 특별한

조정사항은 없다. 고령 당뇨환자에게 지나친 저탄수화물 식사는 권장되지 않으며, 충분한 단백질 섭취가 권고된다. 다만, 조미료로 사용하는 설탕은 1일 8~10g(티스푼 1.5~2개 분량) 이내로 제한하는 것이 원칙이다.

(8) 미량영양소: 일반적으로 혈당 개선을 목적으로 특정 미량영양소의 보충은 권장되지 않는다. 그러나 저열량을 섭취하여 미량 영양소 결핍의 위험이 높고, 실내 생활을 주로 하는 고령자의 경우 비타민 D 부족의 위험도가 높다. 또한, 혈당강하제로 메트포민(Metformin)을 장기 복용하는 경우 비타민B12 결핍과 연관성이 있어 이들 미량영양소의 결핍이 확인되거나 가능성이 높은 경우 보충제 사용을 고려할 수 있다.

※ 당뇨병의 합병증

① 3대 합병증은 당뇨병성 망막증(망막의 미소혈관장애에 의한 안저출혈 등으로 인해 시력 저하), 당뇨병성 신증(신장의 미소혈관장애로부터 발병) 및 당뇨병성 신경증이 있다.

② 그 외에도 심근경색, 뇌경색, 복부대동맥 및 하지대동맥에 일어나는 폐색성 동맥경화증, 저혈당증 등으로, 특히 폐색성 동맥경화증은 발가락과 발톱의 색 변화, 냉감(좌우의 차가 있음) 외에도 간헐성 파행(절름발) 등의 소견에 주의하고 조기발견이 중요하다. 치료가 늦으면 혈관이 막힌 부위 이하에 하지절단을 해야 하는 경우도 발생한다.

※ 당뇨 합병증이 일어나기 쉬운 조건

① 발병 후 10년 이상 경과

② 혈당치가 높은 채로 조절하지 않음

③ 스트레스가 많고 불규칙한 생활을 계속함

④ 정기적인 통원, 검사, 치료 등을 하지 않는 등

※ 고령 당뇨환자에서 많은 저혈당

저혈당은 혈중 당 수치가 60mg/dl 이하로 비정상적으로 낮은 상황인데 고령자에서 흔하다. 저혈당이 되면 발한, 기아감, 불안감, 경련, 실신, 의식장애, 혼수 등의 발작을 일으킬 수 있다. 따라서 고령의 당뇨환자는 식사 섭취량 관찰, 정기적인 혈당 검사 등을 통하여 항상 최적의 혈당조절을 유지할 필요가 있다(최윤석, 2022).

7. 근감소증(sarcopenia)

근감소증(sarcopenia)은 골격근량과 근육량이 감소하는 상태를 뜻한다. 특별히 근육량을 확보하는 노력을 하지 않는 한 노화와 함께 근육량은 저하되는데, 노쇠 또는 노년증후군의 일종이다. 일반적으로 근육량은 30세를 정점으로 나이가 들면서 점점 감소하지만, 70세 이하 고령자의 13~24%, 80세 이상에서는 50% 이상이 근감소증을 보인다. 특히 음식의 삼킴을 주관하는 삼킴근육의 감소는 삼킴장애의 원인이 된다. 노화 외에도 여러 가지 원인에 따라 근감소증은 나타날 수 있다.

1) 근감소증의 주요원인

(1) 활동량 저하

안정, 와상, 폐용, 무중력

(2) 저영양

섭식 부족, 저영양, 기아

(3) 각종 질환

수술, 외상, 골절, 감염증, 열상, 암, 근신경계 질환

2) 영양치료 목표

골격근량과 근육량을 최대한 확보하기 위하여 적정한 영양을 확보하고 근력 훈련에 도움이 되는 아미노산과 단백질을 충분히 제공하여 저영양에 의한 근감소증을 최소화한다.

3) 영양치료 지침

(1) 사용하지 않아 발생하는 여러 가지 신체적, 정신적 기능 저하를 폐용증후군이라고 하는데, 90%는 저영양에서 온다. 주요 원인별 적절한 영양관리와 근력 훈련이 필요하다.

(2) 노화: 근력 훈련, 곁가지사슬아미노산(Branched Chain Amino Acid: BCAA) 섭취량 증가

(3) 활동량 저하: 근력 훈련, 활동량 증가

(4) 저영양: 적절한 영양관리

(5) 각종 질환: 질환 치료, 영양 관리, 운동 병행

6. 치매(dimentia)

치매(dimentia)는 뇌의 기질적인 장애로 인하여 기억력이나 판단력, 실행 능력과 회화 능력 등의 지적 능력 진행성에 장애를 입어 사회생활에 지장을 줄 수 있는 상태를 뜻한다.

건망은 노화현상에 의한 생리적인 것과 병적인 것으로 구분하는데, 고령자의 경우 나이에 의한 건망일 뿐 치매가 아닌 경우도 많다. 하루 중 아무것도 하지 않고 지낸다거나 사람들과 접촉 없이 지내면 뇌의 움직임이 저하되고 치매에 가까운 상태가 될 수 있기 때문에 생활 속에서 훈련이 필요하다.

또한 큰 병이나 스트레스 직후에 일과성 건망이나 의욕 상실 등 치매에 가까운 증상을 보이는 경우도 있으나, 약 80%의 고령자는 치매를 겪지 않으며, 약 20%의 고령자만이 뇌의 기질적인 병에 의해 치매에 이르게 된다. 단순히 병적인 건망이나 인지장애(중핵증상)에 그치지 않고 건망을 위선하는 건망성 이야기 꾸미기, 판단력, 이해력 저하, 환각, 망상, 배회, 불결행위 등 각종 증상을 수반하는 경우가 많다.

치매의 진단은 생활상의 여러 가지 증상과 행동에 덧붙여 인지기능 테스트, 화상진단 등 종합적으로 전문의에 의해 신중하게 결정되어야 할 뿐만 아니라, 증상만으로 단순히 결정하는 것은 위험할 수 있다. 왜냐하면, 뇌 외과적 대응으로 낫는 만성경막하혈종이나 우울증에 의한 이차성 인지증 등 완전히 치료할 수 있는 병을 놓칠 수 있기 때문이다.

일단 치매가 의심되면 신속하게 전문의에게 진단을 받는 것이 중요하고, 대표적으로 알츠하이머형 치매, 뇌혈관성 치매, 레비소체형 치매 등이 있다.

1) 알츠하이머형 치매(Alzheimer's disease)

75세 이상에서 증가하고, 85세 이상에서는 25%로 알려져 있다. 뇌피질의 신경세포가 광범위하게 사멸하는 것으로 현재 원인은 확실히 알려져 있지 않다.

(1) 증상

부분적인 건망으로 시작하여 전체적인 건망으로 진행되고, 어떤 사건을 완전히 잊어버리게 되는 증상(예: 아침식사를 했어도 금방 "아침식사는 아직 준비 안 됐어요?"라고 함)으로 나타난다. 유전자에 의한 원인이 약 30% 정도지만 유전자만으로는 설명하기 어렵다. 합병증에 대한 조기대응에 의해 각 시기를 연장하는 것이 가능하지만 개인에 따라 크게 차이가 있다.

(2) 대응

아직까지 원인불명이므로 현재 근본적인 치료법은 없으나, 대응의 기본은 불안이나 혼란스러움을 초래하지 않는 것이며 따뜻하고 수용적인 케어가 중요하다. 특히 쾌적한 수면(야간 수면 확보), 식사(적절한 식사 제공), 쾌변, 쾌감(리듬감이 있는 생활, 레크리에이션 등)을 고려하는 것이 중요하다. 불면, 이상흥분, 폭력, 환각, 망상, 불안 등의 증상에 대해서는 적절한 환경을 조성하고 대인조정을 더해 최소한의 약물치료도 필요하다. 이때 매일의 변화를 관찰하여 과잉의 약물 부작용을 예방하는 것과 함께 본인에게 맞는 약의 종류와 양을 결정해야 한다. 또한 알츠하이머형 치매는 진행과 함께 각종 합병증을 동반하는데, 발열, 탈수, 저영양, 심부전, 장폐색, 넘어짐, 골절 등으로 무엇보다 신속하게 대응치료를 하는 것에 따라 예후가 달라진다. 식사도 탈수나 저영양을 예방하기 위해 매일의 식사 섭취량을 파악하는 것이 중요하며 간단한 기록을 해주는 것이 바람직하다.

2) 혈관성 치매(vascular dementia)

뇌의 크고 작은 혈관이 막히거나 좁아져서 뇌혈류 장애가 일어난 치매이다. 뇌졸중 후유증에 동반한 것이 가장 많으나, 뇌졸중 발작 등이 없어도 뇌에 다수의 소경색이 발견되어 다발성 뇌경색이 원인으로 치매를 일으키는 경우도 있다.

(1) 증상

뇌의 장애에 의해 신경세포가 여기저기 끊어져서 확실한 부분과 알지 못하는 부분이 있기 때문에 '얼룩치매'로 알려져 있다. 또한 정보처리 능력도 저하되어 있어 패닉 상태가 되기 쉽고, 쉽게 흥분하고 혼란 상태를 보인다. 뇌의 혈류량이 감소하여 의식장애에도 이르기 쉽다.

(2) 대응

뇌는 사용하지 않으면 혈류도 저하되고, 움직임도 둔화되므로 하루를 규칙적인 리듬으로 생활하도록 하여 재활이나 하고 싶은 일 등을 넣어 반드시 사람들과 대화하거나 웃을 기회를 만들어 주고, 야간에는 수면을 충분히 취하도록 한다.

행동이나 이상흥분, 착란, 불면, 의식장애, 환각, 망상 등의 상태에 대해서는 정신과 전문의와 상의하여 적절한 대응을 할 수 있는 조언과 약물치료를 받도록 한다. 인지증 고령자에게 약물치료를 하는 것이 흡사 억제와 같이 여겨지나 적절한 치료는 본인의 정신적인 안정과 체력 유지에 맡길 수 없는 것으로, 과잉 약물의 사용이나 단순히 얌전하게 있도록 하는 것만 목적인 약물의 사용과는 혼동해서는 안 된다.

많은 정신 증상의 치료 원칙은 우선 야간의 쾌적한 숙면을 유지하고 이를 위해서는 매일의 수면관찰에 의한 수면유도제, 신경안정제 복용에 세심한 주의가 필요하다. 고령자의 치매(인지증)에 숙련된 정신과 의사의 케어가 바람직하다.

3) 레비소체형 치매(Lewy body dementia: LBD)

레비수체형 치매는 뇌에 α-synuclein 단백질이 비정상적으로 축적되어 사고, 기억, 운동, 행동 및 기분 등에 문제를 일으키는 치매이다. 1912년 독일 신경학자 Friederich Lewy가 파킨슨 질환 환자에서 정상적인 뇌 기능을 방해하는 비정상적인 단백질 덩어리(레비소체)를 발견하면서 알려지게 되었다. 정상인의 경우 α-synuclein은 기억이나 운동을 조절하는 뇌신경세포 뉴런의 시냅스에서 여러 가지 중요한 역할을 한다. 그러나 LBD 환자의 경우 α-synuclein이 뉴런 안에서 덩어리로 응집되어 정상적인 신경조절기능을 저해하고 점점 그 범위가 확대되어 정신기능의 쇠퇴가 진행된다.

(1) 증상

초기 증상은 알츠하이머형 치매나 조현병(schizophrenia) 같은 정신질환 증상과 유사하여 환각을 경험하거나 인지기능 및 집중력이 감소하고 우울증 등을 나타낸다. LBD는 단독으로 발병하기도 하지만 알츠하이머형 치매의 특징인 아밀로이드 플라크(amyloid plaques)나 신경원섬유 엉킴(neurofibrillary tangles)도 발견되고, 치매를 동반한 파킨슨 질환이나 심지어 치매가 없는 파킨슨 질환에서 발견되는 신경·병리증상이나 근육이 굳어지고 동작이 느려지며 떨림 증상과 같은 임상증상도 나타나기 때문에 이들 모두를 LBD로 간주하기도 한다.

(2) 대응

아직까지 레비소체형 치매를 늦추거나 치료할 수 있는 약물은 없기 때문에 증상을 개선하는 데 집중할 수밖에 없는 실정이다. 전술한 알츠하이머형 치매나 혈관성 치매의 대응에 준한다. 식사시간은 사회적 관계를 유지하는 기회가 될 수 있으므로 중요하다. 다정하고 상냥한 목소리로 대하여 좋은 기분을 유지할 수 있도록 한다. 인내심을 가지고 식사를 마칠 수 있도록 충분한 시간을 준다. 개인의 문화·종교적 신념에 따른 식사에 대한 기호나 식사시간 등을 존중한다. 식사는 대상자가 해오던 대로 일정한 시간에 익숙한 장소 및 방법으로 제공한다.

4) 치매의 영양치료 목표

고령 치매환자는 높은 감염률, 에너지 소모량 증가 및 식욕 부진에 의한 부적절한 식사 섭취로 체중 감소와 탈수 위험이 높고, 영양불량이 되기 쉽다. 따라서 정상체중 유지를 목표로 하고 변비, 탈수, 흡인, 피부궤양을 예방하고 스스로 식사할 수 있는 능력을 키워주는 것을 목표로 한다.

5) 영양치료 지침

① 정상체중을 유지할 수 있는 단백질과 에너지를 섭취할 수 있도록 한다.
② 항산화 기능 및 비타민 E, 셀레늄, 콜린을 충분히 공급한다.
③ 탈수 예방을 위해 수분 섭취가 될 수 있도록 하고 야간에는 지나치지 않도록 주의한다.
④ 씹기와 삼킴장애를 관찰하고 필요한 경우 경장영양도 고려한다.

⑤ 하루 섭취량을 간식에도 분배하여 식사를 조금씩 자주 섭취하도록 한다.

⑥ 식사하는 동안 세심히 관찰한다

9. 저영양 및 영양실조

저영양은 단백질 및 에너지 섭취량이 결핍된 상태를 뜻하며, PEM(Protein Energy Malnutrition)이라고도 한다. 고령기에 식사량이 줄거나 편식을 하게 되면 어느 순간 모든 영양소가 부족한 상태가 될 수 있다. 그러나 만일 고령자가 겉으로 건강해 보이고 아무 증상도 없다면 문제로 삼기는 어렵다. 대체로 젊을 때부터 식사에 관심이 많고, 식사에 주의를 기울이는 사람과 그렇지 않은 사람은 고령기건강 수준이 크게 다르게 나타난다. 고령자에게 식사에 대한 조언을 할 수 있는 영양사나 전문가의 역할은 고령자 건강을 크게 좌우할 수 있다(재택케어, 의료영양관리연구회, 2014).

저영양의 발생과 그 위험성은 [그림 9-4]와 같다. 고령자의 식사 섭취량이 감소하면 먼저 탈수가 되고 잇따라서 저영양상태가 초래된다. PEM 상태에서 인체는 저장 영양소를 사용하여 대사하고 체력을 유지하려고 한다. 저장 영양소 가운데 우선 당질을 사용하고 이어서 체지방을 마지막에는 체단백질을 소모한다. 그 결과, 체력은 감소하고 마름 상태가 되며, 면역기능은 저하되어 감염되기 쉬운 상태가 된다. 게다가 수술, 감염증, 발열이 있거나 정신적 스트레스 등이 더해지면 PEM은 더욱 악화되고, 생명의 위험까지 초래할 수 있다.

식사 섭취의 도움을 필요로 하는 재택고령자나 고령자 요양시설 이용자는 식사 섭취량과 수분 섭취량이 매우 중요하다. 특히 씹기와 삼킴장애가 있는 경우, 케어가 부적절할 경우 고령자는 쉽게 탈수와 PEM 상태가 된다.

1) 주요원인

(1) 식사 섭취량 감소

씹기와 삼킴기능, 미각 감수성, 소화기능 등 각종 신체기능 저하, 독립적인 일상수행능력(Activities of Daily Living: ADL) 저하, 병이나 약물 부작용에 따른 식욕 부진, 치매로 인한 식욕 감퇴 등

(2) 환경 요인

독거, 고령자만의 가구, 단조로운 생활, 두문불출, 장보기 어려움 등

(3) 경제 요인

경제적 빈곤이 있는 경우 식품의 접근성이 감소하고, 식사량이 줄어 영양의 결핍이 초래됨

(4) 신체 요인

몸과 마음의 각종 스트레스 및 질환

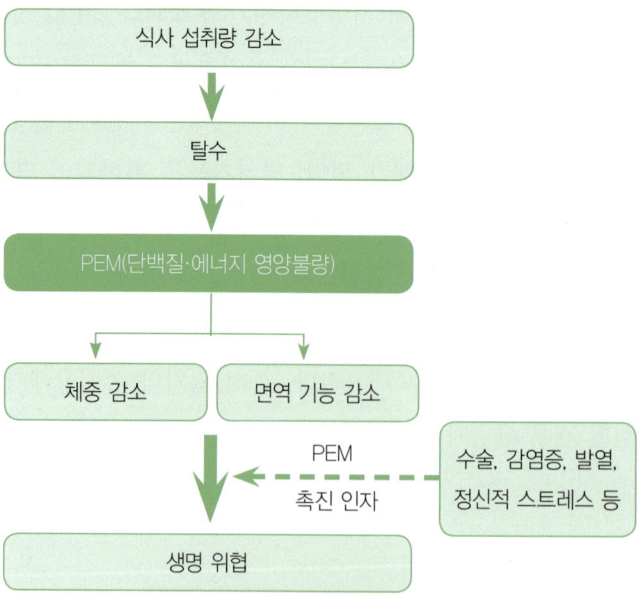

[그림 9-4] 저영양의 발생과 그 위험성

2) 고령자 저영양의 지표

고령자 저영양(PEM)을 조기 발견하여 영양치료를 적용하는 것이 무엇보다 중요하다. PEM은 체중 감소율과 혈청알부민 수치를 이용하여 조기 발견할 수 있다.

(1) 체중감소율

PEM이 지속되면 지방조직의 감소와 지방 외 조직의 체중(주로 근육량) 감소가 동시에 일어나기 때문에 체중감소가 일어난다. 특히 체지방 감소는 생명의 예후에 중요한 영향을 미친다. 일반적으로 성인은 체중과 신장의 비율 BMI=체중(kg)÷신장(m)^2]을 이용하여 체중의 적정 여부를 판정하지만, 고령자는 서서 측정하는 정확한 신장 측정이 곤란한 경우가 많으므로 체중감소율을 사용하는 것이 바람직하다.

$$\text{체중 감소율} = \frac{\text{평상시 체중} - \text{현재 체중}}{\text{평상시 체중}} \times 100$$

만일 평상시보다 체중 감소율이 1개월에 5%, 3개월에 7.5%, 6개월에 10% 이상이라면 PEM으로 추정한다. 체중 감소가 조금이라도 진행되고 있다면 혈청알부민 수치 등의 변화와 같은 다른 검사치도 참고하고, 식사 섭취 상황도 꼼꼼히 관찰하여 PEM을 조기 발견하도록 노력한다. 만일 체중 측정이 불가능한 경우라면 상완둘레, 허벅지둘레를 측정하여 근감소율을 구하고 평가할 수도 있다. 또한 고령자는 만성신부전 상태인 사람이 많으므로 급속한 체중의 변화가 이뇨제나 약물의 영향인지도 확인할 필요가 있다. 식사 섭취량이 줄지 않았는데 체중이 감소했다면 먼저 그 사람에게 제공된 식사량이 적절한지 점검한다.

(2) 혈청알부민 수치

혈청알부민 수치는 고령자 PEM을 판정하는 상당히 중요한 지표이다. 혈청알부민 수치가 3.5g/dL 이하면 내장단백질이 감소되는 수준이며, 3.0~3.5g/dL이면 영양 지원에 따라 영양상태가 개선될 수 있는 수준이다. 따라서 혈청알부민 수치가 3.5g/dL 이하인지 아닌지를 확인하고 영양 강화에 노력할 필요가 있다. 혈청알부민 수치가 3.0g/dL 이하에서는 본격적인 저영양상태로 판정하고, 의학적 치료를 필요로 한다.

(3) 고령자 저영양 관련 영양소

PEM은 에너지, 단백질 부족뿐만이 아니라 각종 영양소 결핍을 동반한다. 일본의 고령자 복지시설 조사결과에 따르면 고령자가 저영양상태일 때 결핍되는 주요 영양소는 칼슘, 식이섬유, 철분, 비타민 C 등으로 나타났다.

① 칼슘(Ca)

고령자 저칼슘혈증 발생빈도가 높아지고 있는데, 주요 원인은 다음과 같다.

① 단백질 섭취 부족 때문에 칼슘 흡수율이 낮아진다.

② 칼슘 흡수와 밀접한 인(P)의 과잉 섭취에 따라 칼슘 흡수 저하가 일어난다. 인을 많이 포함하는 식품(가공식품 등)의 섭취 증가가 원인이 될 수 있다.

③ 칼슘 급원 식품인 우유, 유제품, 녹황색 채소, 뼈째먹는 생선, 다시마 등의 해조류 섭취가 부족한 경향이 있다.

④ 장관에서의 칼슘 흡수를 돕는 비타민 D의 섭취가 부족하다.

⑤ 칼슘 흡수율을 높이는 비타민 D 대사는 자외선을 쬐는 것으로 촉진되지만 고령이 되면 햇볕을 쪼이는 빈도가 적어진다.

⑥ 폐경 후 여성은 여성호르몬(에스트로겐)의 분비가 저하하여 뼈의 칼슘이 감소하고, 골다공증이 되기 싶다.

② 철(Fe)

고령자 빈혈은 저영양에 따른 철결핍성 빈혈이 대부분이다. 고령자의 빈혈은 오랫동안 점진적으로 진행되어 자각증상이 나타나기 어렵기 때문에 놓치기 쉽고 중요한 질환의 초기증상이 있는 경우가 많다. 따라서 그 원인을 밝혀 이차성 빈혈이 되기 전에 조기 발견하는 것이 중요하다. 남녀 모두 헤모글로빈 수치가

11g/dL 미만일 때 빈혈로 판정한다. 철결핍성 빈혈은 혈청헤모글로빈 농도 저하와 함께 혈청 철 농도가 낮아지고, 총철결합능(Total Iron Binding Capacity: TIBC)의 수치가 높아지며, 저장철(혈청 페리틴 수치) 감소 등에서 확인되지만, 동시에 식사 섭취 상황 검사와 출혈 유무 등도 확인할 필요가 있다. 출혈이 있다면 원인 치료와 동시에 경구적 철 보충제 복용이 필요한 경우가 많지만, 철이 많은 식품을 이용한 식사를 고안하는 것도 중요하다. 도쿄시 노인의료센터의 입원 고령자 1,187명의 예를 대상으로 한 조사에서는 빈혈 사례는 275명(23.2%)이었고, 그 원인으로서는 악성종상, 감염증, 담증성 질환, 신장질환에 수반한 속발성 빈혈이 많았다고 한다(재택케어, 의료영양관리연구회, 2014).

③ 아연(Zn)

아연이 부족하면, 피부염, 구내염, 설사, 탈모, 성장장애, 면역능력 저하, 미각장애 등이 나타난다. 아연은 음식으로 섭취하여 십이지장으로 흡수되어 뼈에 저장된다. 아연의 활성을 저해하는 주요요인은 식품첨가물로 현대의 식생활은 아연이 부족하기 쉬운 환경이라고 할 수 있고 지나친 음주는 체내 아연을 소모시키는 원인이 된다.

아연의 흡수를 돕는 식품은 고기 등 단백질이 많은 식품과 비타민 C가 풍부한 과일이다. 아연은 통째로 먹는 작은 생선이나 굴, 조개류, 참깨, 녹차잎, 버섯, 소고기 등에 풍부하게 포함되어 있다. 반면 청량음료수나 컵라면 등의 인스턴트 식품에는 대부분 포함되어 있지 않다. 적절한 식사를 하고 있다면 아연의 결핍은 일어나기 어렵지만 PEM 상태라면 아연의 결핍이 일어난다.

중심정맥영양(IVH, TPN)에서도 아연의 결핍은 가장 많이 일어나기 쉽다. 경관급식을 하고 있는 노인에서 전신 피부병(피부염)이 아연 결핍 때문으로 판명되어, 아연을 함유한 영양 지원으로 바꾼 뒤 피부병이 완치되었다는 사례가 보고되었다. 최근에는 고령자의 아연 결핍에 따른 증상이 주목되어 있지만, 특히 저영양상태의 고령자는 아연이 부족되기 쉽다는 것을 염두에 두어야 한다.

④ 마그네슘(Mg)

마그네슘과 칼슘은 서로 경쟁하거나 도움을 주는 영양소이므로 두 영양소의 균형이 중요하다. 마그네슘은 세포 내에서의 칼슘 유입을 저해해, 혈관을 확장하고 심장질환이나 뇌졸중을 예방한다. 마그네슘 부족은 세포 내로 유입되는 칼슘의 과잉을 초래해서 심장이나 혈관에 악영향을 초래할 수 있다.

칼슘과 마그네슘 섭취비율은 2:1, 즉, 칼슘 600mg/d에 대하여 마그네슘 약 300mg/d이 이상적이다. 마그네슘은 대두제품, 견실류, 녹미채, 신선한 야채 등에 많이 포함하고 있지만, 조리에 따른 손실이 많으므로 주의가 필요하다.

영양불균형이 되기 쉬운 고령자는 마그네슘 섭취량 부족을 고려해야 하며 저영양(PEM) 상태일 때 특히 무기질이 중요하다. 또한 마그네슘 과잉 섭취는 설사의 원인이 될 수 있으므로 건강기능식품(영양제)의 사용 등으로 섭취량을 늘리는 경우는 의사와 상담할 필요가 있다.

마그네슘 결핍증상은 피곤하기 쉽고, 어깨 결림, 어지러움, 근육 경련 등과 기억장애 등의 정신적 부조가 보이고 미국과 유럽에서는 알츠하이머병과의 관계를 강조하는 연구자도 있다(재택케어, 의료영양관리연구회, 2014).

⑤ 비타민 E

비타민 E는 세포막을 보호하고 체내에서 가장 중요한 지용성 항산화물질이다. 비타민 E 섭취가 부족되면 저밀도지질단백질(Low Density Lipoprotein: LDL)의 산화를 초래한다. 산화된 LDL은 혈관의 협착과 경화를 초래하므로 여러 가지 심장질환을 유발하는 원인으로 알려져 있다.

비타민 E는 또한 DNA을 보호하여 폐암과 전립선암에 대한 예방효과가 보고되었다. 고령자에게 흔하게 나타나는 수정체 지질 산화에 따른 백내장도 예방하므로 눈의 기능 유지에도 도움이 되며 적극적인 섭취가 바람직하다. 만일 식사만으로 필요량이 충분하지 않다면 건강기능식품(영양제)으로 지원하는 것도 고려한다.

⑥ 비타민 C

고령자의 비타민 C 부족은 신선한 과일이나 생야채 등을 먹기 어려운 상황이 되는 것과 연관이 있다. 고령자 복지시설 조사에 따르면 비타민 C 충족율은 86%로 기준치 이하였다. 비타민 C는 콜라겐 합성에 관여해, 호르몬이나 신경전달물질 합성 등 여러 가지 기능을 한다. 특히 활성산소 제거 기능이 중요한데, 비타민 C는 항산화기능을 하는 비타민 E를 보호하고 재생하기 때문에 더욱 중요하다. 비타민 C는 호흡기 감염증이나 암 발생 위험 저하, 눈의 건강 유지, 심혈관질환 예방, 자상치유 촉진 작용을 한다. 또한 과잉 섭취에 따른 부작용도 비교적 낮고, 상당히 안정성이 높은 비타민이다. 단, 단독으로 비타민 C의 건강보조 식품(영양제)을 공복 시에 사용하면 위장장애를 일으킬 수 있고, 신장이 취약한 경우에는 복용에 주의가 필요하다.

⑦ 식이섬유

고령자는 씹기와 삼킴기능 저하에 따라 식이섬유소가 풍부한 식품을 섭취하기 어렵다. 식이섬유소 섭취 부족은 고령자 변비의 원인이기도 하다. 식이섬유소는 장의 움직임을 자극하고, 콜레스테롤 수치를 낮추고 혈당을 개선하는 기능을 하고, 심장질환, 대장암이나 당뇨병 발병률을 감소시킨다는 보고도 있다.

식이섬유소가 많은 식품은 녹황색 야채나 근채류, 곤약, 고구마, 다시마나 콩류 등이 있다. 근채류나 고구마 등 식이섬유가 많은 식품을 부드럽게 조리하여 맛있게 먹을 수 있도록 고안할 필요가 있다. 고령자 복지시설에는 식이섬유의 섭취량을 늘리기 위해 국물 등에 분말상의 식이섬유를 첨가할 수도 있다(재택케어, 의료영양관리연구회, 2014).

4) 영양치료 목표

고령자 저영양(PEM)은 조기 발견으로 신속하게 영양치료를 적용하여 체중감소율과 혈청알부민 수치를 정상으로 회복하고 장점막 방어벽의 기능을 확보하여 감염합병증을 감소시키는 것을 목표로 한다.

5) 영양치료 지침

(1) 조기에 탈수를 발견하고 탈수를 개선하여 저영양상태가 되는 것을 예방한다.

(2) 식욕부진 등이 일어나는 원인을 조사하고 우선적으로 개선한다.

(3) 고령자의 씹기와 삼킴장애를 의심하고 현재의 식사 형태가 적당한지 검토한다. 식사하는 상황을 관찰하는 것이 중요하다.

(4) 고령자는 식사를 전량 섭취한다고 해도 체중감소나 혈청알부민 수치 저하가 나타날 수 있다. 적절한 식사량인지, 입에서 쏟아지지 않는지, 씹고 삼키는데 문제가 없는지, 설사나 구토가 없는지 확인한다.

(5) 식사 섭식 상황을 조사하고 영양평가를 시행한다.

(6) 간호에 관여하는 팀케어 체제를 조정한다.

(7) 가족이나 간호사에게 탈수나 PEM 예방에 대해서 조언하고 협력한다.

(8) 식사만으로는 충족할 수 없는 미량영양소는 건강기능식품(영양제) 사용도 검토한다.

(9) 식사요법을 시행하고 있어도 오연성 폐렴 등을 반복하여 식사가 고통이 되는 경우라면 일시적인 경관영양이나 영양지원을 검토한다. 개별적 상황에 따라 입으로 주는 것이 반드시 최선의 방법이 아닌 경우도 있다.

CHAPTER 10

고령자 건강증진 및 생활습관병 예방을 위한 식사제안

고령자가 활기차고 건강한 생활을 유지하기 위해서는 규칙적인 생활 습관을 기반으로 소화·흡수가 쉬운 음식을 적정량 섭취하고 적당한 운동을 하면서 삶의 의욕을 지니는 것이다. 그러나, 대부분의 고령자들은 고혈압, 당뇨, 고지혈증 등의 대사증후군을 한 가지 혹은 복합적으로 지니고 있고 이에 따른 식사 제한의 어려움이 따른다. 따라서 대사증후군이 있는 고령자의 개별적인 건강 수준에 따라 식사를 계획하고 준비하여 먹는 즐거움과 식욕을 잃지 않도록 배려하면서 식사케어를 하는 것이 무엇보다 중요하다. 아울러 고령자의 경우 오랫동안 익숙해져 온 음식과 식습관이 있으므로 이를 존중하여 식사케어를 실시하는 것이 중요하다.

고령자의 영양결핍의 문제점을 해결하기 위해, 노인 개개인의 식생활 관리 포인트를 마련하는 것은 물론, 고령자 건강관리 및 증진을 위하여 고령자 영양관리 프로그램 및 재가노인의 식사케어 지원시스템 등의 영양정책 마련, 고령자 전용 식재료 개발, 고령자가 사용하기 편한 식기와 식사 도구개발, 저작과 연하곤란 고령자를 위한 다양한 물성 조정 식품 등을 지원할 수 있는 방안이 마련되어야 할 것이다.

재택 고령자들 중에서 여러 가지 원인에 의해 스스로 식사를 준비하거나 섭취하는 것이 어려워서 본인이나 가족이 의식하지 못하는 와중에 저영양상태로 빠지는 경우가 있다. 저영양상태가 되는 원인은 거동의 불편함, 독거노인의 경우 경제적인 결핍과 아울러 식사 준비에 대한 동기부여의 부족, 운동부족으로 인한 식욕부진, 노인 우울증 등의 신체적·정신적인 원인과 함께 구강건강이 나빠지면서(침 분비량 감소, 치아소실 등) 씹기와 삼킴기능이 저하되고 위장관 내에서의 영양소 흡수율이 떨어지게 되는 일련의 소화기능의 저하 등에 기인한다.

음식 섭취에 어려움이 있는 고령자의 식사케어를 위해 고려해야 할 점은 다각도로 접근해야 하나, 뇌졸중 후 폐렴을 반복하는 경우, 경구 섭취를 할 기회가 적은 고령자는 정도의 차이는 있으나 삼킴장애가 있는 경우가 많다. 그러나 연하장애의 여부를 떠나서 고령자 식사케어를 진행하기 위해서는 다음과 같은 점을 고려해야 한다.

(1) 우선 식사를 제공하기 전에 손, 입안, 목이 음식을 먹기에 청결한지 확인한다. 오염성 폐렴을 일으키는 고령자의 경우 입안이 청결하지 않은 경우가 많이 있다.

(2) 식사에 몰입할 수 있는 안정적인 환경을 마련한다.

(3) 음식을 먹기 전에 입속을 음식물 씹기 편하게 하고, 사레들리지 않으면서 목 넘김이 원활하도록 삼킴 체조 및 호흡 훈련 등 준비 체조를 실시한다.

(4) 익숙한 자세로 식사를 하는 것이 가장 편안하지만 자주 사레들리는 경우에는 스스로 앉을 수 있는 고령자는 의자에 앉아 머리를 15도 정도 앞으로 숙여 음식을 먹도록 하며, 누워 있는 고령자의 경우 침대를 리클라이닝(30도 정도)하여 머리를 앞으로 숙인 자세로 음식을 입에 넣어준다.

(5) 음식을 입에 넣으면 천천히 씹어 맛을 느끼면서 먹도록 지도한다.

(6) 식사 시간을 정확하게 정해서 하루의 식사에 대한 리듬감을 갖도록 한다.

(7) 식사 후에는 반드시 이를 닦고, 입안을 물로 충분히 헹구어 구강 내와 목을 깨끗하게 유지하도록 한다.

고령자는 1회 섭취하는 식사량이 줄어드는 경우가 많으므로 이를 보충할 수 있는 간식이 중요하다. 시설 입소 고령자의 경우 오전과 오후에 2회 간식을 제공하는데 탄수화물 위주의 간식과 가공식품류의 간식을 피하고 식이섬유, 단백질, 수분 등을 보충할 수 있는 간식으로 구성한다. 일반적으로 고령자는 하루 필요 영양에 대해 관심을 갖기보다는 좋아하는 음식만 먹으려 하는 경향이 있어 권장하는 음식을 여러 가지 이유로 거부하고 편식에 이르는 경우가 많다. 이런 편중된 식생활은 영양 불균형으로 이어질 수 있고 신체 저항력이 약화되어 감염성 질환 등에 노출될 위험성이 커지게 된다.

고령자에게 규칙적으로 정량의 수분을 섭취하게 하는 것이 매우 중요하다. 대부분의 수분은 식사를 통해 섭취되는데 하루에 섭취해야 하는 식사량을 채우지 못하면 영양섭취뿐만아니라 수분의 섭취도 상당량 줄어 들게 된다. 따라서, 규칙적인 수분섭취를 위하여 1일 6회 수분섭취 시간표를 만들어 수분섭취 계획을 수립하는 것이 바람직하다.

1. 생활습관병 예방을 위한 안전하고 균형 있는 식사

나이가 들면서 체성분의 변화와 함께 신체 기관의 기능이 저하되면서 감각기능이 둔화된다. 특히 고령자의 치아 소실, 미각과 후각의 둔화, 타액 및 소화효소 분비량 저하, 이로 인한 식욕 저하와 함께 장의 연동운동이 떨어지면서 변비 등으로 고생하게 된다. 이러한 기능의 저하가 식욕부진, 영양섭취량 및 흡수의 불균형으로 이어지면서 질병 이환율이 높아지는 결과로 이어진다. 아울러 많은 고령자들은 식이와 영양조절이 필요한 대사증후군(당뇨, 고혈압, 고지혈증 등)을 단일 혹은 복합적으로 지니고 있어 고령자에게 필요한 영양소를 공급하는 기본적인 식단은 물론 대사증후군의 진행을 억제하는 식사계획이 중요하다. 고령자 생활습관 등에 관련된 보고서에 의하면(박영숙 외, 2019, 식품영양과학회지 게재확정) 복지관을 이용하는 고령자는 적어도 2개 이상의 복합적인 대사증후군 질환을 지니고 있으며 고혈압, 당뇨, 뇌심혈관질환, 고지혈증, 관절염 순으로 치료약을 복용 중인 것으로 나타났다. 이와 같이 만성질환을 지니고 있는 고령자의 식사관리를 위해서는 단순당, 콜레스테롤, 동물성 지방, 나트륨 등의 섭취량을 줄이고 계절 채소 등을 활용한 채소 반찬을 넣어 비타민, 무기질, 식이섬유의 섭취를 늘릴 수 있는 식단으로 구성하는 것이 중요하다. 고령자의 경우 하루 필요한 열량섭취량이 줄어도 단백질 섭취량은 감소하지 않으므로 소화되기 쉽고 양질의 단백질을 섭취할 수 있는 식품으로 식단을 구성하는 것이 중요하다.

대사증후군을 예방하고 건강한 식사를 하기 위한 식사준비와 식단작성을 위해서는 아래의 항목을 체크할 필요가 있다.

(1) 식품군별 필요 횟수를 만족하는가?

(2) 식단의 주재료가 각 식품군에 골고루 포함되어 있는가?

(3) 주요 영양소 함량이 높은 식품을 고려하였는가?

(4) 소화되기 쉬운 재료와 조리방법으로 구성되었는가?

(5) 연하 쉬운 음식으로 구성되었는가?

(6) 식이섬유가 풍부한 재료가 포함되어 있는가?

(7) 녹황색 채소 등 피토케미컬이 풍부한 재료가 포함되어 있는가?

(8) 계절 식품이 사용되었는가?

(9) 대상자 기호에 맞는 음식이 한 가지 이상 포함되어 있는가?

(10) 절기 음식이나 계절 음식을 사용하였는가?

(11) 맛의 조화를 고려하였는가?

(12) 다양한 조리법을 사용하였는가?

(13) 가능한 한 다양한 식재료를 사용하였는가?

(14) 소금을 적게 사용하여도 되는 음식으로 구성하였는가?

(15) 동물성 포화지방이나 콜레스테롤이 많은 식품을 중복 사용하지 않았는가?

1) 고령자 건강 증진을 위한 조리관리

(1) 영양 강화 조리 전략

고령자의 건강증진을 위한 식사관리를 위해서는 고령자에게 부족하기 쉬운 칼슘, 비타민 A, D, 티아민, 리보플라빈, 비타민 C 등이 풍부한 식재료를 다양하게 활용한다.

① 칼슘이 강화된 조리법

- 생선 조림이나 구이를 하기에 앞서서 생선을 우유에 담가 두면 비린내를 줄이고 염도를 낮출 수 있다.
- 계란말이나 스크램블드 에그를 만들 때 우유를 첨가하면 부드러운 질감을 줄 수 있을 뿐 아니라 우유와 함께 칼슘 보강을 꾀할 수 있다.

- 샐러드 드레싱을 선택할 때 시판제품인 마요네즈나 샐러드 소스 대신에 플레인 요구르트를 이용하면 염분 섭취량도 줄이고 칼슘도 보급할 수 있다.

② 비타민 A, D 강화된 조리법

- 당근, 파프리카, 토마토 등의 식재료는 잘게 다지거나 채를 썰어 기름에 볶다가 뚜껑을 덮어 부드럽게 익히는 조리법을 이용하여 지용성 비타민의 흡수를 높이고 음식의 색을 밝게 하여 먹음직스럽게 만들어 준다.
- 말린 표고버섯 가루를 다양한 음식에 활용하여 음식의 풍미를 향상시켜 주고 비타민의 섭취를 도와준다.

③ 불포화지방산이 풍부한 식재료를 사용하는 조리법

- 분쇄기를 이용하여 견과류를 잘게 갈아 음식의 고명이나 후식에 첨가해 주면 고소한 풍미를 줄 수 있을 뿐 아니라 하루 섭취량의 견과를 식사를 통해 섭취할 수 있다.
- 각종 나물무침에 신선한 들깻가루를 넣어 버무리거나, 찌개에 들깻가루를 첨가하면 풍부한 질감과 풍미를 줄 수 있을 뿐 아니라 불포화지방산을 충분히 섭취할 수 있다.
- 곤드레나물 등의 밥을 지을 때 간 잣이나 깨를 넣고 짓거나 양념장에 이들을 첨가하면 불포화지방산의 섭취량을 늘릴 수 있다.

(2) 삼삼한 조리 전략

① 고령자를 위한 음식을 준비할 때는 가능하면 염분섭취를 줄이는 것이 바람직하므로 센 양념을 쓰는 것(양념 맛)보다 원재료의 고유한 맛을 살려내는 것이 바람직하다.

② 한끼에 제공할 소금의 양을 모든 메뉴에 골고루 나누어 넣지 않고, 한 메뉴에 모두 넣고 간을 집중해준다.

③ 한 끼 분으로 제공하는 국과 찌개의 양을 줄인다.

④ 조리 과정 중 음식의 온도가 높을 때 간을 하면 짠맛을 잘 느끼지 못하므로

약간 식은 후 간을 맞춘다.

⑤ 가공식품을 사용하여 조리할 경우 나트륨 함량이 적은 식품을 선택한다.

⑥ 맛을 내기 위한 다양한 화학조미료에는 나트륨의 함량이 높으므로 표고버섯, 멸치, 새우, 다시마 등 천연조미료를 이용한다.

⑦ 간이 센 소금과 장류 외에 마늘, 파, 레몬, 식초, 허브류 등 향신채와 양념류를 다양하게 이용하여 염분을 줄이고도 맛을 낼 수 있는 조리법을 고안한다.

⑧ 음식의 간을 맞출 때 소금 대신 간장을 이용하며, 염도를 한 번에 많이 낮추기보다는 조금씩 낮추면서 교육, 홍보 과정을 통해 저염식에 익숙해지도록 한다.

2) 만성질환을 예방하고 관리하는 식사

나이가 들면서 신체의 기능이 저하되고 영양소의 저장 능력도 낮아지게 된다. 따라서, 하루 필요량의 적정 에너지를 섭취하고 염분 섭취를 줄이며 비타민과 미네랄을 많이 포함한 식사를 할 수 있도록 노력한다. 고령자들은 칼슘 흡수력의 저하, 비타민 D의 합성력의 저하 등으로부터 남녀를 불문하고 뼈가 약해져 골절되기 쉽다. 따라서, 골절 예방을 위해서는 단백질, 칼슘, 비타민 D, 인을 적극적으로 섭취할 뿐만 아니라 가벼운 운동이나 활동을 하는 것이 필요하다.

식사에 의해 섭취하는 다양한 영양소는, 신체의 기능이나 조직을 건강하게 유지하는 역할을 하고, 생명의 근원이 된다. 그러나 식사 내용에 편향이 있거나 폭음 폭식을 계속하는 것은 비만을 초래하여 고혈압, 고지혈증, 당뇨병, 통풍 등 생활 습관병의 원인이 될 수 있다. 적절한 칼로리를 지키고 식품을 균형있게 조합한 식사는 건강의 기본이며, 신체의 상태에 따라 어느 정도의 제한을 더한 식이요법은 간접적인 질병의 개선이나 질병을 악화시키지 않기 위한 중요하다. 이미 만성질환을 보유한 고령자일지라도 처방된 약물 요법도 적절한 식사관리를 하는 경우에 효과가 좋아진다. 가정에서 만성질환 관련 식사관리가 필요한 가족을 위한 조리를 할 때, 기존에 사용했던 조미료를 바꾸거나 같은 식재료를 사용해도 양념을 바꾸는 등의 궁리를 하도록 권장한다.

(1) 가정에서 조리할 때 고려할 사항

가정에서 식사를 준비할 때, 조림, 찌개, 스튜 등을 준비할 때 주재료를 찌거나 삶는 단계까지는 같이 준비하고 양념을 하는 단계에서 분리하여 조리하여 따로 맛을 낸다. 각종 드레싱을 사용하는 샐러드나 소스(양념 간장 포함)를 넣고 무치는 나물반찬도, 조미료의 양을 적게 하거나 저염 간장을 이용한다. 고기나 생선 등의 조리에서는 프라이팬에 기름을 두르고 하는 팬프라이나 튀김 등을 지양하고 그릴에 구워서 지방을 최대한 줄망구이로 하는, 나누어 양념을 하는 등의 방법이 있다. 또, 냉동 식품이나 가공 식품을 이용해 부채를 1품 늘리는 등, 조리의 수고를 줄이는 궁리도 생각해 봅시다. 식염과 칼로리가 많은 가공 식품은, 야채를 더해 1인분을 2회 으로 나누어 사용하는 등의 방법으로, 1회의 섭취량을 줄일 수도 있다.

(2) 외식을 할 때 고려할 사항

현대인의 바쁜 일상에서 식사의 많은 부분을 외식에 의지하지 않을 수 없다. 혼자 식사하기 위해서 조리를 하는 것 보다 외식을 하면 조리의 번거로움도 줄고 식재료 구입에 드는 비용도 절감할 수 있으므로 고령자들도 예외없이 외식 의존도가 높아지고 있다. 외식을 할 경우 당과 나트륨 섭취가 높아질 수 있는 점을 간과할 수 없지만 음식의 조합이나 분량에 배려를 하면 건강하게 섭취하는 것이 가능하다.

① 외식 메뉴에 대한 이해가 필요

외식에서의 문제점은 지질, 탄수화물 및 식염의 섭취량이 많아지고, 비타민, 미네랄, 식이 섬유의 섭취량이 줄어드는 점이다. 그러므로, 외식을 할 때에는 저칼로리의 메뉴를 선택하는 것이 바람직하지만, 어쩔 수 없이 칼로리가 높은 식사를 취하는 경우는 과감히 남겨 두는 것을 권장한다. 외식 메뉴판에 적혀 있는 칼로리나 식염량을 면밀히 살피고, 주문할 때에는 단품 식사보다는 주식, 주채, 부채가 갖추어진 정식 메뉴를 선택하도록 한다. 그러나, 탄수화물 섭취가 많은 조합인 주식과 주식의 조합인 라면과 볶음밥, 국물과 밥 등의 세트 메뉴는 삼가하고 단백질과 주식이 중심의 메뉴라면 부채가 샐러드 등을 추가하는 것을 권장한다.

② 식사 때는 1식, 1일, 1주간 단위로 균형을 맞춘다.

하루에 섭취하는 합계 에너지가 같아도, 한 끼에 집중해 식사를 하는 것은 바람직하지 않다. 고령자 중에는 신체적-정서적인 문제로 식욕이 균질하지 않거나 편식이 심한 경우가 있어 식사를 거르거나 한 번에 폭식을 하는 경우가 있다. 또는, 복지관 등지에서 식사를 하거나 생활지원사를 통해 도시락 배달을 받는 독거 고령자의 경우 1끼 식사를 통해 하루에 필요량을 얻을 수 있다고 생각하거나 한 끼 식사를 여러 끼에 나누어 먹는 경우가 있다. 따라서, 하루에 섭취해야 하는 영양을 균등하게 배분해서 3끼에 먹을 수 있도록 해야 하며 부족한 식사는 간식으로 채울 수 있도록 하는 것이 중요하다.

③ 외식을 할 때는 지질 섭취량을 주의한다.

패스트 푸드로 식사를 할 때는 전체 열량에 대해 지질이 많이 포함되어 있는 경우가 많으므로 조심해야 한다. 패스트푸드는 고열량에 비해서 필요 영양소가 결핍되어 있는 경우가 많아 이를 보충 할 수 있도록 식사관리를 해야 한다. 최근에는, 패밀리 레스토랑에서 판매하는 메뉴에 에너지가 표시되는 경우가 많아졌으므로 주문하기 전에 반드시 확인하도록 한다.

육류를 먹을 때는 특히 지방이 많은 고기는 피하고 가능한 한 지방을 줄이는 조리법을 선택한다. 예를 들면, 불고기보다 샤브샤브를 선택하고, 철판 위(팬, 그리들 등)에서 굽는 것보다 그릴로 구운 스테이크를 선택하는 것이 지방 섭취량이 적다.

어류에서도 콜레스테롤이 많은 알이나 내장으로 조리한 음식은 피하는 것이 좋다. 또한 오징어, 문어, 새우, 조개류는 해산물 등은 콜레스테롤을 많이 포함하지만, 동시에 혈중 콜레스테롤을 낮추는 타우린이나 불포화지방산 등도 포함하고 있으므로 제한하기보다는 적정량 섭취하도록 한다.

식이섬유 중에는 콜레스테롤의 흡수를 낮추는 효과가 있다. 예를 들면, 신선한 채소, 버섯, 해초, 곤약은 칼로리가 매우 낮고 식이섬유가 풍부하므로 육류의 곁들임(샐러드) 부찬으로 주문하여 섭취한다.

외식을 하 때, 식사 중 반주로 술을 마시거나 식사 후에 후식으로 믹스 커피를 마시는 경우가 많다. 알코올 음료나 달콤한 것은 콜레스테롤이나 중성지방을 늘리는 원인이 되므로 가능한 한 취하지 않도록 한다.

2) 고령자의 건강 증진을 위한 식사모델 작성

고령자의 생리적인 특성 및 하루 필요 열량을 고려하여 우리나라 65세 이상 노인의 1일 평균 필요 열량과 질 좋은 단백질 섭취와 칼슘 보충이 충분히 되도록 한다. 짠맛에 둔화된 고령자를 위해 짠맛을 대체할 다양한 소스와 향신료를 이용하며 치아 소실이나 씹는 힘이 약해진 고령자를 위하여 씹기 쉽고 소화가 잘되는 식재료와 조리법을 선택한다. 또한 시각적으로 식욕을 촉진시키도록 색, 모양, 향을 다양하게 만들어 디자인한다.

〈표 10-1〉 노년기의 생리적 변화에 따른 조리법

노인의 신체기능 변화	조리 방법
치아 불량	딱딱한 식재료를 부드럽게 조리함(삶거나 볶음, 칼집을 냄)
침 분비 감소	국물을 걸쭉하게 만듦, 식사 횟수를 늘림(예: 국물에 녹말가루를 이용해 약간 걸쭉하게 만듦)
미각 변화	소금 대신 다양한 향식료를 이용하여 입맛을 돋움(예: 식초, 레몬, 유자 등 신맛을 이용)
변비	감자, 현미밥, 잡곡밥 섭취, 다양한 채소를 부드럽게 조리함
식욕 저하	음식 재료, 향기, 색, 모양, 온도, 질감의 다양화
삼킴 곤란	삼키기 쉬운 부드러운 식품을 선택함(예: 두부, 연두부 등 삼키기 쉬운 식품을 선택)

2. 대사증후군을 지니고 있는 고령자를 위한 식사제안

1) 당뇨 노인식을 조리 시 고려사항

당뇨병 환자의 식사요법은 단순히 어떤 음식을 줄이거나 제한하는 것이 아니라 건강한 식사를 계획하고 실천하는 것이다. 따라서 식사요법의 목표는 올바른 식습관과 생활습관으로 바꾸어 고혈압, 고지혈증 등의 대사이상을 교정하여 합병증을 예방하고, 좋은 영양상태를 유지하는 데에 있다(대한당뇨병학회, 2010).

〈대한당뇨병학회 식사 실천지침(2010)〉

① 혈당 및 혈중 지질 농도의 정상화로 섭취하는 음식과 운동, 약물이 균형을 이루어 혈당과 혈중 지질 농도가 가능한 한 정상에 가까운 수준으로 유지되도록 하는 것이다. 이를 통해 고혈당이나 약물치료 시 발생할 수 있는 저혈당을 예방하고 합병증을 감소시킨다.
② 적절한 체중을 유지하기 위하여 일상생활에 필요한 만큼의 열량을 각 개인에 맞게 섭취하도록 한다. 열량을 과다섭취하면 체중이 증가하여 혈당 조절이 어렵고 고혈압과 심장질환의 위험성이 높아진다.
③ 당뇨병 합병증을 예방하고 치료한다. 혈당을 잘 관리하고 적절한 체중을 유지하면 당뇨병의 미세혈관 합병증과 대혈관 합병증을 예방하는 데 도움이 된다.
④ 좋은 영양상태를 유지하는 것이다. 어느 한 영양소라도 부족하거나 과다섭취하면 영양의 균형이 깨지게 된다. 따라서 다양한 식품을 통해 여러 가지 영양소를 골고루 섭취하도록 한다.

이상의 식사지침을 바탕으로 섭취하는 탄수화물의 양뿐만 아니라 당지수(glycemic index) 및 당 부하지수(glycemic load)를 고려하면 혈당 조절에 있어 부가적인 이익을 얻을 수 있다. 당지수(glycemic index: GI)는 당질 50g을 함유한 식품 섭취 후 2시간 동안 혈당 반응 곡선의 면적을 당질 50g을 함유한 표준식품과 비교한 후 백분율(%)로 표시한 것이다.

당부하지수(glycemic load: GL)는 일상적인 식품섭취량에 따라 그 안에 표함된 탄수화물 함량이 다른 문제를 보완하기 위해 만들었으며 20이상이면 당부하지수가 높고, 10미만이면 당부하지수가 낮은 것으로 분류한다(권인숙 외, 2020).

$$\text{당부하지수} = [(\text{탄수화물g} - \text{식이섬유g}) \times \text{당지수}] \times 100$$

대체로 당지수가 55 이하인 경우를 당지수가 낮은 식품, 70 이상인 경우를 당지수가 높은 식품으로 분류한다. 단, 당지수를 적용하기에는 여러 가지 제한점을 고려해야 하는데 개인차, 함께 먹는 식품의 종류, 조리법과 숙성도, 당지수가 낮아도 지방함량이 높은 식품일 경우 등이 이에 해당한다. 따라서 당지수를 낮출 수 있는 방안으로는 흰밥보다 잡곡밥, 흰빵보다 통밀빵을 선택하고 채소류, 해조류 등 섬유소 함량이 높은 식품을 선택하여 부드럽게 조리하여 섭취하며 주스 형태보다 생과일, 생채소 형태로 섭취한다. 조리 시 음식에 레몬즙이나 식초를 자주 이용하여 풍미를 돋우어 주고 몸에 좋다고 해서 한 가지 식품만 집중적으로 먹기보다는 골고루 섭취하는 것이 중요하다. 이상의 식사지침을 기반으로 고령자 개개인의 건강 수준을 고려하여 당뇨병 조절을 위한 조리법을 적용하는 것이 무엇보다 중요하다.

① 적절한 열량 섭취 및 규칙적인 식사는 혈당조절에 도움이 되므로 매일 일정한 시간에 알맞은 양의 음식을 규칙적으로 먹는다. 식사를 거르고 한 번에 많은 양의 음식을 몰아서 먹거나 단것으로 식사를 대체할 경우 급격한 혈당 변화를 일으키게 된다. 식사량이 적은 고령자의 경우 하루 2회의 간식을 배치하여 혈당조절이 원활하게 되도록 한다.

② 단순당은 농축된 열량원으로 소화흡수가 빨라 급격한 혈당 상승을 촉진시키므로 설탕이나 꿀 등 단순당의 섭취를 주의한다. 음식을 조리할 때 설탕이나 꿀 대신에 전체적인 풍미를 증진시킬 수 있는 간접당(매실발효액 등)을 넣어 단맛의 수응도를 낮출 수 있는 방안을 강구한다. 치아가 약해진 고령자들 중에는 신선한 채소나 과일을 먹는 대신에 통조림 혹은 병조림 과일을 선호하는 경우가 있다. 이는 신선한 과일은 단단하거나 섬유소가 많아 질기게 느껴지는 데 비해 통조림 과일은 연하고 부드러우며 달콤하여 고령자가 먹기 편하기 때문이다. 통조림 과일의 당함량은 매우 높아 혈당 상승의 원인이 되므로 과다하게 먹지 않도록 한다.

③ 식이섬유소는 혈당과 혈중지방의 농도를 낮추어 주어 혈당조절과 심장순환계질환 예방에 도움이 되기 때문에 식이섬유소를 적절히 섭취한다. 식이섬유소가 많은 채소류(김치 등 포함)는 질기게 느껴지므로 치아가 약한 고령자에겐 부담스러운 음식일 수 있다. 따라서 섬유소를 연화시킬 수 있도록 부드럽게 데쳐서 짧게 잘라 무치는 숙채(시금치나물, 곤드레나물 무침, 쑥갓나물, 숙주나물 등)를 매끼 식사에 배치하고 고령자 전용식으로 생산·판매되는 연화식(소프트식)을 구매하여 주·부찬으로 이용할 수 있다.

④ 동물성 지방 및 콜레스테롤은 심혈관계 질환의 위험을 증가시킬 수 있으므로 가급적 섭취를 줄이고 식물성 기름으로 적정량 섭취한다. 튀김, 볶음 등 기름을 많이 사용하는 조리법보다는 삶거나 찜을 이용하는 조리법을 택하고 볶음밥, 토스트 등을 할 때도 버터 대신에 식물성 기름을 주로 이용한다. 나물무침을 할 때 들깨(거피 들깨)를 갈아서 함께 무치거나 두부를 으깨어 무치면 염분과 기름 양도 줄이면서 양질의 단백질을 함께 섭취할 수 있는 잇점이 있다.

⑤ 과다한 소금 섭취는 혈압 상승의 원인이 되므로 소금 섭취를 줄이고 싱겁게 먹는 습관을 들인다. 우리 음식은 비교적 염분함량이 많은 주·부찬으로 이루어져 있고 입맛이 없을 때 짠 반찬(젓갈, 짠지 등)과 밥을 먹으면 식욕이 좋아진다고 하는 고령자도 있다. 한 끼 식사에서 모든 반찬에 염분을 줄이기보다는 한 가지 반찬은 염분을 그대로 두어 식사의 즐거움을 부여하고 풍미액(매실발효액, 발효식초, 가다랑어포 혹은 다시마 우린 물 등)을 넣어 염분이 줄어도 맛을 낼 수 있는 조리법을 채택한다.

⑥ 술은 영양소가 없으면서 열량을 많이 내기 때문에 가급적이면 마시지 않는 것이 좋다. 정기적으로 음주를 하는 고령자에게 절주를 권하는 것은 오히려 숨기고 마시게 하는 원인을 제공할 수 있다. 따라서 하루에 맥주 한잔 혹은 일주일에 맥주(소주) 한 병 등의 제한을 하도록 하여 점진적으로 마시는 술의 양을 줄일 수 있도록 하는 것이 효과적이다.

2) 고혈압 노인식 조리 시 고려사항

고혈압은 여러 가지 원인에 의해서 발생되는데, 나이, 가족력, 비만, 과음과 흡연, 운동 부족이나 스트레스, 짜게 먹는 습관, 칼륨 섭취 부족, 당뇨병이나 이상지질혈증과 같은 다른 질환에 의해 나타날 수 있다. 고혈압은 잘못된 생활습관에서 비롯하는 병이므로 금연, 절주, 규칙적인 운동과 올바른 식생활 관리를 통해 조절될 수 있다. 고령자의 경우 입맛이 없어지면서 짠 음식과 같은 자극적인 음식을 선호하게 되고 의치를 낀 경우에는 미각이 둔화되어 짠맛에 대한 수용도가 높아지게 된다. 더욱이 활동이 줄어들면서 운동량이 부족하게 되고 식사 대용으로 먹는 전분 위주의 간식이나 단 음식으로 체중이 증가하게 되므로 이러한 요인들이 혈압을 높이는 데 직접적인 원인이 된다. 따라서 고혈압을 극복하기 위한 식사관리의 기본은 음식을 싱겁게 먹고, 가공식품을 적게 먹으며 음주량을 줄이고, 칼륨을 충분히 섭취해야 한다. 또한 비만이 되지 않도록 균형 있는 식사를 하여 당뇨병과 이상지질혈증 등을 예방하여 고혈압의 위험요인을 조절할 수 있다.

(1) 고령자의 고혈압 식사관리를 위해서는 나트륨의 섭취를 줄여야 한다

섭취한 나트륨 양이 혈액 속에 많아지면 혈액의 전해질 평형을 위해 물을 많이 마시게 되고 이로 인해 혈액량이 증가하게 되므로 혈관의 내압을 높이는 원인이 된다. 이것이 혈압을 높이는 원인이 된다. 대부분의 자연식품 속에는 나트륨이 들어 있고 식물성 식품보다는 동물성 식품에 더 많은 양의 나트륨이 포함되어 있다. 식재료를 조리·가공하는 과정 중에 조미료나 양념을 첨가하면서 많은 양의 나트륨이 첨가된다. 따라서 하루에 먹는 나트륨의 총량을 계산할 때는 원래의 식재료 속의 나트륨과 여기에 부가된 나트륨의 양을 합산해야 하는 것이다.

① 감자를 조리할 때 쪄서 먹을 때는 감자 자체에만 들어 있는 나트륨만 섭취하는 것이나 감자튀김으로 먹으면 나트륨을 과량 섭취하게 되고, 옥수수도 찐 옥수수보다 팝콘으로 먹는 경우 나트륨 섭취량이 훨씬 많아진다. 다시

말해 같은 재료를 사용한다고 해도 가공을 하면 나트륨 함량이 훨씬 많아지게 되므로 가능하면 가공식품의 소비를 줄이는 것이 바람직하다.

② 육류를 섭취할 때 생고기를 구워먹는 것이 양념된 고기를 굽는 것보다 나트륨 섭취를 줄이는 방법이다. 생선도 조림이나 자반으로 먹을 경우 소금 등 나트륨의 함량이 훨씬 많아지므로 그대로 구워서 간장에 찍어먹도록 한다.

③ 채소샐러드를 제공할 때 소스를 뿌리지 말고 따로 제공하면 나트륨 섭취량을 줄일 수 있고, 나물을 무칠 때에도 소금 대신에 저염간장으로 맛을 내고 들깻가루나 으깬 두부를 함께 넣으면 나트륨 섭취량을 현저하게 줄일 수 있다.

④ 특히 국과 찌개는 국물 맛을 내기 위하여 소금 또는 나트륨을 함유한 조미료가 첨가되기 때문에 나트륨의 함량이 높다. 나트륨의 섭취를 줄이기 위해서는 국, 찌개와 같은 국물음식의 섭취를 줄이고 가능하면 국물섭취량을 줄이는 것이 바람직하다(농촌진흥청, 대한지역사회영양학회, 2010).

〈표 10-2〉 각종 국물음식(1회 제공량)에 들어 있는 나트륨 함량

식품		1회 섭취 분량(mL)	나트륨 (mg)	소금 상당량 (g)	식품		1회 섭취 분량(mL)	나트륨 (mg)	소금 상당량 (g)
물냉면		800	2,618.2	6.5	짬뽕		1,000	4,000	10.0
잔치국수		700	1,63,17	4.2	우동		700	2,390.3	5.9
칼국수		1,000	2,355	5.8	라면		400	1,790	4.4

〈표 10-3〉 빵을 밥으로 바꿨을 때 나트륨 감소량

	기준 음식		바꾼 음식	나트륨 감소량
	식빵 55g 나트륨 36.3mg		백미 80g 나트륨 5.6mg	30.77mg
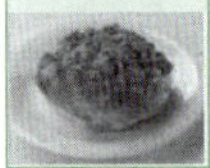	곰보빵(소보로빵) 70g 나트륨 161.7mg			156.1mg
	소면(건면) 135g 나트륨 1,945.4mg			1939.8.mg
	칼국수(반건면) 90g 나트륨 1,591.2mg			1585.6.mg
	시금치된장국 250mL 나트륨 62.3mg		시금치나물 50mL 나트륨 153.7mg	467.6.mg
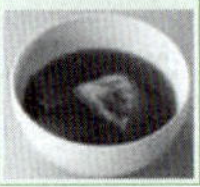	갈치찌개 120mL 나트륨 538.4mg		갈치구이 50mL 나트륨 330.9mg	207.5.mg

* 빵, 면 등의 반죽은 소금, 베이킹파우더 등이 포함되어 있어 나트륨함량이 밥보다 높음

〈가공식품 속의 나트륨 증가량〉

* 식품을 가공할 때 색을 더 좋게 하기 위한 발색제, 더 오래 보존하기 위한 보존료 등을 사용하는데, 이러한 물질에는 나트륨이 들어 있어 무의식중에 나트륨 섭취량이 늘어나게 된다. 가공과정 중에 사용하는 첨가물인 MSG(mono sodium glutamate), 맛소금, 다시다, 방부제, 베이킹파우더, 소다 등에는 나트륨이 포함되어 있으므로 가공식품 섭취를 줄이는 것이 중요하다(식품의약품안전처, 한국소비자단체협의회, 대한지역사회영양학회. '나트륨섭취를 줄입시다' 자료집, 2011:7).

⑤ 식사준비와 조리단계에서 나트륨을 줄이는 방법

- 장아찌나 젓갈, 염장미역과 같은 염장식품의 구입을 자제한다.
- 생선을 고를 때, 자반용보다는 날생선을 구입한다.
- 가공식품보다는 자연식품을 선택한다.
- 영양표시를 꼭 읽어 보고, 나트륨 함량이 적은 식품을 선택한다.
- 염분이 적은 조리법을 선택한다.
- 음식의 간은 조리 마지막 단계에서 한다.
- 맛을 낼 때 향미채소나 향신료 등을 사용해서 맛을 낸다.
- 라면이나 수프 같은 가공식품을 조리할 경우 수프량을 줄인다.
- 생선을 구울 때는 소금을 뿌리지 않는다.
- 김치, 깍두기를 담글 때는 소금을 줄이고 크기를 작게 하여 제공한다.

- 튀김이나 전, 구운 생선을 먹을 때는 양념장을 줄인다.
- 국류를 먹을 때는 건더기 위주로 먹고 국물은 되도록 남긴다.
- 탕류는 소금 대신 후추 가루나 고춧가루, 파 등으로 간을 한다.
- 외식을 할 때 '싱겁게' 달라고 주문한다.

(2) 포화지방산과 콜레스테롤과 같은 동물성 지방 섭취를 제한한다

육류는 지방이 많은 부위보다는 살코기 위주로 섭취하고, 닭은 기름기가 많은 껍질을 제거해서 섭취한다. 간이나 곱창과 같은 내장류도 섭취를 자제하고 계란 노른자에 콜레스테롤이 많이 함유되어 있기 때문에 노른자는 제외하고 섭취한다. 우유나 유제품을 섭취할 경우, 저지방이나 무지방 제품을 선택한다(경기도 고혈압·당뇨병 광역교육센터, 2014). 야채, 과일, 잡곡, 해조류 등에는 칼륨과 섬유질이 많이 함유되어 있어서 혈압상승 방지에 도움이 된다. 또한 식이섬유는 콜레스테롤의 흡수를 저해시켜 혈중 콜레스테롤 수준을 낮추므로 과일과 채소류의 섭취를 늘린다. 과도하게 술을 마시면 혈압이 상승하고 고혈압 약에 대한 저항성이 올라가므로 음주는 알코올 양을 기준으로 남자는 하루 20~30g, 여자는 하루 10~20g 미만으로 줄여야 한다. 특히 저체중인 경우, 알코올에 대한 감수성이 크기 때문에 위의 절반만 허용된다.

CHAPTER 11

치매환자를 위한 영양관리와 식사케어

치매란 퇴행성 뇌질환 또는 뇌혈관계 질환 등으로 인해 기억력, 언어능력, 지남력(指南力), 판단력 및 수행능력 등의 기능이 저하됨으로써 일상생활에서 지장을 초래하는 후천적인 다발성 장애로 정의하고 있다(「치매관리법」, 법률 제13112호, 제2조 제1호). 치매는 다양한 증상을 보이지만 아래와 같이 인지 증상과 정신행동 증상으로 나눌 수 있다.

(1) 인지기능 변화에 의한 증상

① 기억력 저하: 최근의 말이나 사건에 대해서 기억하지 못한다.

② 언어기능 저하: 사물이나 사람의 이름을 기억하지 못한다.

③ 시간 지남력 저하: 날짜와 시간에 대한 감각이 없다.

④ 시공간능력 저하: 자주 다니던 길을 잃고 헤맨다.

⑤ 수행능력 저하: 집안의 간단한 도구를 다루지 못한다.

(2) 정신행동 증상

① 성격변화: 예전의 성격이 강해지거나 충동의 조절이 안 된다.

② 우울: 슬프거나 기분이 처진 것처럼 행동한다.

③ 초조: 가만히 있지 못하고 목적 없이 자꾸 움직인다.

④ 환각: 실제로 없는 소리나 사물, 사람을 보거나 듣는다.

⑤ 망상: 자신의 돈이나 사물을 다른 사람이 훔쳐 갔다고 주장한다.

⑥ 무감동/무관심: 주변에 대한 관심과 흥미를 잃고 새로운 일을 시작하려는 의욕이 감소한다(이동우, 2012).

(3) 치매의 단계별 증상과 특징

① 초기치매: 가족이나 동료들이 문제가 있음을 알아차리기 시작하나, 아직은 혼자서 지낼 수 있는 수준

- 예전 기억은 유지되나 최근에 있었던 일을 잊어버린다.
- 음식을 조리하다가 불 끄는 것을 자주 잊어버린다.
- 미리 적어 두지 않으면 중요한 약속을 잊어버린다.
- 조금 전에 했던 말을 반복하거나 질문을 되풀이한다.
- 대화 중 정확한 단어가 떠오르지 않아 '그것', '저것'으로 표현하거나 머뭇거린다.

② 중기치매: 치매임을 쉽게 알 수 있는 단계로 어느 정도의 도움 없이는 혼자 지낼 수 없는 수준

- 돈 계산이 서툴러진다.
- 전화, TV 등 가전제품을 조작하지 못한다.
- 며칠인지, 몇 시인지, 어느 계절인지, 자신이 어디에 있는지 등을 파악하지 못한다.
- 평소 잘 알고 지내던 사람을 혼동하기 시작하지만 대부분 가족은 알아본다.
- 익숙한 장소임에도 불구하고 길을 자주 잃어버린다.

③ 말기치매: 인지기능이 현저히 저하되고 정신행동 증상과 아울러 신경학적 증상 및 기타 신체적 합병증 등이 동반되어 독립적인 생활이 거의 불가능한 수준

- 식사, 옷 입기, 세수하기, 대소변 가리기 등 완전히 다른 사람의 도움을 필요로 한다.
- 대부분의 기억이 상실된다.
- 배우자나 자식을 알아보지 못한다.
- 혼자 웅얼거리거나 전혀 말을 하지 못한다.
- 의미 있는 판단을 내릴 수 없고, 간단한 지시도 따르지 못한다(중앙치매센터, 2018)

1. 치매환자의 영양관리 중요성

영양상태는 치매에 직접 혹은 간접적으로 영향을 미치며 적절한 영양관리를 통해서 치매의 진행속도와 중증도를 지연시킬 수 있다. 치매를 지닌 고령자는 영양소 대사능력이 떨어져 있고 복합 질환을 가지고 있는 경우가 많아 적절한 영양관리가 필요하다. 치매환자들은 치매로 인해 발생하는 비현실적인 생각, 조절되지 않는 감정 공격성 불면증상 배회증상 그 밖의 부적절한 여러 정신증상과 행동증상들을 보이므로 일상의 식사행동에도 크게 영향을 미친다.

특히, 배회하는 치매환자의 경우 규칙적이고 안정된 식사가 어려워서 에너지를 많이 소모하는데 비해 식사량은 줄어들게 되어 체중감소가 일어나고 저영양상태로 빠지기 쉽다. 스스로 식사를 할 수 있는 치매 환자라도 식사하는 것을 잊어버리거나, 먹어야 하는 음식을 감추어 두거나 하는 이상행동으로 영양실조에 빠질 수도 있고, 그 반대로 음식에 탐닉하거나 과식하여 비만이 될 수도 있기 때문에 적절한 영양관리를 위해서는 식사에 대한 감독과 보호가 필요하다. 치매가 있는 고령자의 하루 필요 열량은 1,500~1,600kcal이지만 배회 등이 심하여 활동이 많은 경우 섭취량을 늘려 열량 섭취와 배설의 균형을 맞춘다. 치매말기 단계에는 점차 활동양이 줄어들어 누워만 있는 시간이 길어지게 되므로 근육량이 줄거나 욕창이 생기고 영양상태가 양호하지 못하면 상처회복이 느려지는 등의 문제가 발생하게 되므로 적절한 식사를 통한 세심한 영양관리가 필요하다.

2. 치매환자의 식사행동

치매가 있는 고령자의 경우에는 구강상태를 적절하게 표현하지 못하므로 식사돌봄 담당자나 가족이 구강 내 청결, 침 분비 유무, 씹기 상태, 의치 상태, 삼킴상태 등을 체크해야 한다. 의치가 조여서 통증을 느끼거나 너무 헐거워서 씹을 때마다 빠지게 되면 불편하므로 식사시간에 사용하지 않으려 하고 결국 먹을 수 있는 음식이 한정되므로 식사 섭취량이 줄어들게 된다. 치매가 있는 고령자의 경우, 음식을 먹는 과정에서 피로감을 심하게 느끼게 되어 먹는 것에 대해 거부반응을 나타내는 경우도 있으므로, 감각을 일깨워 식사를 할 수 있도록 식 형태의 변화를 고려하거나 1회분 식사 공급량을 줄여서 최소한의 양으로 필요한 수분과 영양소를 섭취할 수 있도록 연구가 필요하다. 더욱이 치매가 진행되면 다양한 식사행동장애를 보이기도 하는데 기억장애로 인해 식사한 것을 잊어버리고 음식을 요구하거나 수저를 사용하는 것을 잊고 손으로 음식물을 집어 먹는 행동을 하기도 한다. 아니면 먹을 것에 대한 관심이 없어져서 음식물을 거부하는 행동을 하거나 식사 도중에 잠들어 버리는 경우도 있으며 식사에 집중하지 못하고 여기저기 돌아다니는 경우도 있다. 이러한 행동이 장기적으로 되풀이되면 섭취하는 식사량이 현저히 줄어들게 되고 이에 따른 저영양 상태가 되기 쉽다. 또한 치매증상이 있는 고령자의 경우 치아가 부실하여 씹기 어렵거나 삼킴의 어려움도 있어 이를 제대로 파악하지 못하는 경우에는 입속에 음식물이 쌓이게 되고 이로 인해 우연히 일어나거나 질식으로 이어질 수 있게 된다. 이러한 식사행동장애는 치매 중기부터 말기에 이르는 단계에서 빈번하게 일어나므로 치매환자의 식사 행동(식사 이상행동)은 주의 깊게 관찰하여 기록해 놓는 것이 중요하다. 치매단계가 파악된 고령자의 성격, 습관, 살아온 환경 등을 파악하고 이들 고령자 주변의 보호자(가족, 요양보호사, 간호사 등)의 돌봄 특성을 고려하여 적절한 식사환경을 조성하도록 한다.

〈표 11-1〉 치매환자의 주된 식 행동 유형

순위	식 행동 유형
1	식사한 것을 잊고 다시 음식물을 요구함
2	자신과 타인의 음식물이 구별되지 않음
3	음식물의 양을 가늠할 수 없이 만복감을 잊음
4	이물질을 먹음(과일껍질, 꽃, 비누 등)
5	음식을 한 가지씩만 먹음
6	주식과 부식을 모두 섞어서 먹음

순위	식 행동 유형
7	수저를 쓰지 않고 손으로 집어 먹음
8	음식물, 식기를 가지고 놀면서 먹으려 하지 않음
9	먹는 양이 일정하지 않고 매번 다름
10	음식물에 대한 호불호가 없어짐
11	식사 시간을 잊어버리고 몇 번이고 식당과 방을 왔다갔다함
12	음식물을 입에 넣고 씹지 않은 채 연하
13	음식물을 입안 가득히 넣음
14	음식을 먹지 않으려 함(거식 행동)
15	숟가락 및 젓가락 사용법을 잊어버림
16	미각이 둔화되어 소금, 설탕, 조미료를 음식에 한없이 넣음
17	먹는 속도가 매우 빨라짐
18	식사 도중에 돌아다니거나 안정이 안 됨
19	단것을 매우 좋아함
20	음식물의 이름을 잊어버림
21	음식물과 식기를 구별하지 못함
22	접시를 핥음
23	말을 걸지 않거나, 누군가가 곁에 없으면 음식을 먹지 않음
24	먹는 것에 대한 관심이 없음
25	음식물을 입으로 가져가려고 하지 않음
26	색이 화려한 것부터 먹음
27	밥만 먹음(다른 반찬은 먹으려 하지 않음)
28	과일부터 먹기 시작함
29	식사 시간이 무척 길어짐(음식을 아주 조금씩 입에 넣음)
30	음식물을 주머니에 넣고 방으로 가져감

3. 치매환자의 식사케어

치매 환자를 위한 식사케어의 근본적인 목적은 치매를 지니고 있는 고령자가 편안한 식사환경에서 맛있고 안전한 식사를 함으로써 충분한 영양섭취를 통해 치매의 진행속도를 늦추고 안정된 삶의 질을 누리게 하는 데 있다.

1) 쾌적한 식사환경을 조성한다.

① 음식, 조리, 식사 장소의 위생: 신선한 식재료의 사용, 조리장의 위생관리, 식기 및 도구의 청결, 식사 장소의 청소 상태 등 치매 고령자의 식사환경을 청결하게 유지하여 쾌적한 상태에서 식사를 할 수 있도록 한다.

② 고령자의 개인위생: 치매 진행 정도에 따라 개인의 청결과 위생관리를 할 수 있는 능력이 달라지므로, 식사 전후의 구강위생, 식사 전후의 손 씻기 등을 신경 쓰도록 한다.

③ 부드럽고 안정된 식사 분위기: 청결한 식탁보, 화사한 꽃, 조용한 음악, 밝은 조명 등 안정되고 즐거운 분위기에서 식사를 할 수 있도록 한다.

2) 식사케어 단계

① 식사 전 고령자에게 말 걸기: 식사에 대한 흥미를 유도하기 위해 식재료와 조리법, 음식에 대한 향수를 불러일으킬 수 있는 이야기를 해 준다

② 상차림 준비: 식사 전에 손을 닦을 수 있도록 물수건을 준비하고 식탁 위에 차려진 식기, 음식물을 보면서 식욕을 돋울 수 있도록 설명을 해 준다

③ 한입 크기로 씹고 삼키기 쉬운 형태의 음식 준비: 밥을 먹기 전에 입마름을 완화시키고 침 분비를 할 수 있도록 국이나 물김치 등을 한 스푼 떠서 제공하고 건강한 고령자보다 조금 적은 양의 음식물을 떠서 입에 넣도록 한다. 수저를 사용하기가 어려운 치매 환자의 경우에는 핑거푸드(finger food)와

같은 형태로 만들어 제공한다.

④ 마비가 있는 고령자의 경우: 음식물을 입에 넣기 전에 말을 걸어 주의를 환기시키고 마비가 없는 쪽으로 음식물을 넣어 호흡과 균형을 맞추도록 케어한다.

⑤ 삼킨 것을 반드시 확인: 스스로 식사가 어려운 치매 고령자의 경우 가족 혹은 요양보호사 등의 보호자가 식사케어를 해야 할 때, 음식물을 입에 넣고 씹어 삼킨 것을 확인한 후 음식물을 넣어 준다. 마비가 있는 경우 한입 한입 확인하면서 삼키는 것을 관찰하고 가끔 입속에 음식물이 남아 있는지 확인하면서 식사케어를 진행한다. 마비가 있는 치매고령자인 경우 식사속도가 매우 느리기 때문에 서두르지 않고 차분히 먹을 수 있도록 배려하면서 진행한다.

⑥ 치매 고령자의 씹기, 호흡 등을 고려: 치매 고령자는 삼킴능력이 현저히 떨어져 있어 음식물을 입에 넣어 줄 때, 반드시 말을 걸어 주면서 음식물을 입에 넣도록 한다. 스스로 식사가 가능한 치매고령자의 경우에는 식사속도를 자신의 호흡, 씹기, 삼킴능력에 맞추어 음식물을 입으로 가져갈 수 있으나 식사돌봄을 받는 고령자의 경우에는 음식물이 입으로 들어오는 것에 대한 주의를 환기시켜 주는 것이 사레들림, 오연 등을 방지할 수 있다.

⑦ 식사 후의 대응: 식사가 끝난 후, 반드시 물로 입안을 헹구도록 하여 입속에 음식물 잔여분이 남지 않도록 하며 의치는 빼내어 깨끗하게 헹군 후 끼워 줌으로써 구강위생에 신경을 써야 한다. 식사 후 입 주변과 손을 닦도록 하고 음식물을 흘려 더러워진 의복이나 식탁보 등은 반드시 청결한 것으로 교환하도록 한다. 식사 후에는 소화를 돕기 위해 편안한 자세로 쉬도록 배려한다.

4. 치매대상자의 식사 돕기

(요양보호사 표준교재, 2022, 12장. 치매 요양보호, 3. 식사돕기)

1) 식사 전

① 치매대상자는 뜨거운 음식에 대한 판단력이 부족하기 때문에, 식사 전에 음식의 온도를 요양보호사가 미리 확인한다.

② 대상자가 음식을 손으로 먹거나 흘리것에 대비하여 비닐 식탁보나 식탁용 매트를 깔아준다.

③ 식사를 할 때 턱받이보다는 앞치마를 입혀 옷을 깨끗이 유지한다.

④ 음식을 부드럽게 조리하고 잘게 잘라서 치매대상자가 쉽게 먹을 수 있게 한다.

2) 식사 중

① 컵에 물을 얼마나 채울지 판단하지 못하는 대상자는 요양보호사가 적당히 물을 따라 준다.

② 물을 마실 때 흘릴 경우에는 플라스틱 덮개가 부착된 컵과 빨대를 사용한다.

③ 손잡이가 크거나 손잡이에 고무를 붙인 약간 무거운 숟가락을 주어서 숟가락을 쥐고 있다는 사실을 잊어버리지 않게 해준다.

④ 대상자의 혼란 예방을 위하여, 한 가지 음식을 먹고 난 후 다른 음식을 내어 놓는다.

⑤ 숟가락으로 떠먹이는 치매 대상자는 한 번에 조금씩 먹이고 음식을 삼킬 때까지 충분히 기다린다.

3) 식사 후

① 섭취한 음식의 종류와 양을 정확히 기록한다.

② 치매 대상자가 식사를 하지 않아 체중이 감소하면 의료진에게 알리고 그 원인을 파악한다.

② 체중감소 이유를 발견하지 못한 경우에는 치매 대상자가 평소 좋아하는 음식이나, 걸쭉한 형태로 점도가 증진된 고열량 액체음식을 제공한다.

④ 필요시 처방된 비타민과 단백질을 보강된 보충음식을 주기도 한다.

부록

연하도움식사 가이드 및 이지쿠킹 레시피

대상 Wellife ㈜대상 연구비 지원사업으로 수행한 결과입니다.

[부록]

연하도움식사 가이드 및 이지쿠킹 레시피

1. 연하장애란 무엇인가?

■ 연하장애는, 섭취한 구강 내 음식물을 인두, 식도를 통해 위장관까지 전달하는 과정에서 장애가 생긴 것을 말하며, 연하곤란, 삼킴곤란, 삼킴장애라고도 합니다.

- 뇌졸중 등과 같은 뇌혈관 질환 또는 파킨슨병, 치매, 암 등과 같은 다양한 원인의 질환과 동반될 수 있으며, 노인기에 광범위하게 발현될 수 있습니다.
- 노화 과정에서 치아소실, 혀 근력 저하 등의 저작기능 저하, 구강 구조물의 위축 등으로연하 장애가 나타날 수 있습니다.
- 삼킴 곤란의 병적단계가 나타나기 전 노인성 삼킴(presbyphagia)장애가 나타날 수 있음으로 주의깊게 살펴 볼 필요가 있습니다.

■ 연하장애의 증상은, 음식을 삼키는 것이 힘들거나, 음식을 삼킬 때 사레가 들거나, 기침이 나거나, 음식을 삼킨 후 입안에 음식의 잔여물이 남아있거나, 삼킨 후 목소리가 변하는 등의 다양한 증상이 나타나며, 탈수, 영양불량, 흡인성 폐렴의 위험에 노출되기 쉽습니다.

[그림 1] 다양한 연하장애 증상(출처: 보건복지부)

2. 연하장애 환자를 위한 음식

- 연하장애 환자를 위한 단계별 식사 결정
  - 선별검사와 비디오투시연하검사(video fluoroscopic swallowing study, VFSS) 등과 같은 검사를 통한 전문가의 진단에 의해 개인의 연하 능력 정도에 알맞은 물성조절식(Texture-modified food)을 처방합니다.

- 물성조절식(Texture-modified food)이란
  - 연하장애 환자를 위한 물성조절식은 연하장애 환자의 상태에 따라 환자가 좋아하는 음식을 고려하여 씹기 편하고, 삼키기 편하면서, 흡인성 폐렴을 예방할 수 있도록 물성이 조절된 음식을 제공해야 합니다.

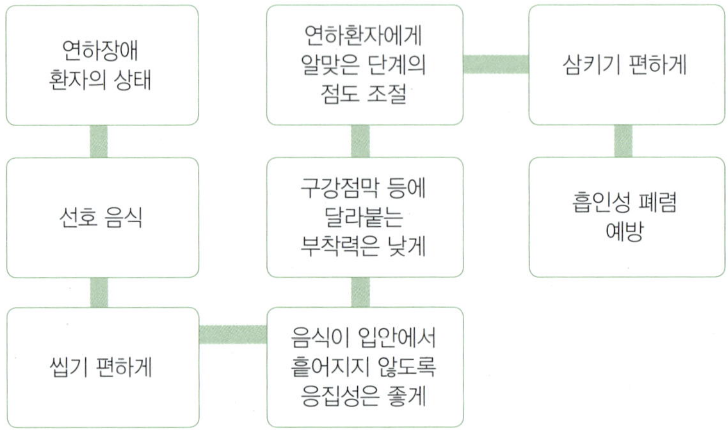

[그림2] 물성조절시 고려해야 할 사항

- 점도조절
  - 음식의 이동시간을 조절하여 기도로 음식이 들어가지 않게 후두덮개가 닫히는 시간을 확보하여 흡인의 폐렴을 예방합니다.
  - 연하장애 환자에게 알맞은 단계로 점도 조절을 합니다.
- 응집성
  - 음식의 입자가 입안에서 흩어지지 않도록 잘 뭉쳐지는지 응집성을 고려합니다.
- 부착력
  - 음식이 입안의 치아, 잇몸, 잇천장에 달라붙는 잔여물이 남지 않도록 부착성이 낮도록 음식을 물성 조절합니다.

■ 연하장애 환자의 음식은 균질한 질감이 고려되어야 합니다.

■ 연하장애 환자의 음식은 수분이 분리되지 않도록 점도를 조절합니다.

■ 연하장애 환자에게 적당한 음식의 크기, 온도가 고려되어야 합니다.

3. 연하장애 환자를 위한 식사 기준

- 현재 요양기관마다 연하식 기준은 매우 다양한 바 2019년 식품의약품안전처에서 국제 연하장애식 표준화체계(International Dysphagia Diet Standardization Initiative, IDDSI)를 토대로 하여 '저작 및 연하곤란자를 위한 조리법 안내'를 요양기관 활용안으로 제시하였습니다.

- 국제 연하장애식 표준화 체계는 액상식품류 4단계와 고형식품류 4단계로 구분하여 제시되어 있습니다.
- 음식의 질감과 점도를 위주로 음식의 성상을 0~7가지의 수준으로 분류되어 있습니다
- 분류 기준은 액상식의 레벨 0~3단계는 IDDSI 지정 주사기를 이용하고 그 외 포크와 숟가락을 이용하여 분류할 수 있습니다(페이지 260~261 참고).

- 요양기관에서 적용할 수 있도록 일반식, 다짐식, 갈음식, 유동식으로 분류되어 있습니다.

- 다짐식은 음식을 대부분 곱게 다지거나 부드럽게 만들어 삼키는데 용이하게 구성한 식사입니다.
- 갈음식과 유동식: 음식을 대부분 갈아서 만들어 삼키는데 용이하게 구성한 식사입니다.

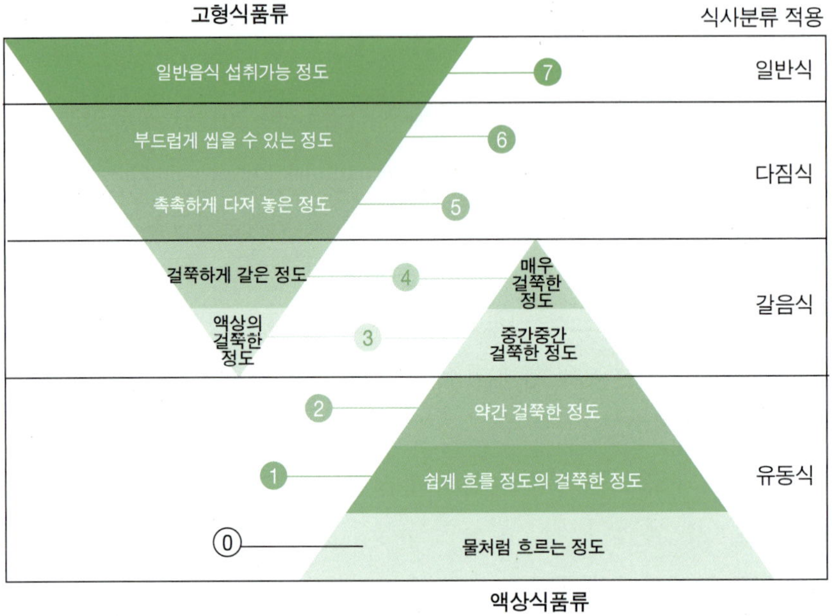

[그림 3] 식사분류안

출처: 2019 저작 및 연하곤란자를 위한 조리법 안내

4. 국제 연하장애식 표준화체계에 따른 분류 방법 및 측정도구

레벨 분류	측정도구
레벨 7	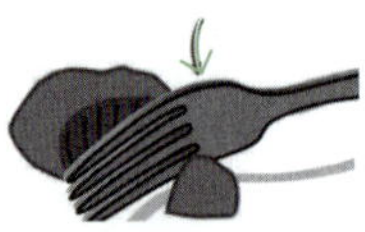 포크나 숟가락의 측면으로 쉽게 음식을 자를 수 있다. 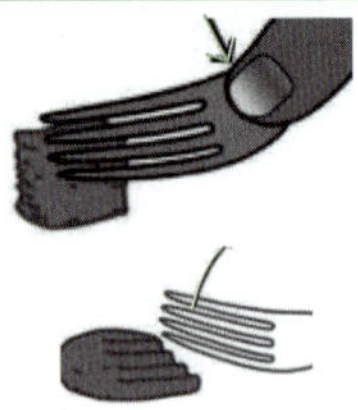 음식이 충분히 부드러워졌는지 확인하기 위해 손톱이 하얗게 될 때까지 포크로 누른 다음 포크를 들어 올리면 음식 모양이 다시 돌아오지 않는지를 확인한다.
레벨 6	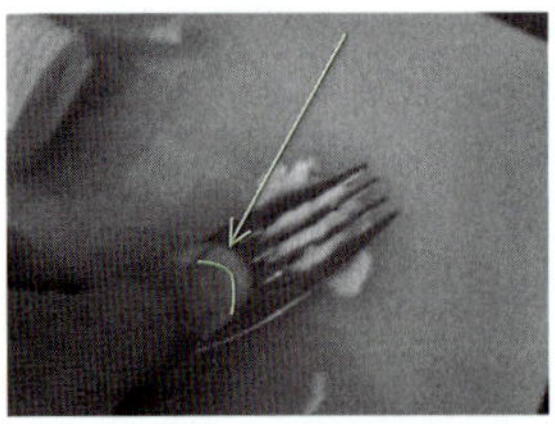 포크를 손톱이 하얗게 되도록 누른 후 음식 모양이 원래 모양으로 돌아오지 않아야 한다. 소아: 0.8cm x 0.8cm, 성인: 1.5cm x 1.5cm

레벨 5	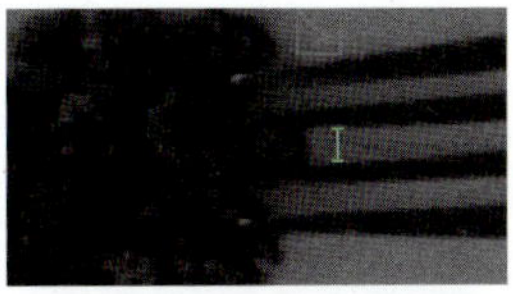 숟가락에서 모양을 유지하며(응집성), 숟가락을 기울이면 가볍게 떨어진다(낮은 부착성).  엄지손톱이 하얗게 되도록 누를 필요가 없이 포크나 숟가락으로 쉽게 으깰 수 있다.
레벨 4	포크 위에서 모양유지(응집성) 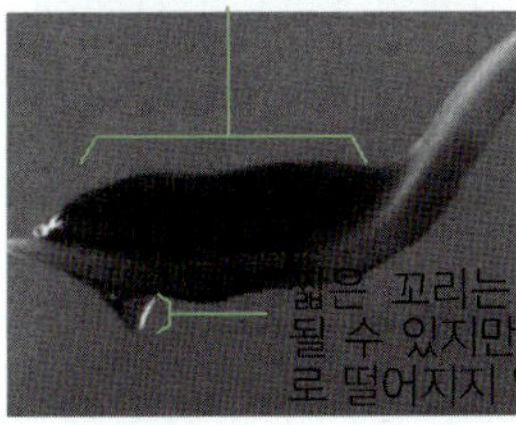 얇은 꼬리는 형성 될 수 있지만 갈래로 떨어지지 않음 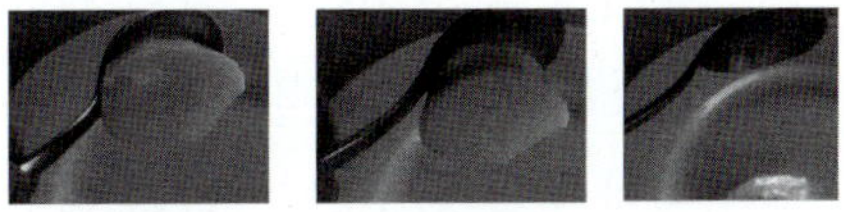 숟가락에서 모양을 유지하며(응집성), 숟가락을 기울이면 가볍게 떨어진다(낮은 부착성).
레벨 3	주사기측징 10초간 흘려 내렸을 액체가 8–10ml 사이에 잔류한 것 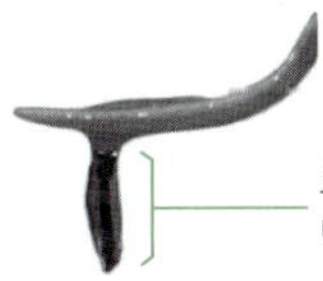 포크갈래로 액체가 천천히 떨어짐
레벨 2	주시기측정 10초간 흘려 내렸을 때 액체가 4–8ml 사이에 잔류한 것
레벨 1	주사기측정 10초간 흘려 내렸을 때 액체가 1–4ml 사이에 잔류한 것
레벨 0	주사기 측정 10초간 흘려 내렸을 때 액체가 1ml 이하로 잔류한 것

■ 액상식 분류 측정 방법

중력 플로우 검사방법(gravity flow testing method)으로 분류됩니다. 레벨 0–3까지의 측정 도구는 10ml 주사기를 이용하는 흐름성 테스트(Syringe flow test), 점도가 높은 레벨 3–4는 포크 드립 테스트 (Fork drip test), 숟가락 기울기 테스트(Spoon tilt test)로 측정하여 액상식 단계를 분류합니다.

• 주사기 흐름성 테스트

① 레벨 0 (흐름성이 있는 묽은 정도)

– 주사기 측정: 10초간 흘려 내렸을 때 액체가 1ml 이하로 완전히 흘러내린 것.

② 레벨 1 (흐름성이 약간 있는 정도)

– 주사기 측정: 10초간 흘려 내렸을 때 액체가 1~4ml 사이에 잔류한 것.

③ 레벨 2 (흐름성이 거의 없는 정도)

– 주사기 측정: 10초간 흘려 내렸을 때 액체가 4~8ml 사이에 잔류한 것.

④ 레벨 3 (흐름성이 없는 정도)

– 주사기 측정: 10초간 흘려 내렸을 액체가 8~10ml 사이에 잔류한 것.

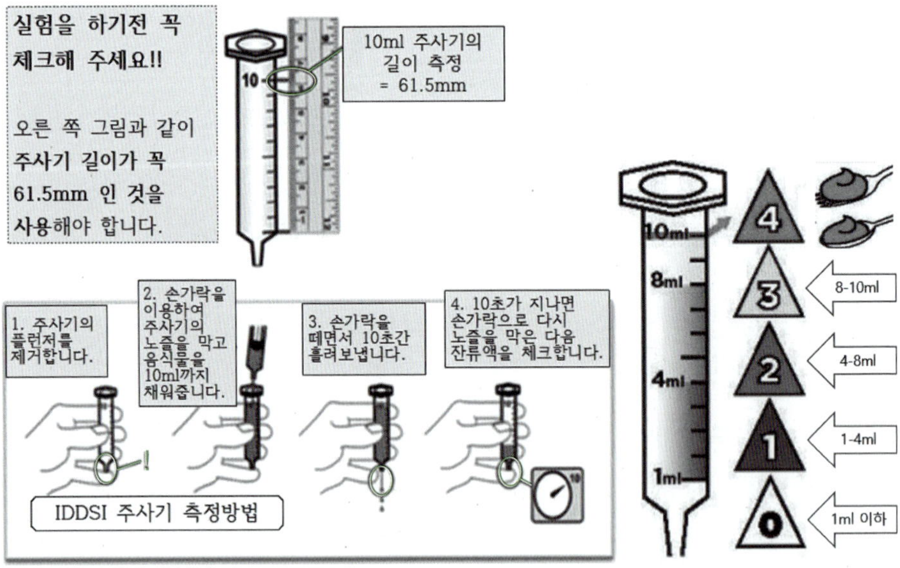

[그림 4] IDDSI 액상식 주사기 측정방법

5. 점도 증진제

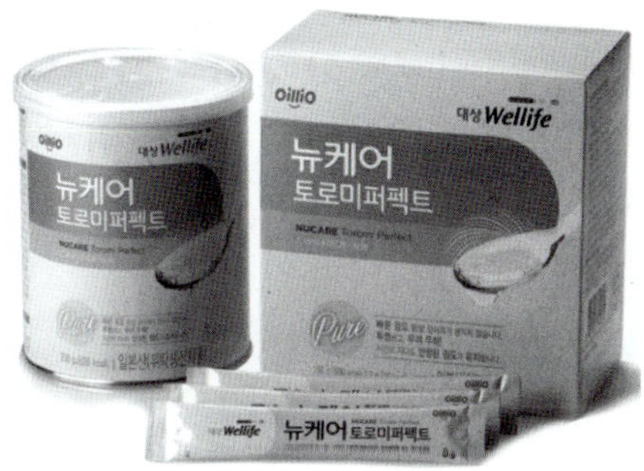

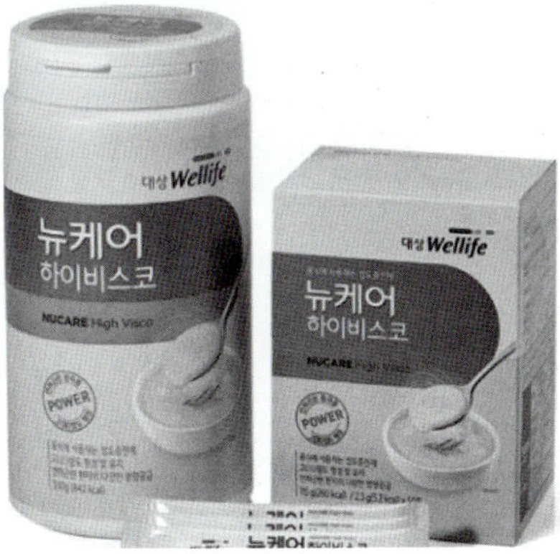

뉴케어 하이비스코

사용법: 다진 음식이나 믹서식에 섞어 저작, 연하가 어려운 분의 안전한 식사와 영양공급을 도와주는 제품입니다.

- 다진 음식, 믹서로 간 음식에 섞어서 사용
- 액상 외에 음식에 사용할 수 있도록 강한 점도 형성
- 무색, 무미, 무취에 가까워 음식 고유의 맛을 그대로 유지
- 저작, 연하가 어려운 분들이 다양한 음식을 섭취할 수 있도록 도움

6. 점도증진제를 섞는데 적당한 그릇

■ 점도증진제의 용해성을 높이기 위해서는 넓적한 국그릇보다는 포크의 갈래가 잠길 수 있는 오목하면서 말랑한 실리콘 재질의 컵 형태가 적당합니다.

포크갈래가 담기지 않는 넓은 국 그릇 형태

포크갈래가 전체 잠기는 컵 형태 Yes!

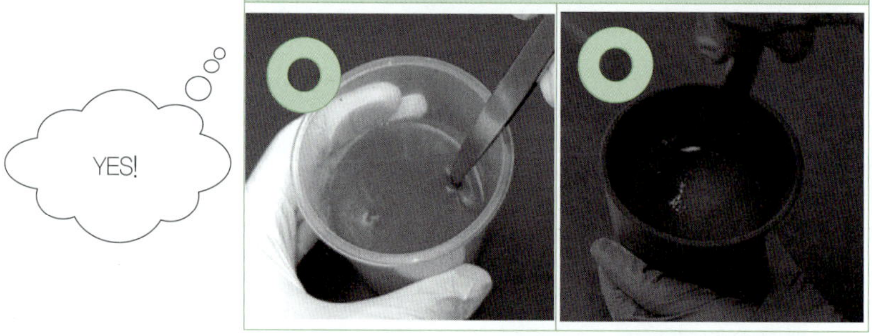

7. 음식의 물성을 조절할 때 필요한 도구

■ 다짐식: 주로 칼, 도마 등을 사용합니다.

■ 갈음식:

• 테팔 믹서기, 리빙 홈, 도깨비 방망이 등을 비롯한 일반적으로 분쇄기의 성능에 따라 다름으로 환자에게 적당한 입자인지 보면서 음식을 갈아줍니다.

<table>
<tr><th colspan="2">일반 믹서기</th><th>도깨비방망이</th><th>비타믹스</th></tr>
<tr><td>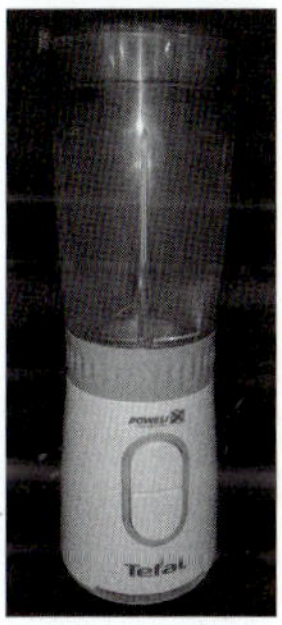
</td><td>
</td><td></td><td></td></tr>
<tr><td colspan="2">• 소량의 연하식을 만들 때 유효합니다.
• 믹서기 성능에 따라 시간을 조절합니다.</td><td>• 소량의 음식에는 적당하지 않지만 죽을 만들 때 유효합니다.</td><td>• 대용량의 연하식을 만들 때 유효합니다.</td></tr>
</table>

• 고형식의 경우 살짝 얼려서 가는 것이 입자를 균질하게 만들 수 있습니다.

8. 쉽고 맛있게 조리할 수 있는 연하식 레시피

1. 닭가슴살 볶음밥
2. 새우볶음밥
3. 소고기짜사이볶음밥 with 짜장소스
4. 차돌강된장보리밥
5. 당플랜 퀴노아닭가슴살볶음밥
6. 당플랜 렌틸콩소고기볶음밥
7. 미역국
8. 진국설렁탕
9. 된장찌개
10. 참치스테이크
11. 유자고등어조림
12. 동태전
13. 애호박나물
14. 소고기장조림
15. 김조림
16. 락교페이스트
17.동치미
18. 나박물김치
19. 커피맛양갱
20. 유자맛푸딩
21. 뉴케어 당플랜
22. 마이밀 뉴프로틴
23. 뉴케어 영양균형식
24. 뉴케어 액티브 골든밸런스 프로틴프로젝트
25. 물
26. 오렌지주스

1. 닭가슴살 볶음밥

<table>
<tr><th>사용제품</th><th colspan="3">연하식 조리법</th></tr>
<tr><td rowspan="2">
제품정보
2인분 420g
(820kcal
/210gx2ea)</td><td colspan="3">■ 주재료: 닭가슴살볶음밥(냉동보관 즉석조리식품)

■ 조리방법

① 냉동 상태의 닭가슴살 볶음밥을 꺼내 실온에 5분 정도 둔다.
② 볶음밥을 믹서기에 넣고 2분 정도 순간 동작으로 갈아 준다.
③ 팬에 버터 3g과 볶음밥 간 것 150g을 넣고 4분 정도 볶아준다.
④ 진간장 1ml를 팬 가장자리로 둘러 간장 향을 올려 준다.
⑤ 밥이 거의 다 되었을 때 물 60g에 하이비스코 1g을 첨가하여 잘 섞어 준 다음 볶음밥에 넣고 치대듯 섞어 준다.
⑥ 참기름 1ml를 첨가하여 잘 섞어 낸다.

■ 섭취방법
입안이 너무 건조하면 밥이 붙을 수 있음으로 새콤한 맛의 락교페이스트, 동치미 국물로 입안을 촉촉하게 한 후 섭취하는 것이 좋다.</td></tr>
<tr><td colspan="3">■ 팁!!
• 믹서기의 상태에 따라 시간을 조절해 준다.
• IDDSI 5단계 밥알의 알갱이는 4mm이하(성인 기준)로 갈아 준다.
• 밥의 촉촉함 정도 조절은 개인의 상태에 따라 물의 양으로 조절한다.
• 밥알이 입안에서 흩어지지 않도록 하이비스코를 첨가하여 응집성과 점도를 준다.
• 버터나 참기름을 추가하면 고소한 풍미와 칼로리를 높일 수 있다.</td></tr>
<tr><td rowspan="2">사진
성상</td><td>일반식</td><td>연하식</td><td>포크누르기</td></tr>
<tr><td></td><td></td><td></td></tr>
<tr><td>연하식
IDDSI분류</td><td colspan="3">5단계
Minced & Moist
다지거나 갈은 수준</td></tr>
<tr><td>특징</td><td colspan="3">• 약간의 질감이 느껴진다.</td></tr>
<tr><td>활용도</td><td colspan="3">• 환자의 상태에 따라 물 사용을 줄이면
6단계(쉽게 씹을 수 있는 촉촉한 반고형 음식)로 응용할 수 있다.</td></tr>
</table>

2. 새우볶음밥

<table>
<tr><th>사용제품</th><th colspan="3">연하식 조리법</th></tr>
<tr><td rowspan="2">

주요재료: 쌀, 새우</td><td colspan="3">■ 주재료: 새우볶음밥(냉동상태 즉석조리식품)

■ 조리방법
① 냉동상태의 새우볶음밥을 꺼내 실온에 5분간 둔다.
② 새우볶음밥을 믹서기에 넣고 2분 정도 곱게 간다.
③ 팬에 버터 4g을 넣고 볶음밥 간 것 150g을 3분 정도 볶아준다.
④ 밥이 거의 다 되었을 때 물 50g에 하이비스코 1g을 첨가하여 잘 섞이 준 다음 볶음밥에 넣고 치대듯 섞어 준다.</td></tr>
<tr><td colspan="3">■ 팁!!
• 믹서기의 상태에 따라 시간을 조절해 준다.
• 5단계 밥알의 알갱이는 4mm이하(성인 기준)로 갈아 준다.
• 밥의 촉촉함은 개인의 상태에 따라 물의 양을 조절한다.
• 밥 알이 입안에서 흩어지지 않도록 하이비스코를 첨가하여 응집성과 점도를 준다.
• 버터나 참기름을 살짝 추가하면 고소한 풍미와 칼로리를 높일 수 있다. 또한 밥을 볶을 때 버터를 추가하면 입안에 붙는 것을 낮출 수 있다.</td></tr>
<tr><td rowspan="2">사진
성상</td><td>일반식</td><td>연하식</td><td>포크누르기</td></tr>
<tr><td>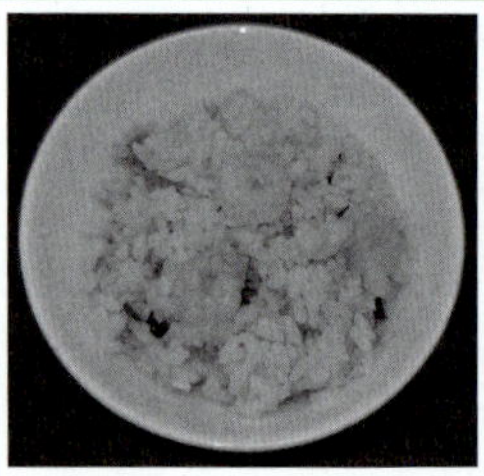</td><td></td><td></td></tr>
<tr><td>연하식
IDDSI분류</td><td colspan="3">5단계
Minced & Moist
다지거나 갈은 수준</td></tr>
<tr><td>특징</td><td colspan="3">• 약간의 질감이 느껴진다.</td></tr>
<tr><td>활용도</td><td colspan="3">• 환자의 상태에 따라 물 사용을 줄이면
6단계(쉽게 씹을 수 있는 촉촉한 반고형 음식)로 응용할 수 있다.</td></tr>
</table>

3. 소고기 짜사이 볶음밥

<table>
<tr><th>사용제품</th><th colspan="3">연하식 조리법</th></tr>
<tr><td rowspan="2">

주요재료: 쌀, 쇠고기, 짜사이</td><td colspan="3">■ 주재료: 새우볶음밥(냉동상태 즉석조리식품)

■ 조리방법
① 냉동상태의 짜사이 볶음밥을 꺼내 실온에 5분간 둔다.
② 짜사이 볶음밥을 믹서기에 넣고 2분 정도 곱게 간다.
③ 팬에 식용유 3g을 넣고 춘장 1g을 볶다가 볶음밥 간 것 150g을 넣어 3분 정도 볶아준다.
④ 밥이 거의 다 되었을 때 물 50g에 하이비스코 1g을 첨가하여 잘 섞어 준 다음 볶음밥에 넣고 치대듯 섞어 준다.</td></tr>
<tr><td colspan="3">■ 팁!!
• 믹서기의 상태에 따라 시간을 조절해 준다.
• 5단계 밥알의 알갱이는 4mm이하(성인 기준)로 갈아 준다.
• 밥의 촉촉함은 개인의 상태에 따라 물의 양을 조절한다.
• 밥 알이 입안에서 흩어지지 않도록 하이비스코를 첨가하여 응집성과 점도를 준다.
• 시중 짜장소스를 이용하여 짜장밥의 풍미를 줄 수 있다.
→ 짜장소스를 조리한 후 믹서기로 갈아서 하이비스코를 섞어 점도를 조절한 후 밥과 잘 섞어 섭취한다.</td></tr>
<tr><td rowspan="2">사진
성상</td><td>일반식</td><td>연하식</td><td>포크누르기</td></tr>
<tr><td></td><td></td><td></td></tr>
<tr><td>연하식
IDDSI분류</td><td colspan="3">5단계
Minced & Moist
다지거나 갈은 수준</td></tr>
<tr><td>특징</td><td colspan="3">약간의 질감이 느껴진다.</td></tr>
<tr><td>활용도</td><td colspan="3">환자의 상태에 따라 물 사용을 줄이면
6단계(쉽게 씹을 수 있는 촉촉한 반고형 음식)로 응용할 수 있다.</td></tr>
</table>

4. 차돌강된장 보리밥

<table>
<tr><th>사용제품</th><th colspan="3">연하식 조리법</th></tr>
<tr><td rowspan="2">
주요재료:
찰보리, 차돌양</td><td colspan="3">■ 주재료: 컵밥 차돌강된장 보리밥(즉석조리식품)

■ 조리방법
① 용기에 소스와 오뚜기밥을 개봉하여 전자레인지로 2분간 조리한다.
② 밥 130g과 차돌강된장 소스 150g을 넣고 믹서기에 넣고 2분 정도 곱게 간다.
③ 팬에 밥과 강된장 소스 간 것을 넣어 3분 정도 볶아준다.
④ 밥이 거의 다 되었을 때 물 50g에 하이비스코 1g을 첨가하여 잘 섞어 준 다음 강된장밥에 넣어 치대듯 섞어 준다.</td></tr>
<tr><td colspan="3">■ 팁!!
• 믹서기의 상태에 따라 시간을 조절해 준다.
• 5단계 밥알의 알갱이는 4mm이하(성인 기준)로 갈아 준다.
• 밥의 촉촉함은 개인의 상태에 따라 물의 양을 조절한다.
• 밥 알이 입안에서 흩어지지 않도록 하이비스코를 첨가하여 응집성과 점도를 준다.</td></tr>
<tr><td rowspan="2">사진
성상</td><td>일반식</td><td>연하식</td><td>포크누르기</td></tr>
<tr><td></td><td></td><td></td></tr>
<tr><td>연하식
IDDSI분류</td><td colspan="3">5단계
Minced & Moist
다지거나 갈은 수준</td></tr>
<tr><td>특징</td><td colspan="3">• 약간의 질감이 느껴진다.</td></tr>
<tr><td>활용도</td><td colspan="3">• 환자의 상태에 따라 물 사용을 줄이면
6단계(쉽게 씹을 수 있는 촉촉한 반고형 음식)로 응용할 수 있다.</td></tr>
</table>

5. 당플랜 퀴노아 닭가슴살 볶음밥

<table>
<tr><th>사용제품</th><th colspan="3">연하식 조리법</th></tr>
<tr><td rowspan="2">

주요재료:
닭가슴살,
퀴노아
현미
칠흑미</td><td colspan="3">■ 주재료: 뉴케어당플랜 퀴노아닭가슴살 볶음밥(냉동식품)

■ 조리방법
① 냉동 상태의 볶음밥을 꺼내 실온에 5분 정도 둔다.
② 냉동볶음밥을 믹서기에 넣고 2분 정도 순간 동작으로 갈아준다.
③ 팬에 버터 5g을 넣고 살짝 가열시킨 다음 볶음밥 간 것 150g을 넣고 4분 정도 볶아 준다.
④ 밥이 거의 다 되었을 때 물 25g에 하이비스코 1g을 첨가하여 잘 섞어 준 다음 볶읍밥에 넣어 치대듯 잘 섞어 준다.</td></tr>
<tr><td colspan="3">■ 팁!!
• 믹서기의 상태에 따라 시간을 조절해 준다.
• 5단계 밥알의 알갱이는 4mm이하(성인 기준)로 갈아 준다.
• 밥의 촉촉함은 개인의 상태에 따라 물의 양을 조절한다.
• 밥 알이 입안에서 흩어지지 않도록 하이비스코를 첨가하여 응집성과 전도를 준다.</td></tr>
<tr><td rowspan="2">사진
성상</td><td>일반식</td><td>연하식</td><td>포크누르기</td></tr>
<tr><td></td><td></td><td></td></tr>
<tr><td>연하식
IDDSI분류</td><td colspan="3">5단계
Minced & Moist
다지거나 갈은 수준</td></tr>
<tr><td>특징</td><td colspan="3">• 약간의 질감이 느껴진다.</td></tr>
<tr><td>활용도</td><td colspan="3">• 환자의 상태에 따라 물 사용을 줄이면
6단계(쉽게 씹을 수 있는 촉촉한 반고형 음식)로 응용할 수 있다.</td></tr>
</table>

6. 당플랜 렌틸콩 소고기 볶음밥

<table>
<tr><th>사용제품</th><th colspan="3">연하식 조리법</th></tr>
<tr><td rowspan="2">
주요재료:
찰보리, 차돌양지, 된장</td><td colspan="3">■ 주재료: 뉴케어당플랜 렌틸콩소고기 볶음밥(냉동식품)

■ 조리방법
① 냉동 상태의 볶음밥을 꺼내 실온에 5분 정도 둔다..
② 냉동볶음밥을 믹서기에 넣고 2분 정도 순간 동작으로 갈아준다.
③ 팬에 버터 5g을 넣고 살짝 가열시킨 다음 볶음밥 간 것 150g을 넣고 4분 정도 볶아 준다.
④ 밥이 거의 다 되었을 때 물 25g에 하이비스코 1g을 첨가하여 잘 섞어 준 다음 볶읍밥에 넣어 치대듯 잘 섞어 준다.</td></tr>
<tr><td colspan="3">■ 팁!!
• 믹서기의 상태에 따라 시간을 조절해 준다.
• 5단계 밥알의 알갱이는 4mm이하(성인 기준)로 갈아 준다.
• 밥의 촉촉함은 개인의 상태에 따라 물의 양을 조절한다.
• 밥 알이 입안에서 흩어지지 않도록 하이비스코를 첨가하여 응집성과 점도를 준다.</td></tr>
<tr><td rowspan="2">사진
성상</td><td>일반식</td><td>연하식</td><td>포크누르기</td></tr>
<tr><td></td><td></td><td></td></tr>
<tr><td>연하식
IDDSI분류</td><td colspan="3">5단계
Minced & Moist
다지거나 갈은 수준</td></tr>
<tr><td>특징</td><td colspan="3">약간의 질감이 느껴진다.</td></tr>
<tr><td>활용도</td><td colspan="3">환자의 상태에 따라 물 사용을 줄이면
6단계(쉽게 씹을 수 있는 촉촉한 반고형 음식)로 응용할 수 있다.</td></tr>
</table>

7. 미역국

사용제품	일반식	조리법
 • 제품내용 : 1–2인분 460g(115kcal) • 염도: 0.80% • 주요건더기 : 미역, 백합조개살		① 끓는 물에 봉지째 넣고 5분간 데운다. ② 조리된 국은 믹서기를 이용하여 2분 정도 곱게 간다. ③ 간 미역국을 체로 거른 후 100g을 용기에 담아 온도 55℃로 식힌다. ④ 포크를 돌리는 상태에서 토로미퍼펙트를 넣는다. ⑤ 엉키지 않게 1분간 잘 저어준다. ⑥ 2분 정도 점도가 높아지길 기다린 후 섭취한다.
	■ 팁!! • 토로미퍼펙트 가루가 포크와 그릇에 묻지 않게 조심! • 미역국은 점도증진제를 첨가 시 다른 국보다 특히 잘 엉켜 알맹이가 생기기 쉬우므로 엉키지 않도록 빠른 속도로 저어주는 것이 좋다.	

연하식	뉴케어 토로미 퍼펙트 첨가 후 숟가락 기울기		
	0g 첨가	1g 첨가	2g 첨가

IDDSI 레벨 분류	0단계 Thin 물처럼 흐르는 정도	1단계 Slightly Thick 쉽게 흐를 정도의 걸쭉한 정도	3단계 Moderately Thick 중간정도 걸쭉한 정도
특징	• 숟가락을 기울이면 물처럼 흐름	• 숟가락을 기울이면 물보다 걸쭉하게 흐름	• 숟가락을 기울이면 국물이 살짝 숟가락가로 모이는 현상을 보이다 걸쭉하게 흐름

8. 진국설렁탕

사용제품	일반식	조리법
 • 제품내용 : 1-2인분 500g(140kcal) • 염도: 0.58% • 주요건더기 : 소고기	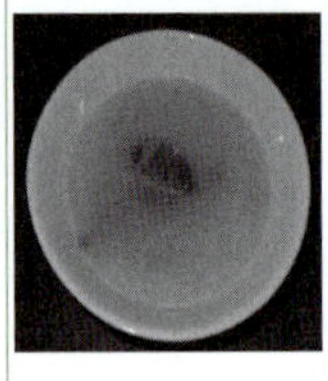	① 끓는 물에 봉지째 넣고 5분간 데운다. ② 조리된 국은 믹서기를 이용하여 2분 정도 곱게 간다. ③ 간 설렁탕을 체로 거른 후 100g을 용기에 담아 온도 55℃로 식힌다. ④ 포크를 돌리는 상태에서 토로미퍼펙트를 넣는다. ⑤ 엉키지 않게 1분간 잘 저어준다. ⑥ 2분 정도 점도가 높아지길 기다린 후 섭취한다.
	■ 팁!! 토로미퍼펙트 가루가 포크와 그릇에 묻지 않게 조심! 토로미퍼펙트 2g 첨가 후 2분이 지나면 IDDSI 레벨 2이지만, 10분이 지나면 점도가 높아져 IDDSI 레벨 3으로 변함에 따라 주의!	

연하식	뉴케어 토로미 퍼펙트 첨가 후 숟가락 기울기		
	0g 첨가	1g 첨가	2g 첨가
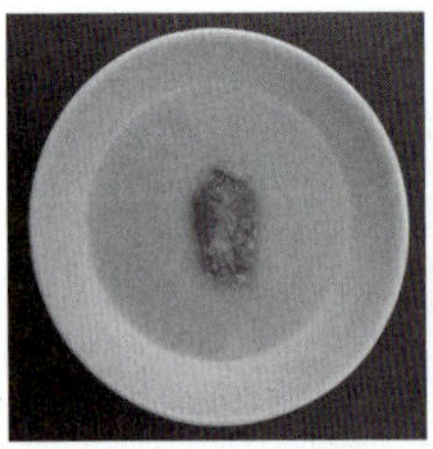 (건더기는 이미지 연출)			
IDDSI 레벨 분류	0단계 Thin 물처럼 흐르는 정도	1단계 Slightly Thick 쉽게 흐를 정도의 걸쭉한 정도	2단계 Mildly Thick 약간 걸쭉한 정도
특징	• 숟가락을 기울이면 물처럼 흐름	• 숟가락을 기울이면 물보다 걸쭉하게 흐름	• 숟가락을 기울이면 숟가락가로 모이는 현상을 보이다 걸쭉하게 흐름

9. 된장찌개

<table>
<tr><th>사용제품</th><th>일반식</th><th>조리법</th></tr>
<tr><td rowspan="2">

• 제품정보
: 1-2인분
460g(235Kcal)

• 주요건더기
: 두부, 감자,
양파, 애호박</td><td></td><td>① 육수 건더기와 양념장 파우치를 개봉하여 전자레인지 용기에 부어 잘 섞은 후 5분간 데운다.
② 조리된 찌개는 믹서기를 이용하여 2분 정도 곱게 간다.
③ 간 된장찌개를 체로 거른 후 100g을 용기에 담아 온도 55℃로 식힌다.
④ 포크를 돌리는 상태에서 토로미퍼펙트를 넣는다.
⑤ 엉키지 않게 1분간 잘 저어준다.
⑥ 2분 정도 점도가 높아지길 기다린 후 섭취한다.</td></tr>
<tr><td colspan="2">■ 팁!!
토로미퍼펙트 가루가 포크와 그릇에 묻지 않게 조심!
점도증진제를 첨가하지 않아도 된장찌개 재료로 함유된 감자 등의 전분질에 의해 자체 적도가 형성될 수 있지만 전분은 침에 의해 가수분해 될 수 있음!</td></tr>
</table>

<table>
<tr><th rowspan="2">연하식</th><th colspan="3">뉴케어 토로미 퍼펙트 첨가 후 숟가락 기울기</th></tr>
<tr><th>0g</th><th>1g</th><th>2g</th></tr>
<tr><td>
(건더기는 이미지 연출)</td><td></td><td></td><td></td></tr>
<tr><td>IIDDSI 레벨 분류</td><td>1단계
Slightly Thick
쉽게 흐를 정도의
걸쭉한 정도</td><td>3단계
Moderately Thick
중간정도
걸쭉한 정도</td><td>3단계
Moderately Thick
중간정도
걸쭉한 정도</td></tr>
<tr><td>특징</td><td>• 숟가락을 기울이면 물보다 걸쭉하게 흐름</td><td>• 숟가락을 기울이면 숟가락가로 모이는 현상을 보이다 걸쭉하게 흐름</td><td>• 숟가락을 기울이면 숟가락가로 모이는 현상을 보이다 걸쭉하게 흐름</td></tr>
</table>

10. 참치스테이크

사용제품	연하식 조리법
 제품정보: 청정원 참치통조림	■ **주재료** : 참치통조림 1개, 빵가루 3g, 계란흰자 5g, 스테이크소스, 식용유.  ■ 조리방법 ① 통조림 참치 캔의 기름을 따라내고 참치만 준비한다. ② 빵가루 3g을 곱게 간다 ③ ①번의 참치도 2분 정도 순간 동작으로 곱게 갈아 준다. ④ 간 참치 60g에 빵가루, 계란흰자를 넣고 반죽하여 치대준다. ⑤ 동그랗게 만든 후 팬에 기름을 조금 두르고 구워 준다. ⑥ 스테이크소스 50g에 토로미퍼펙트 1g을 섞어 포크로 1분간 잘 저어준다. ■ 섭취방법 : 입안에 참치 입자가 남지 않도록 점도가 있는 ⑤번 소스를 잘 버무려 섭취한다.
	■ 팁!! • 당근이나 브로콜리를 푹 삶아 믹서기로 곱게 간 다음 하이비스코를 넣고 모양을 잡아 참치 스테이크 옆에 곁들여 주면 식욕을 돋우는데 도움이 된다.

연하식	포크누르기	숟가락기울기	

IDDSI분류	5단계 촉촉하게 다져 놓은 정도(Minced & Moist)		
특징	부드럽지만 씹으면 약간의 질감이 느껴진다.		

11. 고등어 미소된장조림

사용제품	연하식 조리법
 제품정보: 오뚜기 고등어통조림	■ 주재료 : 고등어통조림, 계란흰자 10g, 빵가루 3g, 소금, 후추 조금 조림소스(미소된장 20g과 유자청 15g, 마늘 5g에 물 15g을 넣고 믹서기로 갈아준다.) ■ 조리방법 ① 고등어 통조림 캔의 국물은 버리고 고등어 가시를 제거한다. ② 고등어살을 발라 믹서기를 이용하여 곱게 2분 정도 갈아준다. ③ 간 고등어 살에 빵가루 간 것을 넣고 반죽하여 치대준다. ④ ③번을 둥글게 빚어 전분을 입혀 팬에 기름을 두르고 지져낸 다음 조림소스 반을 넣고 졸여 준다. ⑤ 자작하게 졸여졌을 때 나머지 조림 소스에 하이비스코 1g을 넣어 잘 섞은 다음 살짝 조려준다. ■ 섭취방법 : 입안에 고등이 입지가 남지 않도록 점도가 있는 ⑤번 소스에 잘 버무려 섭취한다.
	■ 팁!! 조림소스는 개인이 좋아하는 간장 소스 등의 다양한 맛으로 활용할 수 있다.

연하식	포크누르기	숟가락 기울기	
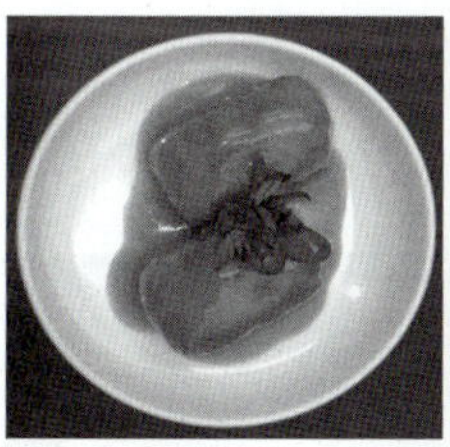	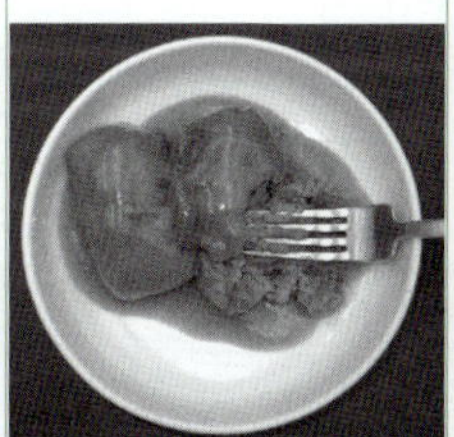		
IDDSI분류	5단계 촉촉하게 다져 놓은 정도(Minced & Moist)		
특징	약간의 질감이 느껴지면서 부드럽다.		

12. 동태전

사용제품	연하식 조리법
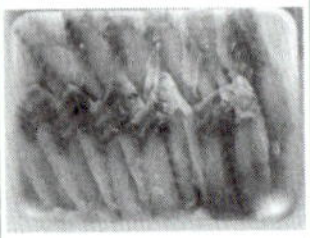 제품정보 : 냉동 동태포 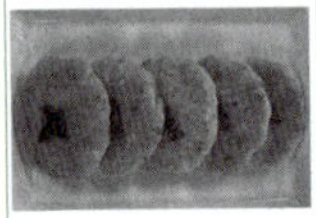	■ **주재료:** 시중 냉동 동태포 • 재료: 냉동 동태포 60g, 계란흰자 10g, 빵가루 3g, 소금, 후추 약간, 식용유, 계란노른자 1개 ■ 조리방법 ① 동태포의 가시들을 꼼꼼하게 제거하여 준다. ② 언 상태의 동태포를 믹서기를 이용하여 곱게 갈아준다. ③ 간 동태포에 계란흰자, 빵가루, 소금, 후추를 넣고 반죽하여 치대준 다음 둥글게 빚는다. ④ 팬에 식용유를 두르고 ③번을 계란 노른자 물에 적신 후 타지 않게 구워 준다. ⑤ 간장소스만들기: 저염간장 15g, 미림 5g, 멸치육수 20g에 토로미퍼펙트 1g을 넣고 포크로 1분간 잘 저어준다. ⑥ 입안에서 동태전이 분리가 되지 않도록 위의 점도가 있는 간장 소스를 끼얹어 동태전과 소스를 잘 섞어 준 뒤 섭취한다. ■ 섭취방법 : 입안에 생선 입자가 남지 않도록 점도가 있는 ⑤번 소스에 충분하게 잘 버무려 섭취한다.
	■ 팁!! • 간장에 식초 또는 매실청을 첨가하여 선호하는 맛으로 만들어 준다. • 토로미퍼펙트를 첨가하여 만든 소스는 동태전이 잘 뭉쳐지게 만든다.

연하식	포크누르기	숟가락 기울기	
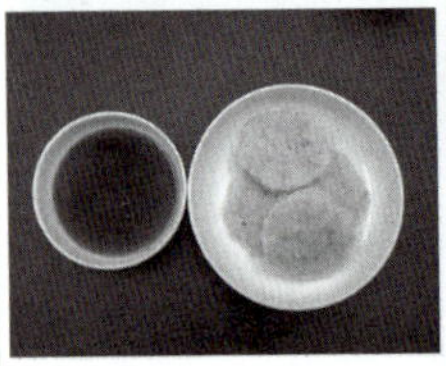			
IDDSI분류	5단계 촉촉하게 다져 놓은 정도(Minced & Moist)		
특징	부드럽지만 질감이 느껴지므로 소스에 잘 버무려 섭취한다.		

13. 애호박나물

사용제품	연하식 조리법
제품정보	■ **주재료**: 애호박 • 재료: 애호박 100g, 양념장(새우젓 1T, 마늘 1T, 깨소금 1T, 물 1T을 갈아서 체로 거른 후 사용한다.) 식용유, 물60g ■ 조리방법 ① 애호박은 깨끗이 씻어 얇게 1.5cm이하 길이로 썰어 준다. ② 팬에 식용유를 넣고 호박을 살짝 볶은 후 물을 조금씩 넣어가며 뚜껑을 덮고 푹 끓여 익혀준다. ③ 애호박 나물이 부드럽게 익었을 때 하이비스코 2g과 양념장을 넣어 잘 섞어준다. 참기름을 넣어 풍미를 준다. ④ 참기름을 넣어 풍미를 준다. . ■ 섭취방법 : 입안에 나물입자가 흩어지거나 남지 않도록 점도가 있는 ⑤번 소스에 잘 버무려 섭취한다.
	■ 팁!! 개인의 연하 능력에 맞게 점도를 조절한다

일반식	연하식	포크누르기	숟가락기울기

IDDSI분류	6단계 부드럽게 씹을 수 있는 정도(Soft & Bite-Sized)
특징	쉽게 씹을 수 있는 촉촉한 반고형 음식

14. 소고기장조림

사용제품	연하식 조리법
 제품정보 : 종가집 쇠고기장조림 내용량: 90g 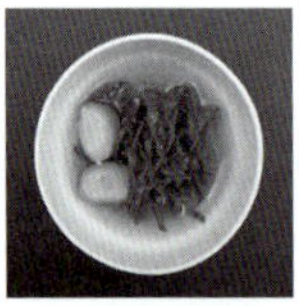	■ **주재료**: 인스턴트 쇠고기 장조림 ■ 조리방법 ① 인스턴트 장조림을 개봉하여 건더기와 국물을 분리한다. ② 분리한 건더기는 믹서기를 이용하여 2분 정도 순간 동작으로 곱게 갈아준다. ③ 국물 40g에 토로미퍼펙트 1g을 넣고 1분간 포크로 저어준다. ④ ②번 고기 30g을 ③번 토로미퍼펙트를 넣은 장조림 국물과 잘 섞어준다. ■ 팁!! • 살짝 따뜻하게 먹으려면 팬에 건더기와 국물을 넣고 한소끔 끓여 주거나 전자렌지를 이용 살짝 데워 준 후에 점도증진제를 섞어 준다. • 개인의 연하 능력에 맞게 점도를 조절한다. • 밋밋한 맛의 죽이나 밥에 가니쉬하여 섞어 먹거나 반찬으로 이용해도 좋다.

연하식	포크누르기	숟가락기울기	

IDDSI분류	5단계 촉촉하게 다져 놓은 수준(Minced & Moist)
특징	약간의 질감이 느껴지는 반유동식 상태

15. 김조림

<table>
<tr><th>사용제품</th><th colspan="4">연하식 조리법</th></tr>
<tr><td rowspan="2">
제품정보
: 시중돌김
</td><td colspan="4">

■ **주재료**: 구운김 5장(20g 정도)
• 조림육수만들기
• 물 150g을 끓인 후 불을 끈 다음 가다랑이포 10g을 넣고 5분후 체에 거른다.
• 가다랑어물에 간장 3T(45g), 청주 1T(15g), 설탕 2T(30g)을 넣어 섞어 조림육수로 만든다..
• 조림육수 50g은 조리과정 마지막에 토로미퍼펙트를 섞기 위해 남겨둔다.

■ 조리방법
① 김은 팬에서 타지 않게 구워 준다.
② 구운 김은 믹서기를 이용하여 곱게 갈아준다(입자크기: 0.2mm 이하).
③ 팬에 김과 위의 조림육수를 넣고 자작해질 때까지 졸이다 불은 끈다.
④ 남겨놓은 육수 50g에 토로미퍼펙트 1g을 넣어 포크로 잘 섞어준다.
⑤ 김조림에 ④번을 넣고 잘 섞어 점도와 응집성이 형성되게 한다.

■ 섭취방법
• 입안에 김 입자가 흩어지거나 입천장에 붙지 않도록 점도 조절을 하여 섭취한다.</td></tr>
<tr><td colspan="4">■ 조리팁!!
• 돌김은 일반 김보다 육질이 두껍고 맛과 향이 진해 조림으로 이용하기 좋다.
• 입안에 김 입자가 흩어지거나 남지 않도록 점도조절을 잘한다.
• 개인의 연하 능력에 맞게 점도를 조절한다.
• 밋밋한 맛의 죽이나 밥에 가니쉬하여 섞어 먹거나 반찬으로 이용해도 좋다.</td></tr>
<tr><td>마른 김 간것</td><td>연하식</td><td>포크누르기</td><td colspan="2">숟가락기울기</td></tr>
<tr><td>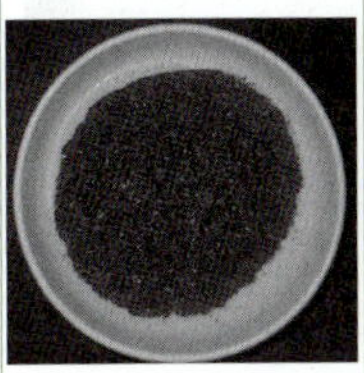</td><td></td><td></td><td></td><td></td></tr>
<tr><td>IDDSI분류</td><td colspan="4">5단계
다지거나 갈은 수준(Minced & Moist)</td></tr>
<tr><td>특징</td><td colspan="4">약간의 질감이 느껴지는 반유동식 상태</td></tr>
</table>

16. 락교 페이스트

<table>
<tr><th>사용제품</th><th colspan="3">연하식 조리법</th></tr>
<tr><td rowspan="2">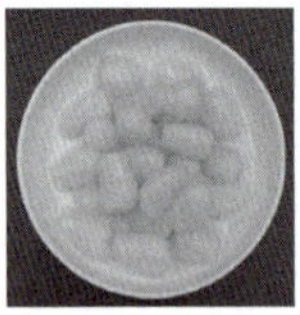
</td><td colspan="3">① 락교 건더기 100g과 국물 20g을 믹서기에 넣어 2분 정도 순간동작으로 곱게 간다.
② 락교 국물 20g에 하이비스코 2g을 첨가하여 잘 섞어 점도를 준다.</td></tr>
<tr><td colspan="3">■ 팁!!
• 수분이 분리되지 않도록 한다.
• 입자가 균질하게 잘 갈아준다.
• 개인의 연하 능력에 맞게 점도를 조절한다.
• 상큼한 맛으로 입맛을 돋우어 주는 반찬으로 적당하다</td></tr>
<tr><th>연하식</th><th>포크누르기</th><th colspan="2">숟가락기울기</th></tr>
<tr><td>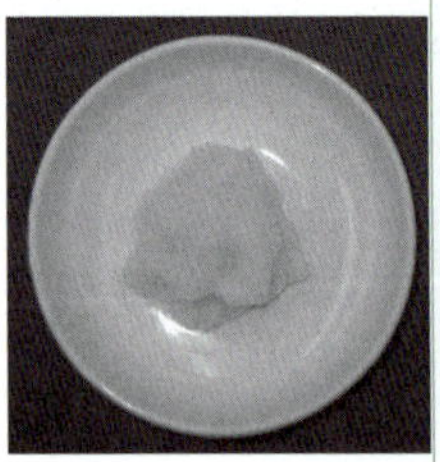</td><td></td><td></td><td>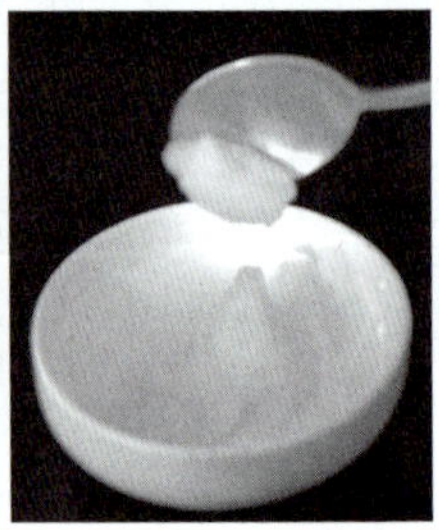</td></tr>
<tr><td>IDDSI분류</td><td colspan="3">5단계
Minced & Moist
다지거나 갈은 수준</td></tr>
<tr><td>특징</td><td colspan="3">신맛을 처음 먹을 때 사레가 들리지 않도록 처음에는 소량을 섭취해본다.</td></tr>
</table>

17. 동치미

사용제품	일반식	조리법
 제품정보: 종가집 동치미		① 동치미 국물 100g을 용기에 담는다. ② 필요량의 점도증진제를 첨가하면서 포크로 엉키지 않게 1분간 잘 저어준다. ③ 2분 정도 점도가 형성되길 기다린 후 섭취한다.
	■ 팁!! • 새콤한 맛이 입맛을 돋게 한다. • 토로미퍼펙트 4g을 첨가하면 매우 걸쭉하지만 푸딩농도는 아님! • 물김치 종류에 따라 점도가 다르게 나타날 수 있다.	

연하식	뉴케어 토로미 퍼펙트 첨가 후 숟가락 기울기			
	1g	2g	3g	4g
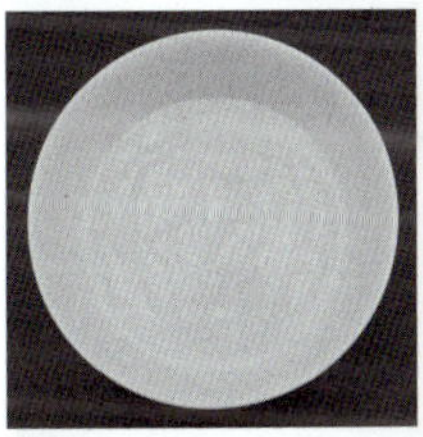				
IDDSI분류	0단계 Thin 물처럼 흐르는 정도	1단계 Slightly thick 쉽게 흐를 정도의 걸쭉한 정도	3단계 Moderately thick 중간정도 걸쭉한 정도	3단계 Moderately thick 중간정도 걸쭉한 정도
특징	• 숟가락을 기울이면 물처럼 흐른다.	• 숟가락을 기울이면 물보다 걸쭉하게 흐름.	• 숟가락을 기울이면 국물이 살짝 숟가락가로 모이는 현상 을 보이다 걸쭉하게 흐름.	• 숟가락을 기울이면 국물이 살짝 숟가락가로 모이는 현상을 보이다 걸쭉하게 흐름.

18. 나박물김치

사용제품	일반식	조리법
		① 나박김치 국물 100g을 용기에 담는다. ② 필요량의 점도증진제를 첨가하면서 포크로 엉키지 않게 1분간 잘 저어준다. ③ 2분 정도 점도가 형성되길 기다린 후 섭취한다.
제품정보: 종가집 나박김치	■ 팁!! • 상큼하면서 살짝 매콤한 맛이 있음으로 환자의 상태에 따라 제공한다. • 물김치 종류에 따라 점도가 다드게 나타날 수 있다.	

연하식	뉴케어 토로미 퍼펙트 첨가 후 숟가락 기울기		
	1g	2g	3g
사진	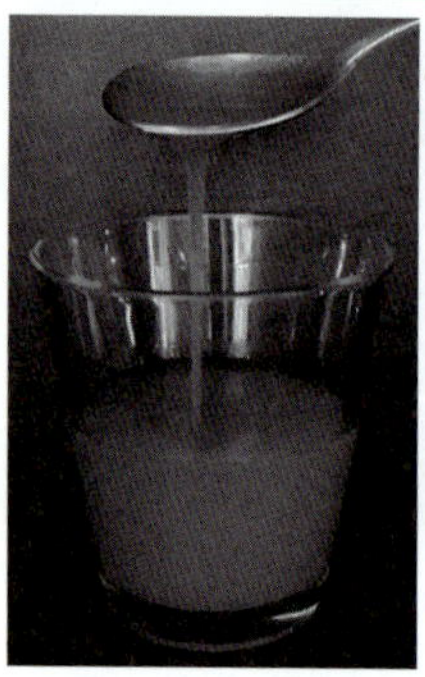		
IDDSI분류	1단계 Slightly Thick 쉽게 흐를 정도의 걸쭉한 정도	3단계 Moderately Thick 중간정도 걸쭉한 정도	3단계 Moderately Thick 중간정도 걸쭉한 정도
특징	• 숟가락을 기울이면 물보다 걸쭉하게 흐름.	• 숟가락을 기울이면 국물이 살짝 숟가락 가로 모이는 현상 을 보이다 걸쭉하게 흐름.	• 숟가락을 기울이면 국물이 살짝 숟가락 가로 모이는 현상을 보이다 걸쭉하게 흐름.

19. 커피맛 양갱

연하식용 양갱 조리법

- **주재료**: 물 60g, 한천가루 1.5g, 백앙금 50g, 설탕 20g, 소금 0.3g, 커피 1g

- 조리방법
  ① 물에 한천가루를 넣고 10분간 불린 후, 약불에 올려 주걱으로 저으며 한천이 녹으면 설탕을 넣고 녹여준다.
  ② 불에서 내려, 앙금을 조금씩 넣으며, 주걱으로 앙금이 완전히 녹을 때까지 저어준다.
  ③ 다시 약불에 올려 바닥이 눌지 않게 주걱으로 저어가며 3분간 걸쭉한 상태로 끓인다.
  ④ 불에서 내려 미리 물에 풀어둔 커피가루를 넣고 잘 섞은 후 다시 3분간 졸인다.
  ⑤ 틀에 붓고 냉장고에서 약 1시간 30분간 굳힌다.

- 섭취방법
  • IDDSI 5단계의 경우 양갱을 숟가락으로 버무려 섭취할 수 있다.
  → 이때 커피(물 100g, 커피 스틱 1개) 100g에 토로미퍼펙트 1g을 넣어 포크 1분간 잘 섞어 2분간 점도가 형성되게 두었다 으깨진 양갱에 소금 첨가하여 잘 버무려 첨가하면 입안에 양갱이 흩어지지 않게 응집성을 줘서 섭취하도록 한다.

- 팁!!
  • 개인의 연하력 정도에 따라 자르거나 포크로 으깨서 섭취할 수 있다.
  • 으깨서 섭취할 경우 섭취방법을 참고한다.

완성품		숟가락으로 먹기	으깬 것 숟가락 기울기	

IDDSI분류 특징	IDDSI 4, 5, 6, 7단계 4, 5단계: 토로미퍼펙트로 점도를 높인 커피를 곁들여 양갱을 으깨서 섭취 6, 7단계: 토로미퍼펙트로 점도를 높인 커피를 곁들여 양갱을 잘라서 섭취			

20. 유자맛 푸딩

사용제품	조리법	
 제품정보	■ 재료: 시중유자차30g, 두유180g, 프토틴 24g, 식이섬유 10g 토로미퍼펙트 1g, 한천 0.5g, 젤 0.5g, ■ 조리방법 ① 두유와 유자차, 두유, 식이섬유를 믹서기로 갈아 섞어준다. (기호에 따라 과일 또는 시럽/향 추가) ② ①번에 토로미퍼펙트와 가루젤라틴을 넣고 중탕으로 잘 섞어 주며 끓인다. ■ 팁!! • 불 조절을 잘 해 준다.	
분류	연하식	숟가락기울기
사진	 	
IDDSI분류	**IDDSI 3, 4단계** **다양한 그릇을 이용하여 만들 수 있다.**	
특징	• 다양한 그릇을 이용하여 만들 수 있다. • 상큼한 맛으로 식사하기 전에 입맛을 돋우는데 사용할 수도 있으며 후식.으로 이용할 수 있다. • 단백질, 식이섬유 등 영양밀도를 높인 것으로 간식으로도 이용할 수 있다.	

21. 뉴케어 당플랜

<table>
<tr><th>사용제품</th><th colspan="3">조리법</th></tr>
<tr><td rowspan="2">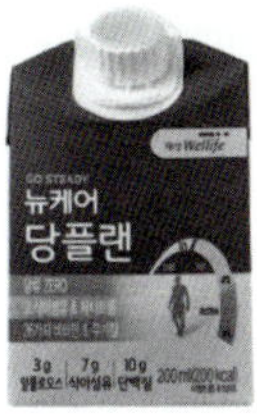

제품정보:
뉴케어 엑티브
프로틴</td><td colspan="3">① 당플랜 100g(온도 25±2℃)에 환자의 연하 정도에 알맞게 토로미퍼펙트를 첨가하여 포크로 엉키지 않게 1분간 잘 저어준다.
② 2분 정도 점도가 형성되길 기다린 후 섭취한다.
③ 식간에 간식으로 활용한다.</td></tr>
<tr><td colspan="3">■ 팁!!
• 토로미퍼펙트를 첨가하는 음료의 온도가 높으면 점도는 낮아지고 음료의 온도가 낮으면 점도는 높아져 더 걸쭉하다.</td></tr>
<tr><td colspan="4">뉴케어 토로미 퍼펙트 첨가 후 숟가락 기울기</td></tr>
<tr><td>0g</td><td>1g</td><td>2g</td><td>3g</td></tr>
<tr><td>숟가락기울기</td><td></td><td></td><td></td></tr>
<tr><td>IDDSI분류</td><td>0단계
Thin
물처럼 흐르는
정도</td><td>2단계
Mildly Thick
약간
걸쭉한 정도</td><td>2단계
Mildly Thick
약간
걸쭉한 정도</td></tr>
<tr><td>특징</td><td>• 숟가락을 기울이면 물처럼 흐름</td><td>• 숟가락을 기울이면 물보다 걸쭉하게 흐름</td><td>• 숟가락을 기울이면 국물이 살짝 숟가락가로 모이는 현상을 보이다 걸쭉하게 흐름</td></tr>
</table>

22. 마이밀 뉴프로틴

<table>
<tr><th>사용제품</th><th colspan="3">조리법</th></tr>
<tr><td rowspan="2">
제품정보:
뉴케어
하이프로틴</td><td colspan="3">① 당플랜 100g(온도 25±2℃)에 환자의 연하 정도에 알맞게 토로미퍼펙트를 첨가하여 포크로 엉키지 않게 1분간 잘 저어준다.
② 2분 정도 점도가 형성되길 기다린 후 섭취한다.
③ 식간에 간식으로 활용한다.</td></tr>
<tr><td colspan="3">■ 팁!!
• 토로미퍼펙트를 첨가하는 음료의 온도가 높으면 점도는 낮아지고 음료의 온도가 낮으면 점도는 높아져 더 걸쭉하다.</td></tr>
<tr><td rowspan="2">분류</td><td colspan="3">뉴케어 토로미 퍼펙트 첨가</td></tr>
<tr><td>1g</td><td>2g</td><td>3g</td></tr>
<tr><td>숟가락기울기</td><td></td><td></td><td></td></tr>
<tr><td>IDDSI분류</td><td>1단계
Slightly Thick
쉽게 흐를 정도의
걸쭉한 정도</td><td>1단계
Slightly Thick
쉽게 흐를 정도의
걸쭉한 정도</td><td>2단계
Mildly Thick
약간
걸쭉한 정도</td></tr>
<tr><td>특징</td><td>• 숟가락을 기울이면 물처럼 흐름</td><td>• 숟가락을 기울이면 물보다 걸쭉하게 흐름</td><td>• 숟가락을 기울이면 국물이 살짝 숟가락가로 모이는 현상을 보이다 걸쭉하게 흐름</td></tr>
</table>

23. 뉴케어 균형영양식

사용제품	조리법		
 제품정보: 뉴케어 균형영양식	① 당플랜 100g(온도 25±2℃)에 환자의 연하 정도에 알맞게 토로미퍼펙트를 첨가하여 포크로 엉키지 않게 1분간 잘 저어준다. ② 2분 정도 점도가 형성되길 기다린 후 섭취한다. ③ 식간에 간식으로 활용한다. ■ 팁!! • 토로미퍼펙트를 첨가하는 음료의 온도가 높으면 점도는 낮아지고 음료의 온도가 낮으면 점도는 높아져 더 걸쭉하다.		
분류	뉴케어 토로미 퍼펙트 첨가		
	1g	2g	3g
숟가락기울기			
IDDSI분류	1단계 Slightly thick 쉽게 흐를 정도의 걸쭉한 정도	2단계 Mildly Thick 쉽게 흐를 정도의 걸쭉한 정도	3단계 Moderately Thick 중간정도 걸쭉한 정도
특징	• 숟가락을 기울이면 물처럼 흐름	• 숟가락을 기울이면 물보다 걸쭉하게 흐름	• 숟가락을 기울이면 국물이 살짝 숟가락 가로 모이는 현상을 보이다 걸쭉하게 흐름

24. 액티브 골든밸런스 프로틴프로젝트

사용제품	조리법
	① 액티브 골든밸런스 100g(온도 25±2℃)에 환자의 연하 정도에 알맞게 토로미퍼펙트를 첨가하여 포크로 엉키지 않게 1분간 잘 저어준다. ② 2분 정도 점도가 형성되길 기다린 후 섭취한다. ③ 식간에 간식으로 활용한다.
제품정보: 뉴케어 액티브 골든밸런스	■ 팁!! • 토로미퍼펙트를 첨가하는 음료의 온도가 높으면 점도는 낮아지고 음료의 온도가 낮으면 점도는 높아져 더 걸쭉하다.

분류	뉴케어 토로미 퍼펙트 첨가		
	1g	2g	3g
숟가락기울기			
IDDSI분류	1단계 Slightly thick 쉽게 흐를 정도의 걸쭉한 정도	2단계 Mildly Thick 쉽게 흐를 정도의 걸쭉한 정도	2단계 Mildly Thick 중간정도 걸쭉한 정도
특징	• 숟가락을 기울이면 물처럼 흐름	• 숟가락을 기울이면 물보다 걸쭉하게 흐름	• 숟가락을 기울이면 물보다 걸쭉하게 흐름

25. 물

사용제품	조리법
 제품정보: 제주삼다수	① 물 100g을 컵에 담는다(온도 25℃). ② 필요량의 점도증진제를 첨가하면서 포크로 엉키지 않게 1분간 잘 저어준다. ③ 2분 정도 점도가 형성되길 기다린 후 섭취한다. ■ 팁!! • 온도에 따라 점도가 달라질 수 있음 • 뜨거운 물은 점도가 낮아짐! • 토로미퍼펙트 4g을 넣으면 매우 푸딩농도는 아님!

뉴케어 토로미 퍼펙트 첨가량에 따른 숟가락 기울기			
1g	2g	3g	4g

2단계 Mildly thick 약간 걸쭉한 정도	3단계 Moderately thick 중간 정도 걸쭉한 정도	4단계 Extremely thick 매우 걸쭉한 정도	4단계 Extremely thick 매우 걸쭉한 정도
• 숟가락을 기울이면 바로 살짝 걸쭉하게 흐른다.	• 숟가락을 기울이면 걸쭉하게 흐른다.	• 숟가락을 기울이면 숟가락가로 살짝 모이다가 걸쭉하게 흐르다 뚝 끊어지듯 떨어진다	• 숟가락을 기울이면 한 번에 뚝 떨어진다.

26. 오렌지주스

사용제품	조리법
 제품정보: 웰메이드 오렌지주스	① 오렌지주스 100g을 컵에 담는다(온도 25℃) ② 필요량의 점도증진제를 첨가하면서 포크로 엉키지 않게 1분간 잘 저어준다. ③ 2분 정도 점도가 형성되길 기다린 후 섭취한다. ■ 팁!! • 주스의 종류마다 조금씩 다르게 점도가 나타날 수 있음에 주의! • 토로미퍼펙트 4g을 첨가하면 매우 걸쭉하지만 푸딩농도는 아님!

뉴케어 토로미 퍼펙트 첨가량에 따른 숟가락 기울기			
1g	2g	3g	4g

1단계 Slightly thick 쉽게 흐를 정도의 걸쭉한 정도	2단계 Mildly thick 약간 걸쭉한 정도	3단계 Moderately thick 중간 정도 걸쭉한 정도	4단계 Extremely thick 매우 걸쭉한 정도
• 숟가락을 기울이면 물보다 걸쭉하게 흐름	• 숟가락을 기울이면 숟가락가로 살짝 모이다가 물보다 걸쭉하게 흐름	• 숟가락을 기울이면 숟가락가로 살짝 모이다가 걸쭉하게 주르륵 흐른다.	• 숟가락을 기울이면 뚝뚝 불규칙하게 떨어진다.

9. 각 조리법별 응용 및 특징

번호	레시피명	사용 점도증진제	사진	응용 및 특징
1	닭가슴살 볶음밥	하이비스코	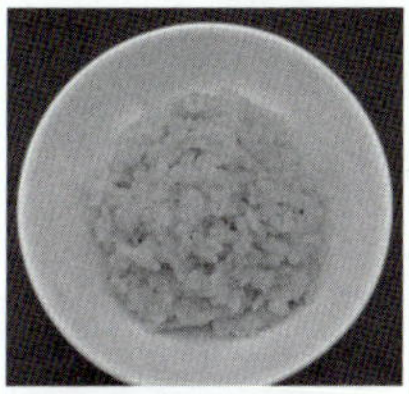	다양한 HMR 제품을 같은 조리방법으로 응용할 수 있다. 하이비스코와 물을 이용하여 단계별로 점도를 조절할 수 있다.
2	새우볶음밥	하이비스코	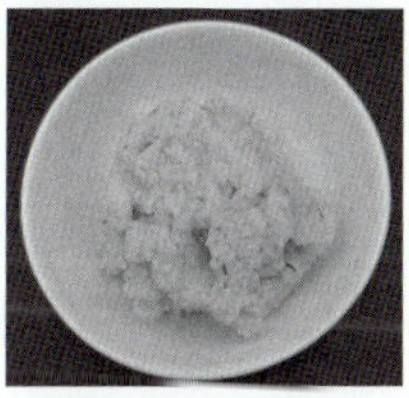	다양한 HMR 제품을 같은 조리방법으로 응용할 수 있다. 하이비스코와 물을 이용하여 단계별로 점도를 조절할 수 있다.
3	쇠고기짜사이 볶음밥	하이비스코		짜장소스를 갈아서 토로미퍼펙트를 이용하여 점도를 조절하여 곁들여 먹을 수 있다.
4	차돌강된장 보리밥	하이비스코 토로미퍼펙트		시중에 컵밥 종류가 많이 출시되어 있다. 같은 조리방법으로 만들어 연하장도에 따라 토로미퍼펙트를 이용하여 소스의 점도를 조절하여 섭취한다.
5	당플랜 퀴노아닭가슴살 볶음밥	하이비스코		당뇨환자를 위한 맞춤설계 맛있는 균형 한끼 고식이섬유, 고단백, 저당식단
6	당플랜 렌틸콩소고기 볶음밥	하이비스코		당뇨환자를 위한 맞춤설계 맛있는 균형 한끼 고식이섬유, 고단백, 저당식단

번호	레시피명	사용 점도증진제	사진	응용 및 특징
7	미역국	토로미퍼펙트		1g 첨가: IDDSI 레벨 1 2g 첨가: IDDSI 레벨 3
8	설렁탕	토로미퍼펙트		1g 첨가: IDDSI 레벨 1 2g 첨가: IDDSI 레벨 3
9	된장찌개	토로미퍼펙트		1g 첨가: IDDSI 레벨 3 2g 첨가: IDDSI 레벨 3
10	참치스테이크	참치스테이크: 하이비스코 소스: 토로미퍼펙트		소고기, 돼지고기 간것, 두부 으깬 것을 이용하여 같은 조리방법으로 활용할 수 있다. 소고기, 돼지고기는 지방질, 연골부위를 제거하고 살짝 얼려 곱게 간다. 소스는 개인의 연하력 정도에 맞게 점도를 조절하여 잘 버무려 섭취한다.
11	고등어 유자조림	고등어소스 점도조절: 하이비스코	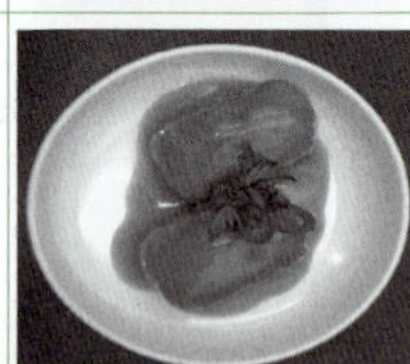	꽁치 통조림도 활용할 수 있다.
12	동태전	소스점도조절: 토로미퍼펙트	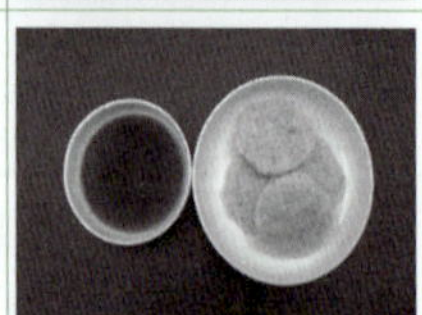	다양한 흰살 생선을 활용할 수 있다. 소스를 개인의 연하 정도에 맞게 점도를 조절하여 잘 버무려 섭취한다.
13	애호박나물	점도조절: 하이비스코	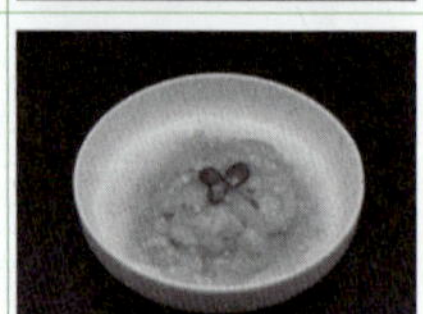	가지나물은 껍질을 제거한 후 호박나물 조리방법으로 활용할 수 있다.

번호	레시피명	사용 점도증진제	사진	응용 및 특징
14	소고기장조림	점도조절: 토로미 퍼펙트	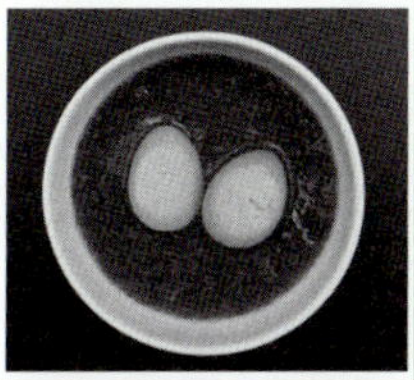	집에서 만든 장조림도 활용할 수 있다. 연하력 정도에 알맞게 점도를 조절해준다.
15	김조림	점도조절: 토로미 퍼펙트		죽에 가니쉬로, 반찬으로 활용할 수 있다.
16	락교페이스트	점도조절: 하이비스코	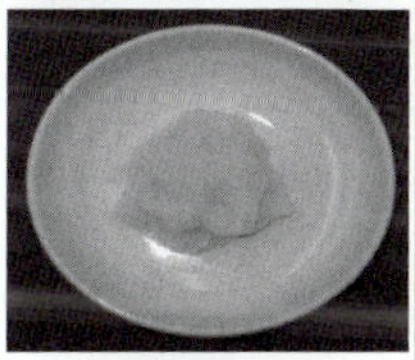	오이지도 물기를 꼭 짜서 같은 조리방법으로 활용할 수 있다. 상큼한 반찬으로 활용할 수 있다.
17	동치미	점도조절: 토로미 퍼펙트		1g 첨가: IDDSI 레벨 0 2g 첨가: IDDSI 레벨 1 3g 첨가: IDDSI 레벨 3 4g 첨가: IDDSI 레벨 3
18	나박물김치	점도조절: 토로미 퍼펙트		1g 첨가: IDDSI 레벨 1 2g 첨가: IDDSI 레벨 2 3g 첨가: IDDSI 레벨 3
19	커피맛양갱	양갱점도조절: 한천가루 커피점도조절: 토로미퍼펙트		IDDSI 4,5,6,7레벨
20	유자맛푸딩	점도조절: 토로미 퍼펙트 한천, 젤		IDDSI 3,4레벨

번호	레시피명	사용 점도증진제	사진	응용 및 특징
21	당뇨음료	점도조절: 토로미 퍼펙트		1g 첨가: IDDSI 레벨 0 2g 첨가: IDDSI 레벨 2 3g 첨가: IDDSI 레벨 2
22	단백질음료	점도조절: 토로미 퍼펙트		1g 첨가: IDDSI 레벨 1 2g 첨가: IDDSI 레벨 1 3g 첨가: IDDSI 레벨 2
23	영양균형식	점도조절: 토로미 퍼펙트		1g 첨가: IDDSI 레벨 1 2g 첨가: IDDSI 레벨 2 3g 첨가: IDDSI 레벨 3
24	뉴케어액티브 골든밸런스 프로틴 프로젝트	점도조절: 토로미 퍼펙트	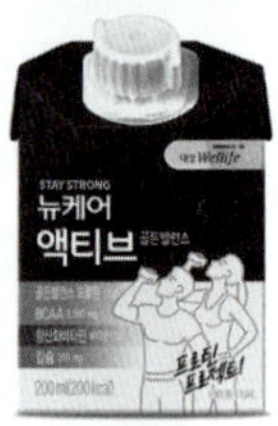	1g 첨가: IDDSI 레벨 1 2g 첨가: IDDSI 레벨 2 3g 첨가: IDDSI 레벨 2
25	물	점도조절: 토로미 퍼펙트		1g 첨가: IDDSI 레벨 2 2g 첨가: IDDSI 레벨 3 3g 첨가: IDDSI 레벨 4 4g 첨가: IDDSI 레벨 4
26	오렌지주스	점도조절: 토로미 퍼펙트		1g 첨가: IDDSI 레벨 1 2g 첨가: IDDSI 레벨 2 3g 첨가: IDDSI 레벨 3 4g 첨가: IDDSI 레벨 4

참고문헌

가게야마미쓰요 외(2014). 3-스텝 영양평가(NA123)를 이용한 재택고령자식사케어 가이드.

강금지, 노성윤, 류혜숙, 이혜숙, 최성숙(2017). 쉽게 배우는 영양판정. 수학사.

경기도 고혈압, 당뇨병 광역교육센터(2014). 고혈압·당뇨병 환자를 위한 행복레시피

고야마 타마미 외(2018). KT균형차트 에센스노트. 의학서원.

고야마 타마미(2017). 입으로 먹는 행복을 지원하는 포괄적 스킬., 의학서원

고재승(1982). 구강의 노화. 대한치과의사협회지, 20(12), 1005-1010.

곽동경 외(2015). 어르신을 위한 함께하는 건강식사 길라잡이. 식품의약품안전처.

권상희(2011). 국민건강영양조사 결과에 기반한 노인의 건강과 영양문제. 한국생활과학회 학술대회논문집, 37-45.

권인숙, 김은정, 김혜영, 박용순, 박은주, 백진경, 이미경, 진유리, 차연수, 최미자, 허영란, 황지윤(2020). 식사요법을 포함한 임상영양학. 교문사.

권인순(2014). 노인포괄평가의 개념과 필요성, J Korean Med Assoc 2014; 57(9), 749-755.

吉田貞夫(2010). 재택고령자의 영양관리 필요성과 실천. 지역재활, 10(1), 10-15.

吉田貞夫(2018). 고령자를 저영양상태로 만들지 않기. MC 미디어.

김다혜, 황수정(2016). 일부 노인의 저작 강도별 음식 섭취능력과 잔존치아수가 구강건강관련 삶의 질에 미치는 영향. 한국치위생과학회, 16, 53-61.

김미현, 김현주, 박수진, 백진경, 심유진, 윤정미(2018). 실천하는 지역사회영양학. 수학사.

김백일(2004). 퍼센타일 곡선을 이용한 한국과 일본의 구강건강실태 비교. 연세대학교 대학원 박사학위논문.

김상효, 이용선, 허성윤(2017). 고령친화식품시장현황 및 활성화방안. 한국농촌경제연구원.

김애라(2010). 노인구강건조증에 관한 고찰. 전남대학교치의과전문대학원 석사학위논문.

김초일(2016). 노인식생활안전관리 종합대책수립을 위한 연구보고서. 한국보건산업진흥원.

나가시마 키이치 외(2014). 인지증환자의 심신과 식사케어. 의치약출판.

남궁완(2005). 고령화 사회 노인들의 건강행위와 영양실태 및 영양지식이 삶의 질에 미치는 영향-precede-proceed 모형을 중심으로. 경기대학교 대학원 박사학위 논문.

농촌진흥청(2012). 실물로 보는 건강한 상차림 길잡이. 교문사.

니시오카 하지메(2007). 씹을수록 건강해진다. 이동희 역. 전나무숲.

박경식(2011). 노화와 소화기 질환: 위장관 기능 변화를 중심으로. 대한소회기학회지, 58, 3-8.

박수진, 윤영(2018), 건강백세! 이해하기 쉬운 고령자 영양안내서, 농촌진흥청(2018)

박수진, 윤정미, 백진경, 심유진, 김미현(2021), 영양판정. 창지사.

박영숙, 김민지, 박보미, 김선빈, 신원선(2019). 건강하고 활동적인 생활을 추구하는 고령자 전용 편의식품 개발을 위한 요구도 조사. 한국식품영양과학회지, 48(1), 83-96.

迫田綾子(2016). 오연(誤燕)을 예방하는 포지션과 식사케어. 삼륜서점.

박지은, 안희정, 정성욱, 이윤나, 김초일, 장영애(2013). 한국 노인의 저작능력에 따른 식품 및 음식 섭취 특성:2007~2010년 국민건강영양조사 자료에 근거하여. J Nutrition Health, 46(3), 285-295.

박지현, 김혜영(2006). 고령 소비자를 위한 식이섬유 강화식단 개발 및 관능적 이화학적 특성 분석. 한국식생활문화학회, 21(5), 516-23.

보건복지부(2016). 2014 국민영양조사.

보건복지부, 한국보건사회연구원(2020). 2020노인실태조사보고서.

보건복지부 한국 영양학회(2020). 한국인영양소첩취 기준.

보건복지부, 한국영양학회(2020)

사이토이치로(2011). 건강수명 연장의 비밀: 씹는 힘. 황미숙 역. 삼호미디어.

세계보건기구(WHO). https://www.who.int/about/mission/en/

식품의약품안전처(2010). 외식영양성분자료집.

식품의약품안전처(2011). 나트륨 섭취를 줄입시다.

식품의약품안전처(2015). (어르신을 위한) 함께하는 건강식사 길라잡이: 노인복지시설 급식관리 매뉴얼.

식품의약품안전처(2019). 저작 및 연하곤란자를 위한 조리법 안내.

식품의약품안전처(2022). 어르신 건강지킴이 복약수첩.

식품의약품안전평가원, 식품의약품안전처(2016). 약과 음식 상호작용을 피하는 복약안내서.

신광진, 이은정, 이승주(2016). 고령자의 식품선호도 및 고령친화식품 요구도에 관한 연구- 서울시 노인복지관 이용자 중심으로. 동아시아식생활학회지. 26(1), 1-10.

신보미, 배수명, 류다영, 최용금(2012). 한국 노인의 자연치아 수와 영양소 섭취상태와의 관련성-2007~2009년 국민건강영양조사 자료에 근거하여. 한국치위생학회지 12(3), 521-531.

신원선(2012). 액티브실버세대의 미각 및 건강증진용 편이식 최적모델 개발과 품질관리 연구. 교육과학기술부 보고서.

신원선, 김돈규, 오병모(2020). 연하단계별 환자실태조사와 임상시험을 통한 텍스트린이 포함된 한국형 연하도움식 정립 및 시장 적용 방안, 대상웰라이프

신원선(2021). 초고령화사회를 대비한 미래 식품. 대한연하장애학회지, 11, 1-8.

신원선(2022). 연하장애 환자의 식사관리를 위한 시판 식품적용성 검토 및 이지쿠킹 매뉴얼. 대한연하장애학회

안창영(2003). 손상된 저작이 영양 섭취에 미치는 영향. 대한치과턱관절기능교합학회지. 19(1), 2-6.

양수현, 장원, 김양하, J Nutr Health 2021; 54(6) 631-643

양순옥, 정금희, 김신정, 김경원, 이승희, 성수영, 백성희(2012). 재가노인의 타액분비량, 구강기능과 삶의 질 향상을 위한 구강기능향상운동의 효과. 한국보건간호학회. 26(3), 478-90.

연미영, 이윤나, 김도희, 이지연, 고은미, 남은정, 신혜형, 강백원, 김종욱, 허석, 조해영, 김초일(2011), 한국인의 나트륨 섭취 급원 음식 및 섭취 양상: 2008-2009 국민건강영양조사 자료에 근거. 대한지역사회영양학회지. 16(4), 473-487.

오정규, 김연중, 고홍섭(2001). 구강건조증 환자의 임상적 특징에 관한 연구. 대한구강내과학회. 26(4), 331-343.

오지예, 홍재희(2013). 노년층의 미각 변화 현상과 기전. 식품과학과 산업, 40-48

유지원, 윤창륙, 조영곤, 안종모(2008). 구강안면 운동장애의 임상적 증상 발현. 대한구강내과학회지. 33(4), 375-482.

윤여진, 이영미, 송경희, 이유진, 대한영양사협회 학술지27(3) 133-148, 2021, 한국 독거 노인의 식사패턴에 따른 식사의 질 평가: 2016~2018 국민건강영양조사 자료를 이용하여

이동우(2012). 치매개념과 진단, 치매예방관리사업 교육대회. 한국치매협회.

이마이 구미코·혼다 게이코(2007). 고령자를 위한 식사제한 메뉴. 일본여자영양대학 출판부.

이보경, 변기원, 이종현(2016). 이해하기 쉬운 임상영양관리 및 실습. 파워북.

이상훈(2015). 한국인의 연령에 따른 잔존 치아개수 조사. 서울대학교 치의학대학원 석사학위논문.

이승우(1997). 노화가 타액과 타액선의 구조와 기능에 미치는 영향. 과학기술부. April 30.

이현정, 최귀정, 박영숙, 신전선(2022). 전국 요양시설과 장애인 시설의 연하장애 환자를 위한 식사실태조사, 한국식품과학회지, 54(1), 35-42.

이혜린, 이형민, 김혜진, 오경원(2014). 우리나라 65세 이상 노인의 구강건강 현황(2007-2013). PUBLIC HEALTH WEEKLY REPORT, KCDC, 8(31), 735-736.

이희경(1999). 노인에게 있어 치아의 상실 정도가 저작 기능 및 영양 섭취에 미치는 영향. 대한치과의사협회지, 37(8), 601-607.

인지증환자의 식사도움포인트43(2021). 구마모토 섭식연하재활연구회 감수, (주)의학과 간호사.

일본후생노동성(2012). 개호예방매뉴얼.

일본후생성(1997). 노인보건사업추진 등 사업보고서.

임영숙, 이정숙, 황지윤, 김기남, 황효정, 권세혁, 김혜영(A)(2022). 식사의 질과 식행동 평가를 위한 노인영양지수 개정 연구. J Nutr Health 2022; 55(1):155-173

長嶋紀一 외(2012). 인지증환자의 심신과 식사케어. 제일출판.

在宅チーム医療栄養管理研究會 감수(2015). 재택고령자 식사케어 가이드. 제일출판.

정민재·곽동경·김혜영(A)·강명희·이정숙·정해랑·권세혁·황지윤·최영선(2018). 노인 대상 영양지수 개발 : 평가항목 선정과 구성 타당도 검증, Journal of Nutrition and Health (J Nutr Health) 2018;51(1):87~102

정지영, 이미영, 김미정(2010). 한국 성인의 삶의 질에 따른 만성질환 유병율, 건강관련 생활습관 및 영양섭취 실태 조사-2008년 국민건강영양조사를 근거하여. 대한지역사회영양학회지, 15(4), 445-459.

조강희, 지성주, 최민우(2015). 연하장애가 없는 입원 노인에게 식이의 변화에 따른 연하기능 확인의 필요성. 식품과학과 산업, 48(3), 20-7.

중앙치매센터 (2018). 나에게 힘이되는 치매가이드 북. 보건복지부.

쯔바하라아키오(2015) 알기쉬운 연하장애. 군자출판사.

최귀정, 박영숙, 성민용, 오병모, 신원선(2021) 연하 장애 환자를 위한 연하 식사 개발 및 관능적 특성 평가, 대한연하장애학회지, 11, 15-24.

최귀정, 이현정, 신원선(2022). 잔탄검 기반 점도증진제를 이용하여 물성을 조절한 국/탕/찌개류의 IDDSI 기준 단계 분류, 대한연하장애학회지, 12, 123-33.

최윤석(2021), 노인당뇨병 환자의 임상영양치료, J Korean Diabetes 2021; 22(3): 197-200.

최윤화(2009). 한국 노인의 잔존치수와 저작능력과의 관계. 한국보건교육증진학회 춘계학술대회 자료집, 5, 83-83.

통계청(2018). 고령자통계.

통계청(2022). 고령자통계. https://kostat.go.kr/portal/korea/kor_nw/1/1/index.board?bmode=read&aSeq=420896.

한국농촌경제연구원(2017). 고령친화 식품시장 현황 및 활성화방안.

한국보건사회연구원, 보건복지부 (2020). 2020년도 노인실태조사 결과보고서.

한국보건산업진흥원(2014). 고령친화식품실태 및 산업분석.

한성림, 주달래, 장유경, 김혜경, 김경민, 김종숙(2021), 사례로 이해를 돕는 임상영양학. 교문사.

홍순명, 최석영. 노인의 식생활 및 영양 섭취상태에 관한연구(1996). 한국식품영양학회지, 25(6), 1055~1061.

황선아(2009). 재가노인의 연하장애 위험성, 일상생활수행능력, 우울에 관한 연구. 이화여자대학교 석사학위논문.

후지시마 이치로 외(2011). 입으로 먹는 연하장애 Q & A. 중앙법규.

후지야 준코 감수(2004). 씹고 삼키기 어려운 경우의 식사준비. 주부와 생활사.

히가시구치 타카시(2017). 실천! 임상영양. 의학서원

Achem SR, DeVault KR(2014). Gastroesophageal reflux disease and the elderly. *Gastroenterology Clinics of North America, 43*(1), 147−60.

American Dietetic Association(2002). National dysphagia diet: standardization for optimal care.

Ana Carolina Mosca and Jianshe Chen(2016). *Food oral management: physiology and objective assessment, 9,* 11−20.

Bernstein M, Munoz N(2012). Position of the academy of nutrition and dietetics: Food and Nutrition for older adults: promoting health and wellness. *Journal of Academy of Nutrition Dietetics, 112*(8), 1255−1277.

Björn Viðar Aðalbjörnsson & Alfons Ramel. (2021). *Food-Drug Interaction in Older Adults.* Interdisciplinary Nutritional Management and Care for Older Adults Springer 2021, 249–259.Campbell−Taylor I, Nadon GW, Sclater AL, Fisher R, Harris−Kwan J, Rosen I(1988). Oro−Esophageal Tube Feeding: An Alternative to Nasogastric Or Gastrostomy Tubes. *Dysphagia, 2*, 220−221.

Carlsson GE(1984). Masticatory Efficiency: the Effect of Age, the Loss of Teeth and Prosthetic Rehabilitation. *Internatioanl Dental Journal, 34*, 93−97.

Carnaby−Mann GD, Crary MA(2007). Examining the Evidence on Neuromuscular Electrical Stimulation for Swallowing A Meta−analysis. *Archives of Otolaryngology-Head and Neck Surgery, 133*, 564−571.

Celnik P, Hummel F, Harris−Love M, Wolk R, Cohen LG(2007). Somatosensory stimulation enhances the effects of training functional hand tasks in patients with chronic stroke. *Archives of Physical Medicine and Rehabilitation, 88*, 1369−76.

Cho KJ, Han DH(2005). A study on the survey of the dining out behavior of Korean older person. *Journal of The Korean Society of Food Culture, 20*, 554−560.

Chong MS, L..ieu~PK, SitohYY, Meng YY, Leow LP(2003). Bedside clinical methods useful as screening test for aspiration in elderly patients with recent. and previous strokes. *Annals of the Academy of Medicine, Singapore, 32,* 790–4.

Chu EA., Kelly JH(2006). *Surgical intervention and treatment of oral, pharyngeal motor disorders.* GI Motility online.

Cichero JA, Lam P, Steele M, Hanson B, Chen J, Dantas RO, Duivestein J, Kayashita J, Lecko C, Murray J, Pillay M, Riquelme L, Stanschus S(2017). Development of International Terminology and Definitions for Texture-Modified Foods and Thickened Fluids Used in Dysphagia Management: The IDDSI Framework. *Dysphagia, 32*(2), 293–314.

Cousson, P. Y., Bessadct, M., Nicolas, E., Veyrune, J. L., Lesourd, B., & Lassauzay, C(2012). Nutritional status, dietary intake and oral quality of life in elderly complete denture wearers. *Gerodontology, 29*(2), e685–e692.

DePippo KL, Holas MA, Reding Iv1J(1992). Validation of the 3-oz water swallow test for aspiration following stroke. *Archives of neurology, 49,* 1259–61.

Doran S, Jones KL, Andrews JM, Horowitz M(1998). Effects of meal volume and posture on gastric emptying of solids and appetite. *American Journal of Physiology, 275,* R1712R1718.

Fried LP, Tangen CM, Walston J, et al: Frailty in older adults: evidence for a phenotype. J Gerontol A Biol Sci Med Sci 2001; 56(3): M146–156

Fujiu M and Logemann JA(1996). Effect of a tongue-holding maneuver on posterior pharyngeal wall movement during deglutition. *American Journal of Speech-Language Pathology 5,* 23–30.

Furuta M, Yamashita Y(2013). Oral Health and Swallowing Problems. *Current Physical Medicine and Rehabilitation Reports, Sep 15*(1), 216–222.

Grant MD, Rudberg MA, Brody JA(1998). Gastrostomy placement and mortality among hospitalized Medicare beneficiaries. *JAMA 279,* 1973–1976.

Grassi M, Petraccia L, Mennuni G, Fontana M, Scarno A, Sabetta S, Fraioli A(2011).

Changes, functional disorders, and diseases in the gastrointestinal tract of elderly. *Nutricion Hospitalaria, 26*(4), 659–68.

Halloran O, Grecu B, Sinha A(2011). Methods and Complications of Nasoenteral Intubation. *Journal of Parenteral and Enteral Nutrition, 35*, 61–68.

Helkimo E, Carlsson GE, and Helkimo M(1978). Chewing Efficiency and State of Dentition. *Acta Odontologica Scandinavica, 36*, 33–41.

Hind JA, Nicosia MA, Roecker EB, Carnes ML, Robbins J(2001). Comparison of effortful and noneffortful swallows in healthy middle–aged and older adults. *Archives of Physical Medicine and Rehabilitation 82*; 1661–5.

Jiffry MTM(1983). Variations in the Particles Produced at the End of Mastication in Subjects with Different Types of Dentition. *Journal of Oral Rehabilitation, 10*, 357–362.

Kaatzke–McDonald MN, Post E, Davis PJ(1996). The effects of cold, touch, and chemical stimulation of the anterior faucial pillar on human swallowing. *Dysphagia, 11*, 198–206.

Kapur KK, and Soman SD(1994). Masticatory Performance and Efficiency in Denture Wearers. *Journal of Prosthetic Dentistry, 14,* 687–694.

Kawashima K, Motohashi Y, Fujishima I(2004). Prevalence of dysphagia among community–dwelling elderly individuals as estimated using a questionnaire for dysphagia screening. *Dysphagia, 19*(4), 266–71.

Khang Y.H(2013). Burden of noncommunicable diseases and national strategies to control them in Korea. *Journal of Preventive Medicine and Public Health, 46*(4), 155–219.

Khang YH(2013). Burden of noncommunicable diseases and national strategies to control them in Korea. *Journal of Preventive Medicine and Public Health, 46,* 155–164.

Kim DK(2009). Post–stroke dysphagia: incidence, complications and pattern relates to brain lesion. *Brain & Neurorehabilitation, 2,* 91–97.

Laura Laguna, Jianshe Chen(2016). The eating capability: Constituents and assessments. *Food Quality and Preference, 48,* 345–358.

Lee JK(2009). Normal Swallowing Mechanism on Neurophysiogical Basis. *Brain & Neu-*

ro Rehabilitation, 2, 98–102.

Lee JW, Shin SH, Rhyu MR, Kim JY and Ye MK(2013). The Effect of Aging on Taste Thresholds in Korean. *Korean Journal of Otorhinolaryngology-Head and Neck Surgery, 56*, 286–290.

Lim SH, Lieu PK, Phua SY, Seshadri R, Venketasubramanian N, Lee SH, Choo PW(2001). Accuracy of bedside clinical methods compared with fiberoptic endoscopic examination of swallowing (FEES) in determining the risk of aspiration in acute stroke patients. *Dysphagia, 16*, 1–6.

Lips P1, Hosking D, Lippuner K, Norquist JM, Wehren L, Maalouf G, Ragi–Eis S, Chandler J(2006). The prevalence of vitamin D inadequacy amongst women with osteoporosis: an international epidemiological investigation. *Journal of Internal Medicine, 260*(3), 245–254.

Logemann JA(1998). Evaluation and treatment of swallowing disorders. 2nd ed. Austin: Pro–ed, 307–314.

Ludlow CL(2010). Electrical neuromuscular stimulation in dysphagia: current status. *Current Opinion in Otolaryngology & Head and Neck Surgery, 18*, 159–64.

Maki Y, Sugihara N, Takaesu Y(1989). *Development and Evaluation of the Masticatory Index Scale Based on the Questionnaire with Interview for the Elderly, 9,* 165–174.

McCullough GH, KIM Y(2013). Effects of the Mendelsohn Maneuver on extent of Hyoid Movement and UES Opening Post–Stroke. *Dysphagia, 28*, 511–9.

Ministry of Health and Welfare, Seoul, Industry–Academic Cooperation Foundation of Kemyung University. Senior Survey 2008. 2009 Feb; from the Ministry of Health and Welfare Web site: http://www.mw.go.kr/front_new/jb/sjb030301vw.jsp?PAR_MENU_ID=03&MENU_ID=031604&CONT_SEQ=264469&page=1.

Mishellany–Dutour A, Renaud J, Peyron MA, Rimek F, Woda A(2008). Is the goal of mastication reached in young dentates, aged dentates and aged denture wearers?. *British Journal of Nutrition, 99,* 121128.

Mistry S and Hamdy S(2008). Neural control of feeding and swallowing. *Physical Medicine and Rehabilitation Clinics of North America, 19*(4), 709–28.

Miura H, Arai Y, Sakano S, Hamada A,Umenai T, Isogai E(1998). Subjective evaluation ofchewing ability and self–rated generalhealth status in elderly residentsofJapan. *Asia Pacific Journal of Public Health, 10*(1), 43–45.

Miura H, Kariyasu M, Yamasaki K, Arai Y(2007). Evaluation of chewing and swallowing disorders among frail community–dwelling elderly individuals. *Journal of Oral Rehabilitation, 34*(6), 422–427.

Mobley C.C(2014). Age–Related Changes in Oral Health Status and Diet and Nutrition Status. In: Touger–Decker R., Mobley C., Epstein J.(eds) Nutrition and Oral Medicine. *Nutrition and Health*. NY: Humana Press.

Nakajima M, Kimura K, Inatomi Y, Terasaki Y, Nagano K, Yonehara T, Uchino M, Minematsu K(2006). Intermittent oro–esophageal tube feeding in acute stroke patients–a pilot study. *Acta Neurologica Scandinavica, 113,* 36–9.

National Collaborating Centre for Acute Care(2006). Nutrition support for adults: oral nutrition support, enteral tube feeding and parenteral nutrition.

Ney, D., Weiss, J., Kind, A., & Robbins, J(2009). Senescent swallowing: Impact, strategies and interventions. *Nutritional Clinical Practice, 24*(3), 395–413.

Ohmae Y, Ogura M, Kitahara S, Karaho T, Inouye T(1998). Effects of head rotation on pharyngeal function during normal svvallow. Annals of Otology. *Rhinology & Laryngology, 107,* 344–348.

Palmer JE, Monahan DM, Matsuo K(2011). Rehabilitation of Patients with Swallowing Disorders. In: Braddom RL, Buschbacher RM, editors. Physical medicine & rehabilitation, 4th ed. *Philadelphia: Saunders Elsevier*, 581–600.

Pancorbo–hidalgo P, Garcia–Fernandez F, Ramiarez–Pea C(2001). Complications associated with enteral nutrition by nasogastric tube in an internal medicine unit. *Journal of Clinical Nursing, 10,* 482–490.

Park et al. BMC Geriatrics (2022) 22:384 Efects of textured food masticatory performance in older people with diferent dental conditions.

Park JY, Kim JN, Hong WS, Shin WS(2012). Survey on present use and future demand for the convenience food in the elderly group. *Korean Journal of Community Nutrition, 17,* 81–90.

Park SJ, Lee HJ, Kim WS, Lim JY, Choi HM(2006). Food preference test of the Korean elderly menu development. *Korean Journal of Community Nutrition, 11,* 98–107.

Pera P, Bucca C, Borro P, Bernocco C, De LA, Carossa S(2002). Influence of mastication on gastric emptying. *Journal of Dental Research, 81,* 179181.

Peyron MA, Blanc O, Lund JP, Woda A(2004). Influence of age on adaptability of human mastication. *Journal of Neurophysiology, 92*(2), 773–9.

Peyron MA, Blanc O, Lund JP, Woda A(2004). Influence of age on adaptability of human mastication. *Journal of Neurophysiology, 92*(2), 773–9.

Pikus L, Levine MS, Yang YX, Rubesin SE, Katzka DA, Laufer I, Gefter WB(2003). Videofluoroscopic studies of swallowing dysfunction and the relative risk of pneumonia. AJR. *American journal of roentgenology, 180*(6), 1613–6.

Pronsky ZM, Food medication interactions,18th ed. *Food-Medication Interactions*, Birchrncile, PA, USA (2015).

Remond D, Machebeuf M, Yven C, Buffiere C, Mioche L, Mosoni L, Patureau Mirand P(2007). Postprandial whole–body protein metabolism after a meat meal is influenced by chewing efficiency in elderly subjects. *The American Journal of Clinical Nutrition, 85,* 1286–1292.

Remond D, Machebeuf M, Yven C, Buffiere C, Mioche L, Mosoni L, Patureau Mirand P(2007). Postprandial whole–body protein metabolism after a meat meal is influenced by chewing efficiency in elderly subjects. *The American Journal of Clinical Nutrition, 85*(5), 1286–92.

Remond D, Shahar DR, Gille D, Pinto P, Kachal J, Peyron MA, Dos Santos CN, Walther B, Bordoni A, Dupont D, Tomas–Cobos L, Vergeres G(2015). Understanding the gastrointestinal tract of the elderly to develop dietary solutions that prevent malnutrition. *Oncotarget, 6*(16), 13858–13898.

Rosenbek JC, Robbins J, Fishback B, Levine RL(1991). Effects of thermal application on dysphagia after stroke. *Journal of Speech Language and Hearing Research, 34,* 1257–1268.

Roy N, Stemple J, Merrill RM, Thomas L(2007). Dysphagia in the elderly: preliminary evidence of prevalence, risk factors, and socioemotional effects. *Annals of Otology, Rhinology & Laryngology, 116*(11), 858–865.

Schepp SK, Tirschwell DL, Miller RM, Longstreth WT(2012). Swallowing screens after acute stroke: a systematic review. *Stroke, 43,* 869–871.

Sciortino K, Liss JM, Case JL Gerritsen KG, Katz RC(2003). Effects of mechanical, cold, gustatory, and combined stimulation to the human anterior faucial pillars. *Dysphagia, 18,* 16–26.

Scottish intercollegiate guidelines network(2010). Management of patients with stroke: rehabilitation, prevention and management of complication, and discharge planning

Shaker R, Easterling C, Kern M, Nitschke T, Massey B, Daniels S, Grande B, Kazandjian M, Dikeman K(2002). Rehabilitation of swallowing by exercise in tube–fed patients with phatyngeal dysphagia secondary to abnormal UES opening. *Gastroenterology, 122*, 1314–21.

Sharma L, Connor NP, Ciucci MR, McCulloch M(2008). Surgical treatment of dysphagia. *Physical Medicine and Rehabilitation Clinics of North America, 19,* 817–835.

Shepherd, A(2010). Recognizing and treating dysphagia can helpresidents maintain their dignity. *Nursing & Residential Care, 12*(10), 491–494.

Sura L, Madhavan A, Carnaby G, Crary MA(2012). Dysphagia in the elderly: management and nutritional considerations. *Clinical Interventions in Aging, 7,* 287–98.

Tan EK, Jankovic J(1999). Botulinum toxin A in patients with oromandibular dystonia: long–term follow up. *Neurology, 5*3(9), 2102–2107.

Trapl M, Enderle P, Nowotny M, Teuschly, Matz K, Dachenhausen A, et al(2007). Dysphagia bedside scheening for acut–stroke patients. *The Gugging Swallowing Scheen. Stroke, 38,* 2948–2952.

van der Bilt A, Engelen L, Pereira LJ, van der Glas HW, Abbink JH(2006). Oral physiology and mastication. *Physiology & Behavior, 89*, 22–27.

Washington DC: Nutrition Screening initiative(1991). DETERMINE Your Nutritional Health, Nutrition Screening Initiative. Report of Nutrition Screening I: Toward a common view.

Welch MV, Logemann JA, Rademaker A W, Kahrilas PJ(1993). Changes in pharyngeal dimensions effected by chin tuck. *Archives of Physical Medicine and Rehabilitation, 74*, 178–81.

Woda A, Nicolas E, Mishellany–Dutour A, Hennequin M, Mazille MN, Veyrune JL, et al(2010). The masticatory normative indicator. Journal of Dental Research, 89:281285.

Woisard–Bassols V, Alshehri S, Simonetta Moreau M(2013). The effects of botulinum toxin injections into the cricopharyngeus muscle of patients with cricopharyngeus dysfunction associated with pharyngo–laryngeal weakness. *European Archives of Oto-Rhino-Laryngology, 270,* 805–15.

Yun, O. J., & Lee, Y. H(2012). The effect of singing intervention for women elderly with dysphagia risk. *Journal of Korean Academy of Nursing, 24*(4), 380–389.

http://kostat.go.kr/portal/korea/kor_nw/3/index.board?bmode=read&bSeq=&aSeq=370781&pageNo=1&rowNum=10&navCount=10&currPg=&sTarget=title&sTxt

https://www.amc.seoul.kr/asan/healthinfo/disease/diseaseDetail.do?contentId=33923

https://www.mayoclinic.org/diseases–conditions/lewy–body–dementia/symptoms–causes/syc–20352025

https://www.nia.nih.gov/health/what–lewy–body–dementia

https://www.nia.nih.gov/health/healthy–eating–and–alzheimers–disease

https://www.drugsafe.or.kr/iwt/ds/ko/bbs/EgovBbs.do?bbsId=BBSMSTR_000000000024&nttId=4136&pageIndex=1&searchCnd=&searchWrd=

저 자 소 개

신원선

한양대학교 식품영양학과 교수
프랑스 AgroParisTech-INRAE 객원교수
연세대학교 식품영양학과, 이학사
연세대학교 대학원 식품영양학전공, 이학석사
일본 교토대학교 대학원 식품공학전공, Ph.D.

박수진

세명대학교 바이오식품영양학부 교수
숙명여자대학교 식품영양학과, 이학사
숙명여자대학교 대학원 식품영양학 전공, 이학석사
경희대학교 동서의학대학원, 임상영양학박사
U.C.Davis (USA) Research Fellow

김돈규

중앙대학교 의과대학교 재활의학과 교수
서울대학교 의과대학, 의학사
서울대학교 의과대학, 의학석사
서울대학교 의과대학, 의학박사

제2판

고령자를 위한 영양관리와 식사케어

초 판 1쇄 발행 2019년 3월 18일
제2판 1쇄 발행 2023년 9월 27일

지 은 이 | 신원선·박수진·김돈규
펴 낸 이 | 김기섭
편 집 인 | 이윤미·이현남
펴 낸 곳 | 창지사 www.changjisa.com
08589 서울시 금천구 가산디지털 1로 83 파트너스타워 1차 9층
전화 (02)719-2211~3
팩스 (02)701-9386
등 록 | 1977년 4월 28일 · 제1-421호

ISBN 978-89-426-1820-0 (93590)

값 21,000원